Frank Roeing

ORACLE7 Datenbanken erfolgreich realisieren

Entwurf, Entwicklung, Tuning

Datenbanksysteme

herausgegeben von Theo Härder und Andreas Reuter

Die Reihe bietet Praktikern, Studenten und Wissenschaftlern wegweisende Lehrbücher und einschlägige Monographien zu einem der zukunftsträchtigen Gebiete der Informatik.

Gehören bereits seit etlichen Jahren die klassischen Datenbanksysteme zum Kernbereich der EDV-Anwendung, so ist die derzeitige Entwicklung durch neue technologische Konzepte gekennzeichnet, die für die Praxis von hoher Relevanz sind.

Ziel der Reihe ist es, den Leser über die Grundlagen und Anwendungsmöglichkeiten maßgeblicher Entwicklungen zu informieren. Themen sind daher z.B. erweiterbare Datenbanksysteme, Wissens- und Objektdatenbanksysteme, Multimedia- und CAx-Datenbanken u. v. a. m.

In Deutsch:

Hochleistungs-Transaktionssysteme
von Erhard Rahm

Datenbank-Integration von Ingenieuranwendungen
von Christoph Huebel und Bernd Sutter

Datenbanken in verteilten Systemen
von Winfried Lamersdorf

Das Benchmark-Handbuch
von Jim Gray

ORACLE7 Datenbanken erfolgreich realisieren
Entwurf, Entwicklung, Tuning
von Frank Roeing

In Englisch:

Recovery in Parallel Database Systems
by Sven-Olaf Hvasshovd

Vieweg

Frank Roeing

ORACLE7 Datenbanken erfolgreich realisieren

Entwurf, Entwicklung, Tuning

Das in diesem Buch enthaltene Programm-Material ist mit keiner Verpflichtung oder Garantie irgendeiner Art verbunden. Der Autor, die Herausgeber und der Verlag übernehmen infolgedessen keine Verantwortung und werden keine daraus folgende oder sonstige Haftung übernehmen, die auf irgendeine Art aus der Benutzung dieses Programm-Materials oder Teilen davon entsteht.

Softcover reprint of the hardcover 1st edition 1996
Der Verlag Vieweg ist ein Unternehmen der Bertelsmann Fachinformation GmbH.

Gedruckt auf säurefreiem Papier

ISBN 978-3-322-89786-2 ISBN 978-3-322-89785-5 (eBook)
DOI 10.1007/978-3-322-89785-5

Zum Geleit

Unter dem Schlagwort „Datenmodellierung" war der Entwurf eines konzeptionellen Datenbankschemas zur Modellierung einer sog. Miniwelt schon immer ein wichtiges und oft kontrovers diskutiertes Thema der Datenbankforschung und der DB-basierten Anwendungsentwicklung. Die Ableitung eines logischen DB-Schemas sowie der Aufbau einer Datenbank nach erfolgreicher Erstellung des konzeptionellen DB-Schemas wurden dagegen kaum thematisiert, da zumindest bei relationalen Datenbanksystemen die erforderlichen Arbeitsschritte scheinbar „offensichtlich" waren oder (fast) automatisch abgewickelt werden konnten. Vornehmlich durch die Standardisierung der relationalen DB-Sprachen in Form von SQL wuchsen Leistungsangebot und Komplexität der relationalen Datenbanksysteme stark an, so daß heute eine Abbildung des konzeptionellen Schemas auf die DB-Schnittstelle wesentlich mehr Fragen aufwirft als früher. Gilt es doch hier für den praktischen Einsatz einen möglichst hohen Grad an Datenunabhängigkeit zu erhalten und dabei die Ansprüche von Wartbarkeit, Integritätskontrolle, Portabilität usw., die zusätzliche Rechnerleistung verlangen, mit den konträren Anforderungen nach Effizienz der Anwendungen auszugleichen.

Spätestens seit der Einführung von SQL2 (1992) haben sich deshalb die Rolle und der Stellenwert von Schemaentwurf und DB-Aufbau im Rahmen der DB-basierten Anwendungsentwicklung geändert. Statt einer einfachen und reibungslosen Umsetzung sind zur Abbildung des konzeptionellen Schemas systematische Überlegungen erforderlich, die eine integrierte Problemsicht und gezielte Optimierungsmaßnahmen verlangen. Besonders deutlich wird dies bei der Kontrolle von Integritätsbedingungen (integrity constraints) auf den DB-Daten. Mußte dies früher wegen fehlender DB-Unterstützung ausschließlich der Anwendung überlassen werden, so besitzt SQL heute vielfältige Möglichkeiten zur zentralisierten Integritätskontrolle. Die verschiedenen Arten von Integritätsbedingungen wie Domain Constraints, Table Constraints, Assertions, Referential Integrity Constraints usw. verkörpern ausdrucksstarke Mechanismen, eine einheitliche und genaue Kontrolle der DB-Integrität zu gewährleisten. Weitergehende Möglichkeiten ergeben sich durch den Einsatz von Triggern, deren genaue Spezifikation in den zukünftigen SQL-Standard (SQL3) aufgenommen werden soll. Auch Maßnahmen zur Zugriffskontrolle in SQL, die einen feingranularen Datenschutz bieten, sind hier in die Anwendungsentwicklung einzubeziehen. Durch diese Kontrollmöglichkeiten lassen sich zwar viele konzeptionelle Forderungen an Datenbanksysteme befriedigen, ihr breiter praktischer Einsatz bleibt dennoch strittig, da der zusätzliche Leistungsbedarf durch das Datenbanksystem ungeklärt ist. In diesem Licht gewinnen Fragen der physischen DB-Abbildung sowie das Tuning besonderes Gewicht, da die Anwendungseffizienz durch die Maßnahmen der Integritätskontrolle nicht (übermäßig) beeinträchtigt werden sollte.

Die konzeptionelle DB-Modellierung und die technische Umsetzung des Modells für ein konkretes relationales Datenbanksystem bilden das Kernanliegen des vorliegenden Buches. Die konkrete Umsetzung wird an ORACLE7 diskutiert und dargestellt. Bei den Problemen der Datenmodellierung entsprechen die Konzepte dabei weitgehend dem SQL-Standard, während systemspezifische Aspekte vor allem bei der Beschreibung des Trigger-Konzeptes, der Speicherungsstrukturen sowie der Tuning-Maßnahmen herangezogen werden.

Mit dieser Problemstellung füllt das vorliegende Buch eine große Lücke zum Thema „Entwicklung von DB-basierten Anwendungssystemen" und liefert damit einen spezifischen Diskussionsbeitrag, bei dem der Autor seine langjährige Erfahrung in der konzeptionellen DB-Modellierung und der praktischen Realisierung von Anwendungen einbringen kann.

Kaiserslautern, im Juli 1996 — Theo Härder

Vorwort

Die Idee zu diesem Buch entstammt den letzten Jahren meiner beruflichen Tätigkeit als externer Projektberater und Seminarleiter. Es ist immer wieder zu beobachten, daß Personen, die im ORACLE-Umfeld arbeiten, in genau einem von zwei Themengebieten besonders versiert sind, die Anknüpfung des anderen Gebiets aber Probleme bereitet.

Um ORACLE-Datenbanken aufzubauen und praxisorientiert einzusetzen, muß man sich einerseits mit der konzeptionellen Datenmodellierung beschäftigen, um 'saubere' Datenstrukturen zu erhalten. Ohne diese konzeptionelle Grundlage entsteht schnell ein nicht wartbares Chaos. Auf der anderen Seite kann und darf man in vielen Fällen das konzeptionelle Modell nicht einfach eins zu eins technisch umsetzen, ohne die Möglichkeiten der ORACLE7-Software zu berücksichtigen. Man verschenkt schnell dringend notwendige Geschwindigkeit.

Ich bin oft von versierten ORACLE-Administratoren nach einem methodisch fundierten Unterbau und von Analytikern bzw. Entwicklern nach technischen Umsetzungen in ORACLE gefragt worden. Das Buch soll diesen Bogen von der Konzeption bis zum Einsatz spannen.

Mit diesem Gesamtansatz ist es möglich, die Gegenläufigkeiten zwischen qualitativem Anspruch bezüglich Wartbarkeit, Integrität, Portabilität etc. einerseits und Effizienz bzw. Performance andererseits befriedigend zu lösen. Diese Gegenläufigkeit führt in der Praxis immer wieder zu schlechten Datenbanksystemen.

Das Buch wendet sich also an Personen, die in ihrem beruflichen Umfeld mit ORACLE-Datenbanken arbeiten oder zukünftig arbeiten wollen. Es ist für Systembetreuer, Datenbankadministratoren, Analytiker bzw. Anwendungsentwickler gedacht, also EDV-Fortgeschrittene oder Profis. Laien oder EDV-Einsteiger werden in der Regel von dem dargestellten Inhalt überfordert sein.

Das Buch setzt Kenntnisse in SQL voraus, wenngleich die verwendeten Beispiele erklärt werden. Ich empfehle, grundsätzliche Fragen bezüglich SQL und PL/SQL in der ORACLE-Herstellerliteratur (seien es gedruckte oder Online-Handbücher) nachzuschlagen.

Kapitel 1 führt den Leser in die Problematik ein und versucht, ein Bild der notwendigen Qualität von Anwendungs- bzw. Datenbanksystemen zu vermitteln.

In Kapitel 2 wird die konzeptionelle Datenmodellierung vermittelt. Neben der klassischen 'Entity Relationship Modellierung' wird besonderer Wert auf die Einbeziehung funktionaler Festlegungen gelegt, die im Einsatz unterstützt werden können. Allgemein führt der Weg in diesem Kapitel zielgerichtet vom Aufbau der ER-Diagramme über zusätzlich notwendige Dokumentationen, die Überführung in Relationen bis hin zur Definition eines 'sauberen' Datenmodells. Dieser Weg wird durch die Betrachtung praxisrelevanter Probleme sowie durch Checklisten und Beispiele ergänzt.

Kapitel 3 knüpft an die Ergebnisse des zweiten Kapitels an und betrachtet die technische Umsetzung von Datenmodellen als 'Entwurf' für ORACLE7-Systeme. Dabei werden die ORACLE-Konzepte vorgestellt. Neben den klassischen datenorientierten Objekten wie 'Tabelle' und 'View' finden funktionale Objekte Eingang, die zur Realisierung der Integritätsregeln im weiteren Sinne benötigt werden. Innerhalb des Kapitels wird die Realisierung in SQL und PL/SQL direkt diskutiert. Ein eigenständiger Punkt in diesem Kapitel ist das Modelltuning. Das Kapitel wird um Anmerkungen zu Datenschutz und Data-Dictionary ergänzt.

In Kapitel 4 finden sich diejenigen Aspekte der Anwendungsentwicklung, die die bisherigen Kapitel betreffen. Zusätzlich wird das Anweisungs-Tuning, also die Performance-Verbesserung durch entsprechende Formulierung der SQL-Anweisungen besprochen.

Kapitel 5 liefert Anmerkungen zum Reverse Engineering, beschreitet den bisherigen Weg also von hinten nach vorne.

Im abschließenden Kapitel werden die Kernpunkte dieses Buches kurz zusammengefaßt und ergänzt.

Das Buch orientiert sich an den bisherigen ORACLE Versionen 7.0 bis 7.3. Einige wenige Trigger und Prozeduren werden, wie vielleicht bekannt, Probleme unter 7.0 bereiten.

Dortmund, im Juli 1996 Frank Roeing

Inhaltsverzeichnis

1 Einführung

Dieses Kapitel wendet sich an alle Leser, die den methodischen Hintergrund einiger Themen dieses Buches näher kennenlernen möchten. Auf relevante Themen der Informatik wird kurz eingegangen, die im Laufe der folgenden Kapitel für ORACLE-Datenbanken praktisch umgesetzt werden. Außerdem werden die übergeordneten Ziele einer Datenmodellierung bzw. Realisierung unter ORACLE dargelegt und begründet. Wer sich mit Software-Engineering und Datenmodellierung bereits befaßt hat, kann getrost mit Kapitel 2 fortfahren, es sei denn, man möchte sich mit dem hier dargelegten Qualitätsaspekt auseinandersetzen.

1.1 Philosophien und Leitgedanken

Die Informatik hat sich gewandelt und wird es auch weiterhin tun. Was heute als „Stand der Technik" gilt, ist morgen Mindestanforderung und übermorgen veraltet. Die Geschwindigkeit für einen Evolutionssprung ist dabei für Techniken, Methoden und Philosophien stark unterschiedlich.

Philosophien

Für die zugrundeliegende Philosophie beim Entwurf und der Realisierung von EDV-Problemlösungen kann man seit dem Beginn der Entwicklung drei Phasen grob unterscheiden:

- Philosophie der Künstler (1950-1970) - In diesem Zeitraum ist Softwareentwicklung ein künstlerischer Prozeß, und die Endprodukte sind Ergebnis von Begabung und Intuition.
- Philosophie der Strukturierung (1970-1990) - Vor allem das Phasenmodell für den Software-Lebenszyklus setzt sich durch. Zwischen- und Endprodukte basieren auf genau zu definierenden Spezifikationen und sind wohlstrukturiert. Dabei steht der funktionale Ablauf im Vordergrund, nicht die zu verarbeitenden Daten.
- Philosophie der Objektorientierung (1990-?) - Heute stehen die Daten selbst im Vordergrund. Funktionen werden zu den Daten entworfen, nicht mehr umgekehrt. Softwareentwicklung ist das Konfigurieren und Anpassen von Objekten.

Auf dem Weg zur echten Objektorientierung stehen wir mit relationalen Datenbanken wie ORACLE ganz am Anfang, und es wird sich zeigen, ob und wann sich relationale Datenbanken zu Objektdatenbanken wandeln werden.

Eines zeigt sich aber deutlich: Der Aufbau der zu speichernden Daten ist nicht mehr eine Nebenbetrachtung der Programmierung. Er ist vielmehr zentraler Ausgangspunkt für eine kostenbewußte Problemlösung. Inwiefern?

Stabilität

Die Struktur von Daten ist im Verlauf der Zeit relativ statisch, während sich (Funktions-)Abläufe relativ oft ändern können. Folge: Datenorientiert erstellte Produkte kosten weniger Wartungs- und Erweiterungsaufwand als funktionsorientiert erstellte.

Abhängigkeiten

Folgen die Datenstrukturen dem Bedarf der Funktionen, so erreicht man schnell einen Zustand der Abhängigkeit der Daten von bestimmten Anwendungen. Dies hat u.a. den Nachteil, daß Daten nicht für andere Applikationen wiederverwendet werden können und gleiche Daten oft mehrfach (redundant) gespeichert werden.

Redundanz/ Inkonsistenz

Unternehmensdaten werden in Datenbanken gespeichert, damit die Problematik der Redundanz (Mehrfachspeicherung) und Inkonsistenz (Widerspruch innerhalb der Daten) auf ein mögliches Minimum reduziert wird. Daraus folgt, daß gleiche Funktionen wie Plausibilitätsprüfungen, Abgleich der Daten untereinander, aber auch Verwaltungs- und Pflegefunktionen *zu der Datenbasis* entworfen werden müssen und nicht wiederholt in Anwendungen realisiert sein sollten. Ansonsten würden auf Seiten der Funktionen Redundanzen bzw. Inkonsistenzen auftreten.

Zentrale Kontrolle

Etwas weiter gefaßt müssen alle Instrumente der Qualitätssicherung zunächst bei der Datenhaltung angesetzt werden. Funktionen, die die Richtigkeit und Stabilität der gespeicherten Daten gewährleisten sollen, können nicht den einzelnen Anwendungen überlassen werden. Sie gehören vielmehr elementar und zentral zu den Daten selbst.

Flexibilität

Nicht nur aus Sicht des Informatikers, sondern gerade aus Sicht der Anwender stehen die Daten an sich mehr und mehr im Vordergrund. So ist die Befriedigung kurzfristigen Informationsbedarfs durch flexible ad-hoc Abfragen mittlerweile von elementarer Bedeutung.

Soweit ist der Philosophienwechsel hin zur Datenorientierung nachvollziehbar. Mit diesem Wechsel entsteht der Bedarf nach zielgerichteten, planmäßigen Verfahren, Methoden, und deren handwerkliche Ausprägungen, Techniken .

Mit Sicherheit ist der Einsatz eines fortschrittlichen relationalen Datenbankmanagementsystems wie ORACLE heute eine schlicht notwendige Technik; einerseits, um größere, komplexe Anwendungssysteme überhaupt in den Griff zu bekommen, und um andererseits eine flexible, offene Informationsbasis zur Verfügung zu stellen. Nur ist eine konkrete Datenbasis nur so gut wie ihr struktureller und funktionaler Aufbau. Es kommt also nicht nur darauf an, ORACLE (oder ein ähnliches System) einzusetzen. Dieses System muß planmäßig in den Entwicklungsprozeß eingebracht werden, die Datenbank muß von Anfang an sauber geplant, analysiert und entworfen werden. Wer ORACLE nutzt, sollte es als Werkzeug einsetzen, um ein Konzept zu realisieren, das methodisch Hand und Fuß hat.

1.2 Qualität

Über allen detailliert diskutierten Problemen und Krisen der Softwareentwicklung schwebt in Wirklichkeit ein Thema, das erst in den letzten Jahren verstärkt auf den Punkt gebracht wurde: Die Qualität von Softwaresystemen. Nicht erst in den Zeiten der ISO 9000 kristallisiert sich heraus, daß Qualitätsmanagement eines der wichtigsten Themen der heutigen und zukünftigen Entwicklung ist und sein wird.

Die Aspekte des modernen Qualitätsmanagements sind sehr vielschichtig und müssen z.B. bereits bei der „Peopleware", also bei der sozialen Komponente im Arbeitsteam greifen.

Im hier betrachteten Problemgebiet, dem Erstellen von ORACLE-Systemen, reicht es aus, einen klar zu definierenden Teilaspekt herauszugreifen: den der zu erreichenden Qualitätsmerkmale.

1.2.1 Merkmale

Versucht man, Qualität objektiv zu messen, so beschreibt man am besten die Qualität durch Einzelmerkmale oder Eigenschaften. Die Elementarmerkmale selbst legen einen bestimmten Qualitätsaspekt fest, worin auch direkt eine elementare Problematik liegt. Denn die Merkmale ergänzen sich nicht, sie können sich sogar widersprechen, und das stürzt uns oftmals in ein Dilemma. Um das größte Problem direkt zu nennen: Die Geräteeffizienz (oder Performance) eines Systems steht in der Regel im krassen Widerspruch zu anderen wichtigen Merkmalen wie Portabilität oder Robustheit.

Von besonderer Wichtigkeit sind im Zusammenhang mit ORACLE-Systemen die folgenden Merkmale:

Performance

Setzen Sie eine beliebige Gruppe von Datenbankanwendern an einen Tisch, und warten Sie ab: Irgendwann wird sich das Gespräch um die Performance drehen, um die Frage, wie schnell man aus einer Datenbank Zehntausende von Zeilen abholen kann.

Um sofort ein Problem aufzuzeigen: Die Effizienz über alles zu stellen, ist eine der häufigsten Ursachen für schlechte Systeme. Die Kunst ist es, die Leistung des Systems auf ein Maximum zu bringen, ohne andere Qualitätsmerkmale gravierend zu verletzen.

Integrität

Eine Datenbank muß integer sein, umgangssprachlich „über jeden Zweifel erhaben". Dieses Integritätsmerkmal läßt sich in drei Aspekte aufteilen:

Der Inhalt der Datenbank muß *korrekt* bzw. wahr sein, also der realen Welt entsprechen. Ein Gehalt von minus 5.000,- DM in den Mitarbeiterdaten könnte dabei z.B. bereits vom System abgelehnt werden. Schwieriger wird es für das ORACLE-System, festzustellen, ob Kollege Müller *wirklich* (laut Vertrag) 4.600,- DM pro Monat verdient.

Desweiteren müssen die Daten *vollständig* sein. Dies heißt einerseits, daß man alle relevanten Daten auch speichern kann, also die entsprechenden Datenfelder zur Verfügung stehen, andererseits aber darüber hinaus, daß bei 9.000 Artikeln eines Unternehmens alle 9.000 auch erfaßt worden sind.

Schließlich dürfen sich die Daten nicht untereinander widersprechen, sie müssen *konsistent* sein. Werden Rechnungssumme und die Werte der Einzelposten gespeichert, so könnte die Summe der Einzelposten durchaus einen anderen Wert ergeben als die Rechnungssumme. Dies wäre eine Inkonsistenz. Ein weiteres Beispiel: In einem der Rechnungsposten steht eine Artikelnummer, die es im Artikelverzeichnis nicht gibt.

Wiederverwendbarkeit

Die Wiederverwendbarkeit von Daten bietet bei relationalen Datenbanksystemen eigentlich wenig Anlaß zur Diskussion, ist sie doch *das* Argument für den Einsatz von Datenbanken. Dazu müssen die Daten allerdings so aufgebaut sein, daß sie von mehreren Anwendungen verwendet werden können.

Die Wiederverwendbarkeit von Funktionen ist seit Version 7 von ORACLE ein mehr als interessantes Thema, weil ORACLE das entsprechende Handwerkszeug dazu anbietet.

Wartbarkeit

Projekte werden hauptsächlich durch ökonomische Einflußgrößen (vor allem Zeit und Geld) bestimmt. Hierbei ist der Wartungsaufwand immer wieder Anlaß für Krisensitzungen, da er oftmals astronomische Höhen erreicht.

Ein wartbares System muß vor allem verständlich und änderbar sein, um a) Fehlerursachen zu entdecken und zu beheben und b) Erweiterungen einbringen zu können. Änderbar bedeutet in diesem Zusammenhang insbesondere, daß Erweiterungen möglichst wenig Nacharbeit an anderen Stellen nach sich ziehen.

Verteilbarkeit

Ein immer wichtiger werdendes Thema ist das der Verteilung von Anwendungen und Daten in einem Hardwareumfeld, das aus mehreren Rechnern besteht.

Abb. 1-1

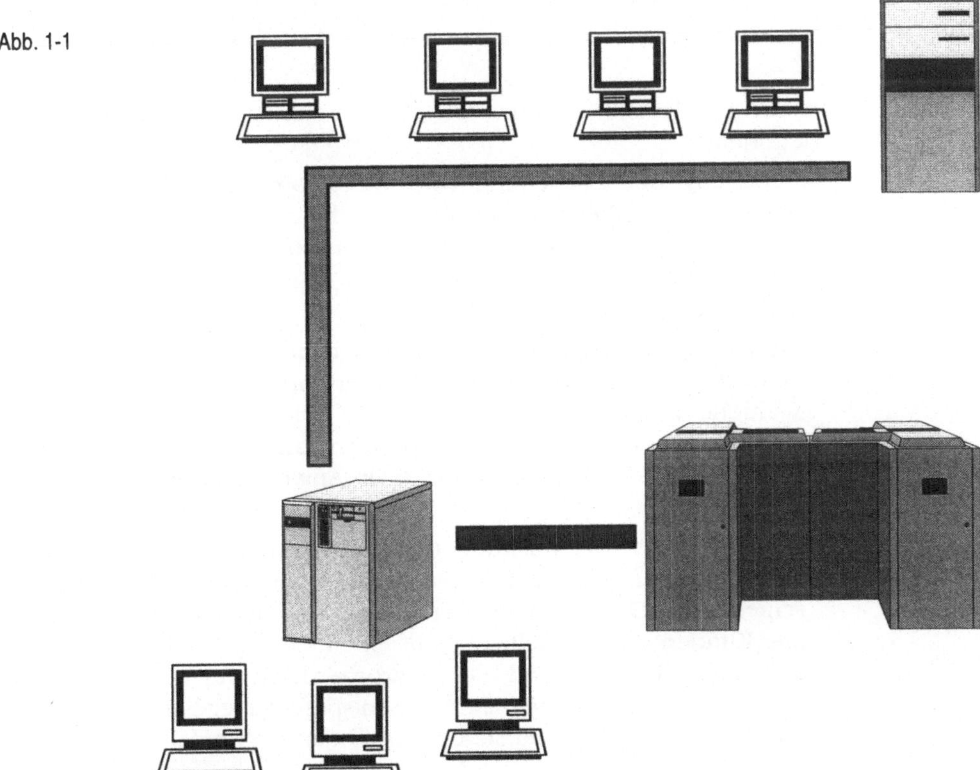

Man kann davon ausgehen, daß eine heutige Konfiguration für mittlere bis größere Projekte eben nicht mehr aus einem Rechner besteht, an dem alle Anwender arbeiten. So hat sich der PC als Arbeitsplatzrechner faktisch durchgesetzt. Er trägt in der Regel den Hauptteil der eigentlichen Anwendungen, während gemeinsam verfügbare Daten auf einem eigenen Server-Rechner abgelegt werden. Dabei ist man in der Regel schon über ein minimales Client-/Server-Konzept (ein Server, mehrere Clients) hinaus.

So kann es z.B. durchaus notwendig sein, ein Netz mit einem herkömmlichen Server aufzubauen, um es mit einer Workstation zu verbinden, die mehrere Terminals bedient. Diese könnte wiederum über ein anderes Netz mit einem Großrechner verbunden sein (vgl. Abb. 1-1).

Schon dieses Beispiel zeigt, daß Verteilbarkeit nicht trivial ist. Auf welchen Rechnern sollen die Daten gespeichert werden? Sollen, ja dürfen sie redundant gespeichert werden? Welche CPU's übernehmen welche Teile einer Anwendung? Wie wird die Stabilität des Systems gewährleistet? ...

Um die Problematik zu skizzieren, bilden wir für die Verteilung drei Kategorien:

- Verteilung der Darstellung (*distributed presentation*) - liegt vor, wenn der Arbeitsplatzrechner/PC die Ein-/Ausgabefunktionen durchführt. Dies ist z.B. der Fall, wenn auf einem Windows- oder OS/2-Rechner eine X-Windows Ein-/Ausgabe für eine UNIX-Anwendung läuft.
- Verteilung der Anwendung (*distributed processing*) - hier werden Teile der Anwendung selbst auf unterschiedliche Systeme verteilt. Während z.B. der Programmkode für die Erfassung und Prüfung von Buchungssätzen auf den jeweiligen Arbeitsstationen ausgeführt wird, finden die Buchungsläufe - als Anwendungsteil - auf einem Server statt.
- Verteilung der Datenhaltung (*distributed database*) - bei diesem Verteilungskonzept werden gemeinsam zugreifbare Daten auf verschiedenen (Datenbank-)Servern verwaltet. Beispielsweise können alle Kunden- und Bestelldaten auf einem Server A, alle Artikeldaten auf einem Server B und alle Mitarbeiterdaten auf einem Server C stehen. Jede Anwendung kann bei entsprechender Berechtigung mit allen Daten arbeiten und sie untereinander verknüpfen.

Die Verteilung von Anwendungen und Daten wirft direkt die Portabilitätsproblematik auf.

Portabilität

Je heterogener das Umfeld, also je mehr unterschiedliche Rechner- und/oder Betriebssysteme eingesetzt werden, um so kostensenkender sind portable Anwendungen. Die Tatsache, daß ORACLE die Portabilität, also die Übertragung einer EDV-Lösung auf ein anderes Zielsystem, auf vorbildliche Weise unterstützt, dürfte einer der Hauptgründe für den Erfolg dieses Datenbanksystems sein.

Obwohl es noch weitaus mehr Qualitätsmerkmale gibt, die sich diskutieren ließen, wird die Liste hier geschlossen.

1.2.2 Anwendungen unter ORACLE - Von Hause aus gut?

Herr Date[1] hat eine Fehleinschätzung relationaler Datenbanksysteme allgemeiner diskutiert: „Die Tatsache, daß ein gegebenes System relational ist, ... ist für sich noch keine Garantie dafür, daß das betreffende System ein 'gutes System' ist.“

Was heißt überhaupt 'gut'? Wenn man festlegt, daß ein gutes System die obigen Qualitätsanforderungen in optimaler Weise erfüllen muß, wird man überrascht feststellen, daß dies gar nicht möglich ist. Eine optimale Verteilung streut Anwendungen und Daten in einem großen System auf viele unterschiedliche Rechner. Ein solches System ist nicht mehr optimal wartbar. Die Performance steht gar im krassen Widerspruch zu fast allen anderen Merkmalen. Integrität bedeutet z.B. viele Plausibilitätsprüfungen, die Ressourcen kosten. Wiederverwendbarkeit und Portabilität bedeuten, daß Software besondere leistungsfördernde Eigenschaften von Rechnern und Betriebssystemen nicht nutzen darf.

Man muß folglich Merkmale herausstellen, die im Vordergrund stehen sollten, und eine Gewichtung vornehmen:

Abb. 1-2

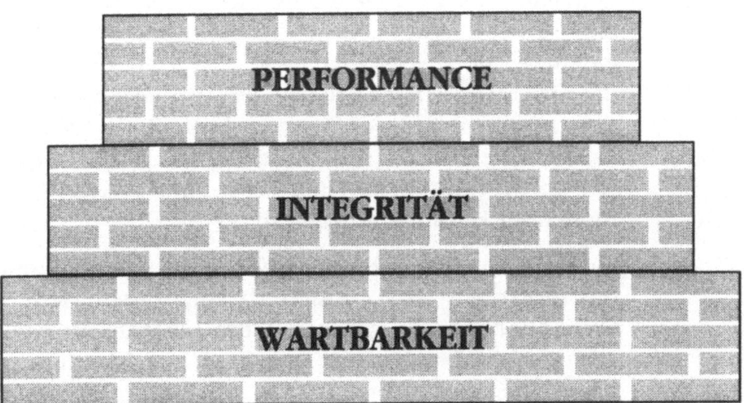

I. Wartbarkeit - Grundsätzlich müssen die zu erstellenden Systeme verständlich und änderbar sein. Dieser Punkt ist für mich deshalb am wichtigsten, weil ich den Kostenaspekt - über den gesamten Lebenszyklus eines Systems hinweg - für den entscheidenden Faktor halte.

[1] vgl. Literaturliste im Anhang

II. Integrität - Die gespeicherten Daten sind in der Regel von strategischer Bedeutung. Alle Maßnahmen, die die Korrektheit, Vollständigkeit und Widerspruchsfreiheit dieser Daten unterstützen oder sicherstellen, sind deshalb von existentieller Wichtigkeit.

III. Performance - Auch wenn Performance-Anforderungen kritisch für andere Qualitätsaspekte sind: Ein zu langsames System ist in der Regel nicht akzeptabel. Ein entsprechendes Instrumentarium zum Tuning werde ich vorstellen und empfehlen. Performance-Verbesserungen dürfen aber nicht spürbar zu Lasten der Wartbarkeit und Integrität gehen. Was nützt die schnellste Massenverarbeitung, wenn die Wartungskosten derart hoch werden, daß ein Projekt nicht mehr finanzierbar ist? Und welchen Sinn hat die Datenverarbeitung, wenn man sich auf die gespeicherten Daten nicht halbwegs verlassen kann?

Dies sind die drei fundamentalen Aspekte, die im Vordergrund stehen sollten. Bei großen Systemen kommt noch ein vierter Punkt hinzu:

IV. Verteilbarkeit - Verteilte Datenbanken sind dann einzusetzen, wenn sie die Performance erhöhen oder organisatorisch und/oder technisch notwendig sind. Sie dürfen wiederum nicht spürbar zu Wartungs- und Integritätsproblemen führen.

Es muß aber nicht immer die günstigste Lösung sein, von allen Arbeitsstationen aus direkt mit allen Datenbanken zu arbeiten. Es kann z.B. sinnvoll sein, eine komplette Kopie einer Datenbank-Tabelle in einem lokalen Netz zu führen, weil der Aufwand für den Zugriff auf das Original nicht zu vertreten ist. In diesem Fall ist es notwendig, darauf zu achten, daß die Daten nicht in einen Widerspruch zu den Originaldaten treten. Man kann zum Beispiel periodisch das Original kopieren und technisch nur den Lesezugriff erlauben, so daß keine Änderungen im Duplikat möglich sind.

Sonstige Qualitätsmerkmale werden zunächst einmal diesen Punkten untergeordnet. Auf ORACLE bezogen stellt sich die Frage, ob auf ORACLE basierende Systeme die Qualitätsanforderungen von Hause aus erfüllen. Die Antwort ist nein, denn ORACLE *unterstützt* vieles, *gewährleistet* aber nicht alles. Oder in anderen Worten: Wartbarkeit, Integrität und die anderen Anforderungen können unter ORACLE - teilweise mit geringsten Mitteln - erreicht werden; es bietet die technischen Voraussetzungen. Die Planer und Entwickler haben allerdings methodisch dafür Sorge zu tragen, daß eine konkrete Lösung 'gut' wird. Die technischen Möglichkeiten müssen auch genutzt bzw. fehlende Unterstützung muß kompensiert werden. Wenn z.B. für Personendaten festgelegt wird, daß das Geschlecht entweder „weiblich" oder „männlich" ist, kann ORACLE auch sicherstellen, daß nur diese beiden Werte akzeptiert werden. Ohne die Festlegung kann jede Anwendung und jeder Anwender im entsprechenden Feld auch unsinnige Daten ablegen. Und wie sagt es die Murphy'sche Regel: Was schief gehen kann, geht auch schief.

Besonders wenig Probleme bereiten bei der Qualitätsbetrachtung die folgenden Punkte:

- Portabilität: ORACLE-Datenbanken laufen beinahe funktionsgleich auf den unterschiedlichsten Plattformen. Und: Hält man sich bei der Datendefinition und in der Anwendungsprogrammierung an das Standard-SQL, so ist selbst der Wechsel von bzw. zu anderen Datenbanksystemen mit relativ wenig Aufwand möglich.
- Verteilbarkeit: ORACLE unterstützt verteilte Datenbanken.
- Wiederverwendbarkeit: Gleiche Daten können in unterschiedlichen 'Sichten' anwendungsgerecht zur Verfügung gestellt werden. Desweiteren können Funktionen in ORACLE-Datenbanken gespeichert und wiederum von unterschiedlichen Anwendungen aus aufgerufen werden.

Es bleiben also insbesondere die wichtigsten Qualitätspunkte offen. Die Erfahrungen der letzten 20 Jahre haben gezeigt, daß diese Punkte am besten durch eine methodisch fundierte, planmäßige Vorgehensweise bei der Konstruktion einer Datenbank erreicht werden. Man kann nicht einfach eine Datenbank einprogrammieren, sondern muß sie in einzelnen Schritten konstruieren.

Das Zauberwort heißt „Software-Engineering", und diese Informatik-Disziplin hat - auch für die Datenbanktechnologie - Prinzipien, Methoden und Techniken entwickelt, mit denen die gewünschten Ziele erreicht werden können.

1.3 Phasenmodell

Die Grundlage des Software-Engineerings ist die Betrachtung der Phasen, durch die eine Software innerhalb ihres Erstellungs- und Einsatzzeitraums laufen sollte. Innerhalb dieses Software Lebenszyklusses (*software life cycle, SLC*) stehen die Phasen bis zur Fertigstellung in der Regel im Vordergrund sowie die Dokumente, die in diesen Phasen erstellt werden.

Planung

Am Anfang steht die Planung eines Projektes, in der es hauptsächlich um die Entscheidung geht, ob das Projekt überhaupt durchgeführt werden sollte. Dementsprechend sind innerhalb dieser Phase eine Durchführbarkeitsstudie und eine Kosten-/Nutzen-Analyse notwendig.

Abb. 1-3

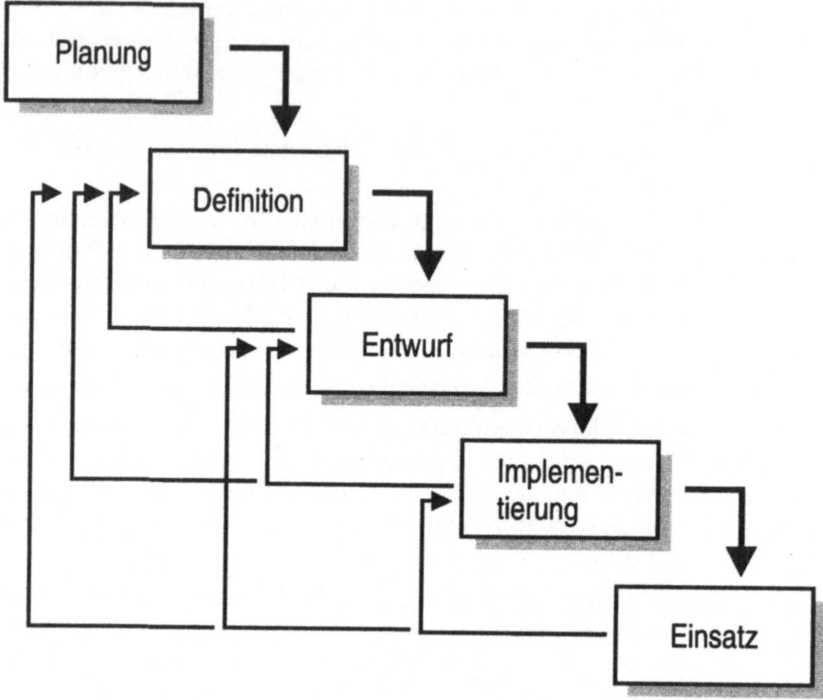

Als Ergebnis dieser Phase wird eine Projektentscheidung (ja oder nein) gefällt und ein grober Projektrahmen gesteckt.

Definition

Bei der Durchführung eines Projekts müssen zwei Themengebiete getrennt werden: das der fachlichen Anforderung und das der technischen Lösung, sozusagen das „Was" und das „Wie". Im Phasenmodell findet man diese Trennung wieder. Bei der Definition werden die fachlichen Anforderungen analysiert und möglichst genau festgelegt. Das Ergebnis, das (fachliche) Lastenheft ist die Grundlage für den technischen Entwurf der Lösung. Sinnvollerweise wird eine Definition gemeinsam von Kunden (Fachbereich) und Informatikern erstellt, da jeder Gruppe allein für sich das entsprechend notwendige Wissen der anderen Gruppe fehlt.

Entwurf

Der Entwurf legt die technische Problemlösung grundlegend fest. Als griffigere Bezeichnung hat sich dafür auch „Programmieren im Großen" durchgesetzt. Die hier entwickelte Architektur von Daten und Funktionen setzt das Lastenheft um.

Innerhalb der Umsetzung werden geradezu zwangsläufig Lücken oder Widersprüche in der fachlichen Definition festgestellt - da das Lastenheft in dieser Phase im Detail technisch durchleuchtet wird. Es ist also normal, daß der Entwurf auch Änderungen in der Definition nach sich zieht. Hierbei läuft man aber gerne in eine Falle, die das Gesamtkonzept der Phasen auf den Kopf stellt: Man dokumentiert Änderungen der fachlichen Anforderungen im technischen Konzept, was ein Widerspruch in sich ist.

Wenn z.B. im technischen Datenbankmodell zu einem Kundensatz ein neues Feld „Lieferanschrift" ergänzt wird, - weil man sie für eine bestimmte Druckfunktion benötigt -, dieses Feld aber im Lastenheft nicht auftaucht, so muß man sich die Frage stellen, ob das Lastenheft zukünftig noch brauchbar ist.

Implementierung

Die Implementierung überführt das technische Modell in eine lauffähige Lösung, beinhaltet also das Programmieren (im Kleinen) bzw. das Kodieren in einer Programmiersprache. Arbeiten in dieser Phase können auch wieder Änderungen in den Dokumenten der Vorphasen notwendig machen, wenn z.B. Elemente der technischen Konzeption schlicht nicht programmierbar sind.

Wenn also das klassische „Wasserfall-Modell" vorgibt, die Phasen von oben nach unten zu durchlaufen (deshalb der Name) - ohne erneutes Arbeiten in den Vorphasen -, so muß man diese Vorgehensweise praktisch ablehnen. In der Tat arbeitet man besser zyklisch, wobei nicht einmal festgelegt sein muß, daß mit den fachlichen Anforderungen begonnen werden muß. Man kann durchaus eine bestehende Anwendung oder eine bestehende Datenbank dazu hernehmen, aus ihr ein fachliches Modell zu erstellen und/oder zu ändern - manchmal kann man das nicht nur, sondern muß es.

Gerade diese Thematik des „von unten nach oben" hat die Informatik - als Anforderung aus der Praxis - in letzter Zeit stärker beschäftigt, wie man am Terminus technicus *Reverse-Engineering* sieht. Bei vielen bereits bestehenden Lösungen ist das Rückwärtslaufen im Phasenmodell der einzige Weg, um Systeme wartbar (!) zu machen.[2]

1.4 Lösungssichten

Man kann nun das Phasenmodell mit den anfänglichen Leitgedanken verbinden: Es ist gemäß der Philosophie der Strukturierung entstanden, mit den Funktionen im Vordergrund. Oder mit anderen Worten: Die Anwendungssoftware selbst stand im zentralen Vordergrund, man machte sich - fast ausschließlich - Gedanken über die fachlich notwendigen Funktionen (Definition/Lastenheft), deren Umsetzung in eine

---

[2] Auch für die Sanierungsschleife „von unten nach oben nach unten" gibt es einen schönen neudeutschen Begriff: *ReEngineering*.

Software-Architektur von Modulen (Entwurf) und deren Programmierung. Die Daten spielten anfangs eine Nebenrolle, und das hat sich entsprechend gerächt.

Mittlerweile weiß man, daß die Funktionssicht alleine im Phasenmodell nicht ausreicht.

1.4.1 Orientierungen

Abb. 1-4

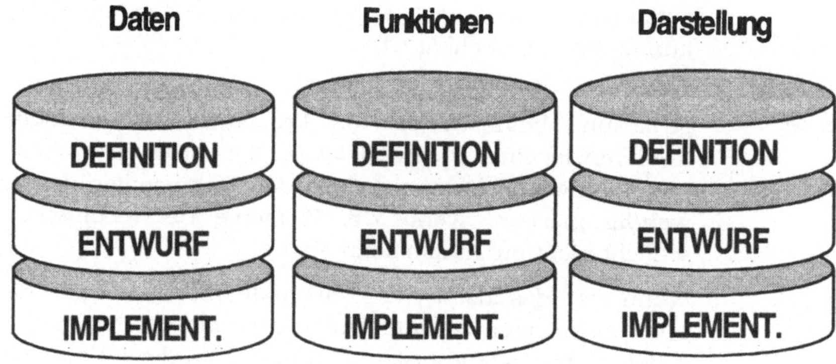

Typischerweise arbeitet man quasi-parallel in drei verschiedenen Orientierungen (es existieren auch weitere). Dies bedeutet, daß nebeneinander - durch unterschiedliche Methoden und Techniken - die Daten, die Funktionen und die Präsentation/Darstellung entwickelt werden. Man erhält also z.B. im Lastenheft eine fachliche Beschreibung der Daten, ein fachliches Funktionsmodell und eine Festlegung der notwendigen Ein-/Ausgabe auf dem Bildschirm und durch Drucklisten.

Warum die Daten dabei in den Mittelpunkt gerückt werden sollten, ist bereits weiter oben ausgeführt worden. Die Funktionen dürfen aber keineswegs vernachlässigt werden: Was nützt die Datenbank ohne Anwendungen? Die Darstellung schließlich hat sich als eigenständige Sicht verselbständigt, weil erkannt wurde, daß sie weder originär zu den Funktionen noch zu den Daten gehört, sondern beides miteinander verbindet. Beispiel 1: Die Aufgabe einer Erfassungsroutine (Funktion) ist es, die Eingaben einer Bildschirmmaske (Darstellung) in einer Datenbasis (Daten) zu speichern. Beispiel 2: Eine Reportdefinition (Darstellung) legt fest, wie die Daten funktional aufzubereiten sind.

4GL

Der Gedanke, die Darstellung als Ersatz für die Funktionen zu verwenden, wurde mit den sogenannten Viertgenerationssprachen (4GL) aufgegriffen; mit der schönen Hoffnung, nur noch Daten und Darstellung festlegen zu können. Man kann auf die klassische Programmierung verzichten - so das Kredo.

Aber das stimmt nur für bestimmte Anwendungsteile. Drucklisten beispielsweise sind ein erstklassiges Anwendungsfeld für 4GL-Werkzeuge. Mit entsprechenden Reportgeneratoren kann man in Projekten viel Geld einsparen - wenn das Datenmodell stimmt. Aber ganz allgemein konnten 4GL nicht, - wie der Name suggerieren soll -, die klassischen prozeduralen Sprachen ablösen, sondern nur ergänzen.

Für ORACLE stehen diesbezüglich die eigenen Werkzeuge ORACLE*Forms (für Bildschirmmasken) und ORACLE*Reports (für Drucklisten) zur Verfügung. Darüber hinaus hat fast jede 4GL von Drittanbietern eine Schnittstelle zu ORACLE.

1.4.2 Funktionsorientierung

Es ist gängige Praxis, im Lastenheft die Definition der zu erfüllenden Funktionen durch eine Mixtur unterschiedlicher Dokumentarten zu erstellen. Dies sind insbesondere informale Texte („Prosa"), Diagramme und Tabellen. Das Ergebnis der Definition, das Funktionsmodell, beschreibt die notwendigen Abläufe aus fachlicher Sicht. Dabei sind die Daten, die verarbeitet werden, ein Nebenprodukt.

Die gängigste Methode, *Structured Analysis* (SA), benutzt dafür beispielsweise sogenannte Datenflußdiagramme - ein Name, der auf den ersten Blick täuscht; denn es geht hierbei nicht primär um die Daten, sondern um die Funktionen, die die Daten manipulieren bzw. erzeugen.

Als Vorgehensmodell bietet sich zunächst einmal das schrittweise Verfeinern an - vom Groben zum Detail. Dieser Weg wird auch *top-down* Vorgehensweise genannt. Z.B. kann eine Seminarverwaltung (grob) durch die Einzelfunktionen 'Kundenverwaltung', 'Referentenverwaltung', 'Raumplanung', 'Auftragsbearbeitung' (und weitere) verfeinert werden.

Im technischen Konzept, also beim Entwurf, werden die Funktionen in eine Softwarearchitektur umgesetzt. Man modularisiert das Programmsystem, faßt elementare Funktionen zu Funktionsmodulen zusammen. Auch hier wird top-down, aber auch *bottom-up* vorgegangen. Letzteres bedeutet, elementare Funktionen nach sinnvollen Kriterien zu Modulen „von unten nach oben" zusammenzufassen.

In unserem Beispiel könnte es sinnvoll sein, die Elementarfunktionen, 'Kunde speichern', 'Kunde löschen', 'Kunde ändern' und 'Kundendaten

Abb. 1-5

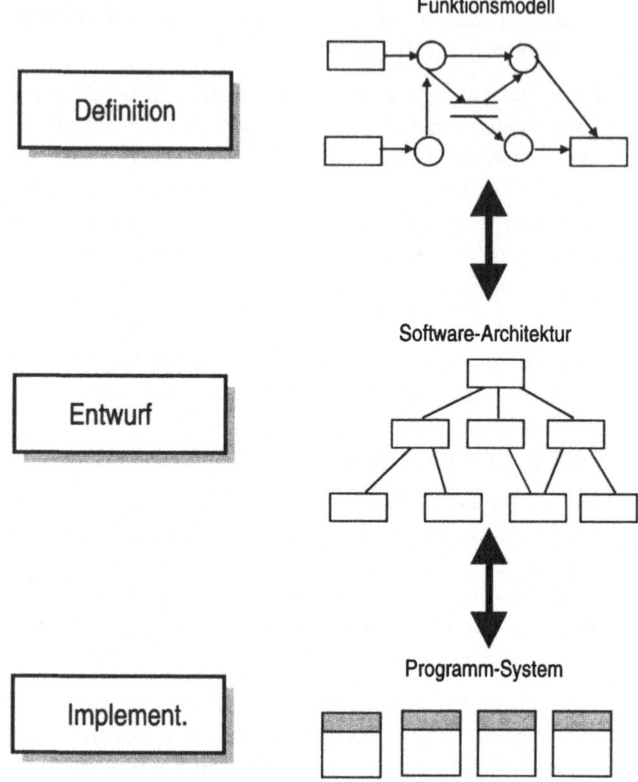

prüfen' zu einem Kundenmodul zusammenzufassen, das von allen Programmteilen benutzt wird, die mit Kundendaten arbeiten müssen.

Gerade dieses Beispiel zeigt, wie man sich bei der Funktionsorientierung den Daten nähern kann. Oder muß! - Wie die Ausführungen am Anfang dieses Kapitels belegen (vgl. 1.1).

1.4.3 Datenorientierung

Betrachtet man das Phasenmodell vom datenorientierten Blickwinkel aus, so geht es um ein übergeordnetes Ziel: Die relevanten Daten der realen Welt müssen in einer EDV-technischen Datenbasis bereitgestellt und verwaltet werden. Diese Datenbasis ist hier ein System von ORACLE-Datenbanken oder, im einfachsten Falle genau eine ORACLE-Datenbank.

Gegenstand der Definition ist es, festzulegen, welche Daten aus fachlicher Sicht notwendig sind, welche Eigenschaften diese Daten haben

Abb. 1-6

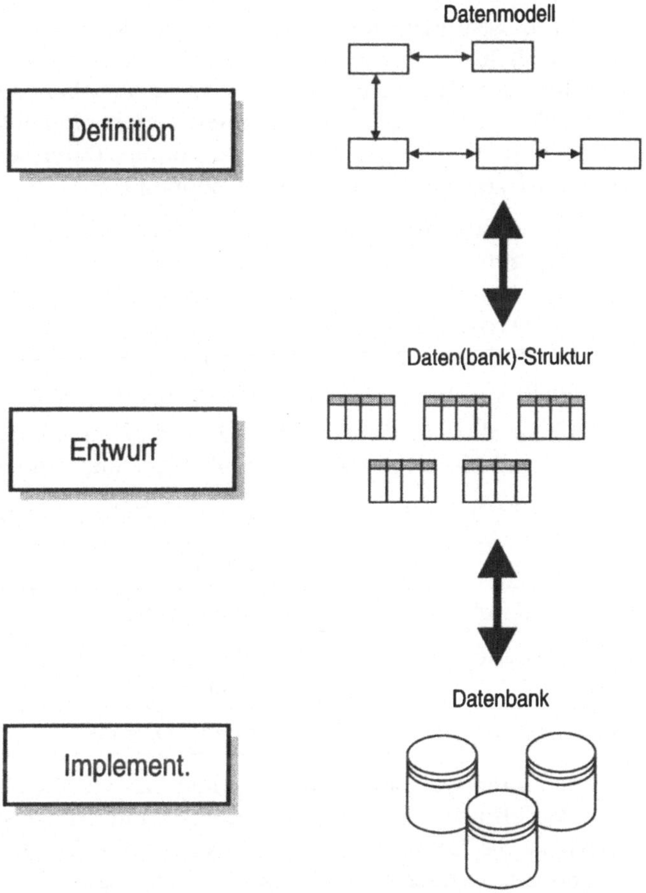

Datenmodell

Definition

Daten(bank)-Struktur

Entwurf

Datenbank

Implement.

und wie sie untereinander in Beziehung stehen. Die Festlegung wird *(konzeptionelles) Datenmodell* genannt

Als Beschreibungssprache für das Datenmodell haben sich Entity-Relationship-Diagramme (ERD) durchgesetzt, die es mittlerweile in vielen unterschiedlichen Ausprägungen gibt. Diese Diagramme reichen alleine nicht aus und werden in der Regel durch formale und informale Beschreibungen im Lastenheft ergänzt.

Im Entwurf muß das Datenmodell in eine logische Datenbankstruktur umgesetzt werden. Das zentrale Problem dieser Phase ist insbesondere die Gewährleistung von Wartbarkeit, Integrität und Performance durch die gewählte Strukturierung. Der Entwurf liefert Relationen, die relativ direkt in ORACLE umgesetzt werden können.

Wenn man aber bei der Datenorientierung die Funktionen außer acht läßt, begeht man den gleichen Fehler, der gemacht wurde, als Funktionen allein im Vordergrund standen. Außerdem hat man bereits von Hause aus Funktionen realisiert, wenn Tabellen unter ORACLE angelegt werden. In jeder Tabelle können Daten eingefügt, geändert und gelöscht werden, aus jeder Tabelle können Daten abgefragt werden - um einmal vier Basisfunktionen zu nennen.

Auch abstraktere Funktionen müssen bereits bei der Datenmodellierung berücksichtigt werden. Eine Regel für die Plausibilitätsprüfung gehört beispielsweise zum funktionalen Teil eines Entity-Typs (Datentyps). Oder wenn es im Entwurf ein Feld 'Rechnungssumme' für eine Rechnung gibt, so muß dargestellt werden, wie sich dieses Feld errechnet und in welchen Fällen es gepflegt werden muß.

Es liegt also ein Übergangsbereich zwischen Daten- und Funktionssicht vor, den ich mit „Verhaltenssicht" bezeichnen möchte.

Als erste Näherung ist die folgende Tabelle gedacht:

Phase	**Daten**	**Verhalten**	**Funktionen**
Definition	Datenmodell	Verhaltensmodell	Funktionsmodell
Entwurf	Datenbankstruktur	Datenbankmodul-Architektur	Modul-Architektur
Implement.	Datenbank(en)	Datenbank-Dienste	Programme

Betrachten wir dabei - um zu sehen, mit welchem Zweck das Verhalten eingeführt wurde -, die Implementierung. An dieser Stelle hat man zunächst die ORACLE-Tabellen, angelegt in entsprechenden Datenbanken und zur Einsatzzeit (Produktion) mit entsprechenden Datenzeilen gefüllt. Auf der anderen Seite baut man ein System von Programmen auf, das mit diesen Tabellen arbeitet. Bei dieser Datenverarbeitung (im wörtlichen Sinne) werden Funktionen benutzt, die ich einmal Datenbank-Dienste nennen möchte. Diese Funktionen sind sehr eng mit den Datenbank-Tabellen verbunden. Beispiele:

- Eine Prüffunktion verlangt die Angabe einer Kundennummer beim Anlegen eines neuen Kunden (1).
- Eine Check-Funktion prüft bei Einfügen oder Ändern von Kunden, ob im Anredefeld „Frau", „Herr" oder „Firma" angegeben worden ist. Wenn nicht, wird die Operation abgelehnt (2).
- Eine weitere Funktion prüft vor dem Löschen einer Rechnung, ob Posten dieser Rechnung in einer Postentabelle vorliegen. Wenn ja, werden diese auch gelöscht (3).

- Ein PL/SQL-Programm pflegt eine Rechnungssumme, wenn sich Posten der Rechnung ändern (4).
- Eine abrufbare Funktion liefert einem Programm den Firmenumsatz eines übergebenen Tages zurück (5).
- Eine Pflegefunktion kopiert alle geänderten Daten einer Mitarbeitertabelle in eine lokale PC-Datenbank (6).

Die Programme, die die obigen Funktionen realisieren, sind dabei auf unterschiedliche Systeme verteilt. Die Funktionen 1, 2 und 3 können direkt durch geeignete Tabellendefinitionen realisiert werden. Funktion 4 kann als sogenannter Trigger auf dem ORACLE-Server laufen und wird dort automatisch aufgerufen. Funktion 5 kann auch auf dem Server gespeichert sein und wird von beliebigen Programmen benutzt. Funktion 6 ist Teil eines Anwendungsprogramms.

1.5 Zusammenfassung

Wir werden uns in den weiteren Kapiteln mit den folgenden Themen beschäftigen:

- Wie erreicht man Wartbarkeit, Integrität und Performance bei ORACLE-Systemen?
- Wie berücksichtigt man sonstige Qualitätsanforderungen wie Verteilbarkeit, Portabilität und Wiederverwendbarkeit?
- Woraus besteht eine fachliche Konzeption einer ORACLE-Datenbank, und welche Wege führen dorthin?
- Wie entwirft und realisiert man eine ORACLE-Datenbank?
- Durch welche Techniken unterstützt man die Anwendungsentwicklung?

2 Datenmodelle

Datenbanken aufbauen bedeutet, den Weg zwischen zwei sehr unterschiedlichen Welten zu beschreiten. Auf der einen Seite steht die reale Welt in ihrer vielschichtigen Komplexität, auf der anderen der EDV-technische Ausschnitt, der durch Hard- und Software in der Machbarkeit stark beschränkt ist.

Wie bereits in Kapitel eins ausgeführt, folgt die Wegbeschreitung von den Anforderungen zur Lösung einem bestimmten Vorgehensmodell. In diesem Kapitel wird der erste wichtige Schritt beschrieben, der Analyse-oder Definitionsschritt. Es geht darum, die reale Welt einzufangen und möglichst formal zu beschreiben und darum, schon bei dieser Beschreibung die EDV-technische Lösbarkeit im Auge zu behalten.

Als Ergebnis erhält man ein konzeptionelles Datenmodell, auch fachliches Datenmodell genannt. Dieses Datenmodell ist relativ einfach in einen konkreten ORACLE-Datenbankaufbau umzusetzen, wenn gewisse Prinzipien eingehalten werden. Diese werden in diesem Kapitel diskutiert. Probleme, die durch eine einfache 1:1 Umsetzung auftreten können, inbesondere die Effizienzproblematik, werden dagegen im nächsten Kapitel aufgegriffen.

Leser, die sich bereits tiefer mit Datenmodellierung beschäftigt haben, mögen den allgemeinen Teil über Entities, Relationships, ER-Modelle und Normalisierung überfliegen. Sie sollten aber auf jeden Fall einen tieferen Blick auf die zweite Hälfte dieses Kapitel werfen, in dem es darum geht, ein konzeptionelles Modell gebrauchsfertig zu machen.

2.1 Ziele

Anknüpfend an den Qualitätsbegriff ist ein konzeptionelles Datenmodell zunächst einmal schlicht notwendig, um korrekte Datenbanken aufzubauen. In diesem Modell werden schließlich die fachlichen Anforderungen festgehalten.

Verzichtet man auf ein solches Modell, so setzt man damit die technische Wirklichkeit einer ORACLE-Datenbank „in die Landschaft", ohne sich um das fachlich Notwendige Gedanken zu machen. Bei nicht-trivialen Systemen ist die Wartungskatastrophe vorprogrammiert.

2.1.1 Prinzipien

Auf einen einfachen Nenner gebracht soll das konzeptionelle Datenmodell ein (wie der Name schon sagt) fachlich korrektes, eingeschränktes Modell der Wirklichkeit sein. Dieses Modell beschreibt Objekte und deren Beziehungen untereinander. Desweiteren wird das Verhalten dieser Objekte dargestellt.

Das Modell muß den folgenden Bedingungen genügen:

- Das fachliche Modell stellt die Wirklichkeit möglichst formal da, d.h. es gibt möglichst keinen Spielraum für Interpretationen.

  Es ist nicht gerade hilfreich, wenn im konzeptionellen Modell das Objekt "Kunde" unter anderem beschrieben würde mit "zum Kunden gehören alle wichtigen Einzeldaten, wie z.B. Vorname". Die Festlegung, um welche Einzeldaten es sich genau handelt, gehört unbedingt zum Modell.

- Das fachliche Modell beinhaltet genau die Angaben, die aus Unternehmens- bzw. Anwendungssicht notwendig sind (nicht mehr und nicht weniger).

  Zu einem Kunden gehört in der Realität eine fast unendlich große Anzahl von Daten. So muß man sich die Frage stellen, ob die Anzahl der Kinder eines Kunden oder gar deren Haarfarbe von Relevanz ist, vorausgesetzt, unter Kunde wird eine Person verstanden. Noch schwieriger wird die Relevanzfrage zum Beispiel beim Geburtsdatum - man kann sich durchaus vorstellen, das ein Außendienstmitarbeiter dieses Geburtsdatum wissen muß. Nimmt man schließlich den Namen eines Kunden nicht in das Modell auf, so hat man in der Regel einen Fehler begangen.

- Das fachliche Modell ist frei von Redundanzen, es besitzt keine doppelten Elemente.

  Bei einem großen Modell könnte es durchaus vorkommen, daß an unterschiedlichen Stellen einmal ein Objekt "Kunde" und ein Objekt "Auftraggeber" vorkommt, wobei in Wirklichkeit ein und dasselbe Objekt gemeint ist.

- Das fachliche Modell besitzt keine Mehrfachverwendungen (es ist homonymfrei).

  Der gegenteilige Fall: Eine Mehrfachverwendung liegt sicher vor, wenn in einem konzeptionellen Datenmodell grundsätzlich von "Personen" gesprochen wird, egal, ob es sich um "Kunden" oder "Mitarbeiter" handelt.

Bei dieser Auflistung handelt es sich um Prinzipien, gegen die in keinem Fall bei der fachlichen Konzeption verstoßen werden darf. Die obigen Punkte ergeben also direkt eine übergeordnete Checkliste, mit deren Fragen man ein Modell validieren muß:

Sind alle Festlegungen formal bzw. eindeutig?	✓
Beinhaltet das Modell alle notwendigen Objekte und Beziehungen?	✓
Beinhaltet es überflüssige Objekte bzw. Beziehungen?	💣
Sind Objekte doppelt vorhanden?	💣
Können Beziehungen auf mehreren Wegen verfolgt werden?	💣
Gibt es Elemente, die je nach Blickweise unterschiedliche Bedeutungen haben?	💣

Und - noch einmal - die wichtigste aller Fragen: Ist überhaupt ein fachliches Datenmodell erstellt worden?

2.1.2 Drei-Schichten-Modell

1978 wurde von der Untergruppe SPARC des amerikanischen Normenausschusses ANSI ein allgemeingültiges Modell veröffentlicht, das die Zusammenhänge zwischen Anwendungsdaten, Gesamt-Datenbank und der physikalischen Speicherung eindeutig definiert und diese drei Ebenen klar trennt. Es besteht kein Zweifel darüber, daß die Umsetzung dieses Modells sinnvoll und notwendig ist.

Oftmals herrscht jedoch Verwirrung darüber, in welcher Art und Weise dieses Modell mit dem konzeptionellen Datenmodell sowie einem konkreten technisch-logischen Aufbau (dem Thema des nächsten Kapitels) in Zusammenhang zu bringen ist. Dieser Verwirrung soll vorgegriffen werden.

Die drei Schichten des ANSI-/SPARC-Modells drücken aus, daß ein Datenmodell auf verschiedene Art und Weisen betrachtet werden kann, die sich in der Abstraktion von der konkreten Datenspeicherung unterscheiden.

Auf der untersten, maschinennächsten Ebene der physischen Speicherung befindet sich die Betrachtung der konkreten Daten als Bytes auf Speichermedien. Im Laufe der historischen Evolution der Softwareentwicklung hat sich diesbezüglich eines herauskristallisiert: je weniger Anwendungsmodule sich mit den Details der physikalischen Speicherung beschäftigen, desto besser. Oder mit den Betrachtungen des letzten Kapitels: Wenn sich nur wenige Standardroutinen mit allen Details der konkreten Speicherung beschäftigen, erhält man korrektere, wartungsärmere und konsistentere Systeme (um nur die wichtigsten Qualitätsmerkmale zu nennen). Die ORACLE-DB-Software ist ein entsprechend leistungsfähiges Zugriffssystem, das nur noch relativ wenige Speicherungsdetails von außen beeinflussen läßt, die Speicherung also abschirmt.

Abb. 2-1

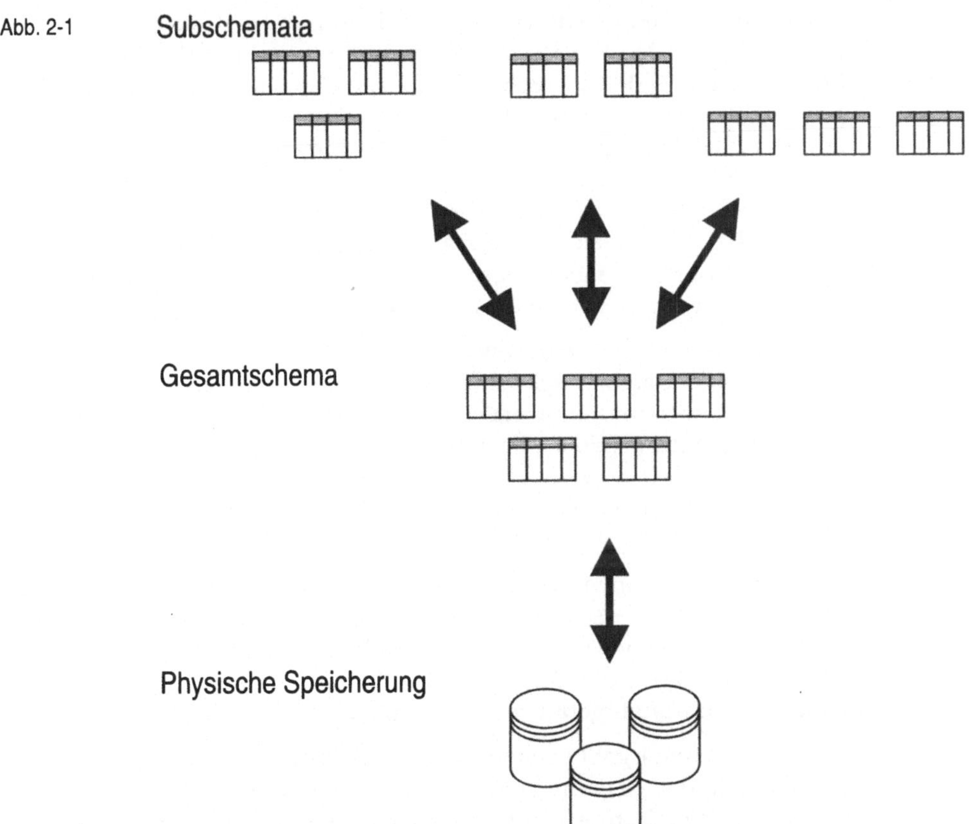

Aus Sicht des Anwenders bzw. eines Anwendungsprogramms ist eine möglichst abstrakte problemgerechte Sicht der Daten wünschenswert. Für ein Programm oder einen Benutzer ist es z.B. viel einfacher, den Befehl "Lese den Auftrag mit der Nummer A22334" abzusetzen, als "Öffne Datei AUFTR_95.DTA auf Platte VOL_D_77 im Verzeichnis PRODUKTIV, Lese Satz mit Zugriffsschlüssel A22334". Auch zeigt sich gerade an diesem Beispiel, das der maschinennähere zweite Zugriffsweg viele umgebungsabhängige Details beinhaltet, also äußerst unportabel ist. Das Arbeiten in einer Benutzersicht/-schicht erbringt also heute notwendige Vorteile.

Unterschiedliche Anwendungen erfordern aber insbesondere eine Sicht, die auf die Anwendung möglichst gut zugeschnitten ist. Unterschiedliche Anwendungen erfordern unterschiedliche Sichten auf eventuell identische Daten. Nehmen wir als Beispiel Mitarbeiterdaten. Ein Lohnprogramm benötigt als Einzelinformationen sicher die Mitarbeiternummer, den Namen, die Kontoverbindung und die Zahlenangaben, die zur Gehaltsabrechnung notwendig sind. Ein zweites Programm, das als internes Informationssystem von allen benutzt wird, erfordert zur Anzeige z.B. die Mitarbeiternummer, den Namen, die interne Telefonnummer und die Adresse des Arbeitsplatzes (beispielsweise Gebäudenummer, Etage, Raumnummer). Beide Programme brauchen gleiche Informationen sowie Informationen, die dem anderen Programm nicht zugänglich sein sollten - oder will man die Gehaltsdaten allgemein zugänglich machen?

Folglich benötigt man eine Zwischenschicht, in der die Beschaffenheit der gesamten Daten beschrieben wird, sowie eine Beschreibung, wie sich die einzelnen Benutzersichten aus dem Gesamtmodell ableiten. Das sogenannte Schema, die Gesamtsicht, beschreibt die vollständige Datenbank, befreit von den Speicherungsdetails der physischen Schicht. Nach außen hin werden beliebige Subschemata (auch Views genannt) zur Verfügung gestellt.

All diese Betrachtungen (und damit auch das ANSI-/SPARC-Modell) beschäftigen sich mit der technischen Realisierung. Das Modell bildet also physikalische Speicherung, echte Tabellen und abstrakte, „virtuelle“ Tabellen ab (vgl. Abb. 2-1). Alle drei Ebenen existieren in der Datenbank. Sie sind die Ergebnisse des technischen Entwurfs.

In diesem Kapitel geht es aber hauptsächlich um die fachliche Definition, aus der der Entwurf abgeleitet wird. Wenn also die drei Ebenen aus technischer Sicht existieren, muß dies aus fachlicher Sicht entsprechend vorspezifiziert werden können.

Man kann also analog zur ANSI-/SPARC-Betrachtung auch die fachlichen Anforderungen in drei Ebenen einteilen:

- Welche Anforderungen an das Datenkonzept stellen einzelne Anwendungen?
- Wie sieht das gesamte konzeptionelle Datenmodell aus?
- Welche Anforderungen lassen sich an die physikalische Speicherung stellen?

Das fachliche 3-Ebenen-Modell (Abb. 2-2) bringt das ANSI-/SPARC-Modell (Abb. 2-1) und die Betrachtungen zum Phasenmodell zusammen (vgl. Abb. 1-6).

Abb. 2-2

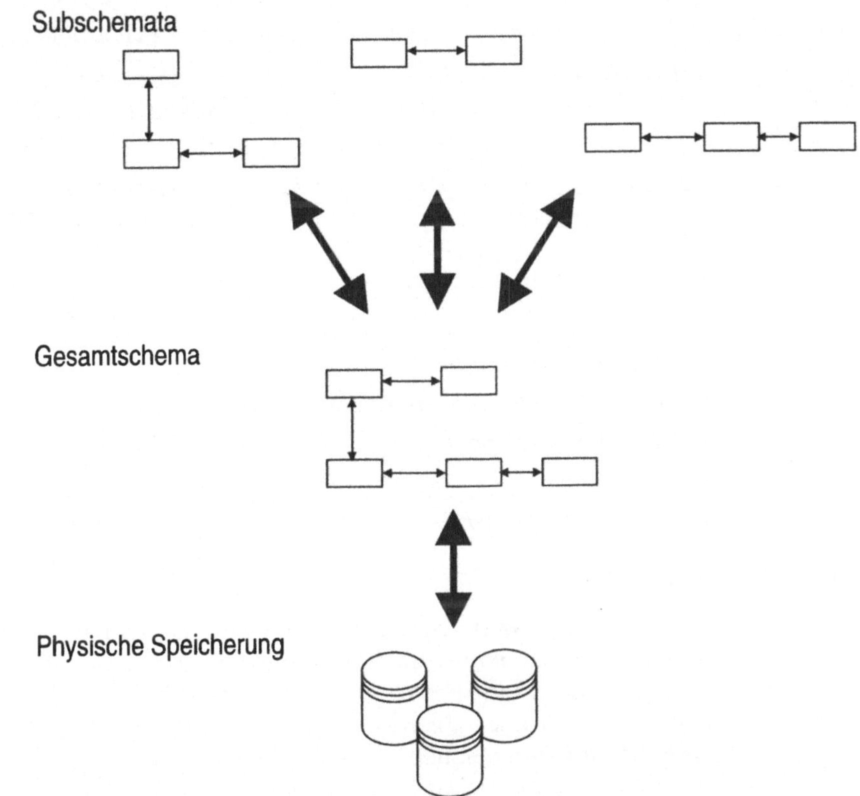

Das konzeptionelle Datenmodell ist idealerweise mit dem technischen Modell weitestgehend identisch. Ein Objekt „KUNDE" kann z.B. direkt mit einer ORACLE-Tabelle „KUNDE" übereinstimmen, indem die aus fachlicher Sicht aufgestellten Komponenten im entsprechenden CREATE TABLE direkt formuliert werden.

Leider ist der Übergang von der Anforderung zur Lösung nicht immer so einfach.

2.2 Elemente der Datenmodellierung

Die reale Welt ist sehr vielschichtig, besitzt eine unendlich hohe Anzahl von beschreibenden Elementen und gehorcht mit Sicherheit nicht einem mathematisch-logischen Formalismus.

Eine Datenbank sollte klar strukturiert sein, eine fest definierte Anzahl von Informationen besitzen und vollständig formal arbeiten.

Entsprechend schwierig kann es sein, die reale Welt zu modellieren, und es wird mit Sicherheit Situationen geben, in denen man an die Grenzen einer relationalen Datenbank stößt.

Ein Hilfsmittel zur Formalisierung der realen fachlichen Gegebenheiten ist die Strukturierung der Anforderungen in Form von Elementen, die sich in ihren Eigenschaften klar voneinander unterscheiden und die relativ einfach in ORACLE-Objekte umsetzbar sind.

Dies sind

- Objekte oder *Entities*
- beschreibende Elemente oder *Attribute*
- *Wertebereichstypen*
- Beziehungen oder *Relationships*
- *Randbedingungen*

2.2.1 Entity

Am einfachsten sind Entities mit dem Wort *Objekt* beschrieben - wenn da nicht die Objektorientierung wäre, die diesen Begriff in der Informatik in einer ganz speziellen Weise vorbelegt. Trotzdem: Entities sind reale (faßbare) oder abstrakte Objekte, die später in ORACLE-Tabellen gespeichert werden sollen.

Von Interesse ist vor allem der Entity-Typ. Diskutiert man bei der Datenmodellierung die Entities 'Michaela Mustermann' und 'Max Müller', so ist als Ergebnis wichtig, deren Typ (Mitarbeiter?, Kunde?, Ansprechpartner?) zu bestimmen.

Im Beispiel in Abb. 2-3 bilden die Personen 'Meier', 'Müller' und 'Schmidt' eine Menge gleichartiger Entities. In einer Datenbank muß eine passende Struktur zur Verfügung stehen, in denen nicht nur diese Personen, sondern beliebig viele der gleichen Art verwaltet werden können. Dazu benötigt man die Typinformation 'Mitarbeiter', wie sie im Diagramm durch ein Rechteck dargestellt wird.

Abb. 2-3

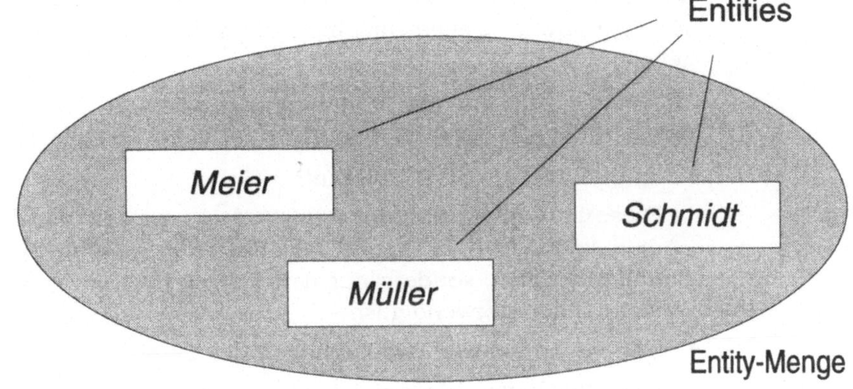

MITARBEITER

Entity-Typ

Die Typbestimmung kann relativ schwierig werden für abstrakte Dinge. Es liegt einem Menschen nicht nahe, abstrakte Dinge, die man nicht fassen kann, zu kategorisieren.

Hilfreich ist in solchen Fällen zunächst einmal eine Übersicht über Möglichkeiten für Entity-Typen wie in der folgenden Tabelle:

faßbar	**nicht faßbar**	**Rolle**	**Beurteilung**
Person	Zeit	Arzt	Arbeitsproduktivität
Schreibgerät	Qualität	Patient	Bezahlungshöhe
Kraftfahrzeug	Firma	Besitzer	Beispielgüte

Beziehungstyp	**Ereignis**	**ausgebbar**	**Sonstiges**
Heirat	Verkauf	Zeichnung	Signal
Partnerschaft	Kauf	Protokoll	Melodie
Eigentumsverhältnis	Systemabsturz	Meldung	Farbverlauf

Hier erkennt man schon die Schwierigkeiten im Zusammenhang mit der Typisierung: Allgemeingültige Kategorien lassen sich schwer aufstellen.

Als weitere Hilfe für die Bestimmung eines Entity-Typs kann man bei Verdacht die folgenden Bedingungen für einen solchen Typ prüfen:

- Sind Entities des Typs relevant?

  Diese Bedingung steht ganz am Anfang, weil sie viel Arbeit abnehmen kann. Man kann und will nicht die gesamte Welt speichern und verwalten, sondern nur den Teil, der für die gewünschten Anwendungen notwendig ist.

- Gibt es individuelle Ausprägungen des Typs?

  Der Typ 'Firma' ist dann notwendig, wenn die Informationen über unterschiedliche Firmen benötigt werden, z.B. bei kaufmännischen Anwendungen. Gibt es im betrachteten fachlichen Umfeld aber nur eine Firma (nämlich die eigene), so benötigt man den Entity-Typ nicht.

- Sind Entities des Typs eindeutig identifizierbar?

  Ein Typ 'Kraftfahrzeug' ist es sicher, es hat eine Fahrgestellnummer. Auch ein Typ 'Kraftfahrzeugtyp' (Achtung: auch ein xy-Typ kann ein zu typisierendes Entity sein) ist über Hersteller und Modellbezeichnung eindeutig identifizierbar.

- Gehören mehrere Einzelelemente zu dem Typ?

  Das Element 'Farbe' ist dann kein eigenständiger Typ, wenn es nur zur Beschreibung anderer Entities benötigt wird (z.B. KFZ-Farbe) und außer dem Farbnamen (z.B. 'hellrot') keine weiteren eigenen Einzelinformationen trägt.

  Ein Farbenhersteller hingegen wird 'Farbe' sicher als Entity-Typ entwerfen, da zu einer Farbe in diesem Fall einige Detailinformationen benötigt werden.

Ein Punkt dieser Liste kann direkt als Methode verwendet werden, um an eine Ausgangsbasis für Entity-Typen zu kommen: Die eindeutige Identifikation von Entities ist im technischen die sogenannte Primärschlüssel-Eigenschaft.

Ein Primärschlüssel ist ein Satz von Elementen (Attributen) eines Entity-Typs, der für jedes Entity eindeutig ist. Hier verwendet man (aus gutem Grund, dazu später mehr) gerne Nummern, so z.B. Kundennummern, Auftragsnummern, Fahrgestellnummern u.s.w..

Hantiert man in der Praxis bereits mit solchen Nummern, so kann man sie sofort als Indiz für einen Entity-Typ verwenden und dann diesen Typ mit den obigen Regeln überprüfen.

2.2.2 Attribut

Ein Attribut ist ein Einzelelement eines Entities, das durch seinen Wert dieses Entity näher beschreibt. Attribute eines Kunden sind z.B. die Nummer '1701A', der Vorname 'Hans', der Nachname 'Seidel', die Straße 'Am Stift 16', die Postleitzahl '44263', der Ort 'Dortmund' etc. pp..

Auch bezüglich der Attribute ist als Ergebnis der Typ wichtig, nicht die echten Werte. Attribute werden zu Spalteninhalten von ORACLE-Tabellen, Attributstypen werden also zu Spaltentypen.

Ein Attribut ist elementar, man muß sich das insbesondere deshalb vor Augen halten, weil die Grenze zwischen Entity und Attribut fließend ist. Ein 'Ort' ist dann ein Attribut, wenn er nur zur Beschreibung eines Mitarbeiters benötigt wird. Ist allerdings eine Ortsverwaltung vorgesehen, so spricht dies dafür, den 'Ort' als Entity-Typ zu modellieren, also in einer eigenen ORACLE-Tabelle zu halten.

Ein schwerer Fehler liegt dann vor, wenn ein Attribut gleichzeitig (mit der gleichen Bedeutung) in mehreren Entities vorkommt. Eine Filiale, in der ein Mitarbeiter arbeitet, kann zum Beispiel dadurch bestimmt sein, daß Abteilungen fest einer Filiale zugeordnet sind und der Mitarbeiter in einer solchen Abteilung arbeitet. Oder: Ein Mitarbeiter, egal in welcher Abteilung er arbeitet, kann einer beliebigen Filiale zugeordnet werden. In beiden Fällen darf die Filiale nicht als Attribut beider Entity-Typen entworfen werden.

Auch darf man allgemeine Wertebereiche nicht mit Attributen verwechseln. Ein Tagesdatum ist kein Attribut, sondern ein möglicher Wertebereich für Attribute und wird z.B. beim Geburtsdatum eines Mitarbeiters, Eintrittsdatum eines Mitarbeiters oder Eingangsdatum eines Auftrags verwendet.

Zusammenfassend ergibt sich als Checkliste, die für jedes Attribut mit 'ja' beantwortet werden muß:

- Ist das Attribut elementar?
- Kommt das Attribut nur einmal im Datenmodell vor?
- Trägt das Attribut nur eine bestimmte Information?

2.2.3 Wertebereich

Zu jedem Attributstyp muß festgelegt werden, in welchem Bereich die Werte dieses Typs liegen können. Technisch ausgedrückt entspricht dies dem genauen Datentyp einer Spalte.

Zu diesem Wertebereich gehören die folgenden Überlegungen:

- Auf welcher Basis liegen die Werte vor (Zeichenketten, Zahlen, Tagesdatum, ...)?
- Was ist die Genauigkeit des Wertebereichs (Minimal- / Maximallängen, Nachkommastellen, Minimal- / Maximalwerte)?
- Liegt ein genauer Wertevorrat vor (z.B. bei der Mehrwertsteuer: drei verschiedene Sätze)?
- Gibt es sonstige Bedingungen für den Wertebereich (z.B. wenn die letzte Stelle einer Personalnummer eine Prüfziffer ist)?

Als Vorbereitung für die technische Umsetzung in ORACLE kann man sich bezüglich der Schreibweise bereits hier an den ORACLE-Typen orientieren. Das heißt, für gewisse Standardwertebereiche kann bereits eine eingedeutschte ORACLE-Syntax verwendet werden:[3]

Wertebereich	Notation
Zeichenketten fester Länge mit Länge x	ZEICHEN(x)
Zeichenketten variabler Länge mit Maximallänge x	VARZEICHEN(x)
Dezimalzahl mit x Vorkomma- und y Nachkommastellen	DEZIMAL(x+y, y)
Ganzzahl	GANZZAHL
Gleitkommazahl	GLEITKOMMA
Gleitkommazahl mit Maximalgenauigkeit x Stellen	ZAHL(x)
Tagesdatum ohne Uhrzeit	TAGESDATUM
Uhrzeit	UHRZEIT
Tagesdatum mit Uhrzeit	DATUM/UHRZEIT

[3] Diese Vorgehensweise ist keinesfalls unumstritten. Mit der Notation der ORACLE-Datentypen in der fachlichen Definition arbeitet man schon technisch orientiert, was für Phasen-Puristen eine unzulässige Vereinfachung ist. Ich rate von dieser Schreibweise auch selbst ab, wenn am Datenmodell Beteiligte (z.B. eine Fachabteilung) durch diese Schreibweise verwirrt werden oder das Datenmodell auch für andere Datenbanken als ORACLE verwendbar sein soll.

Wahrheitswert ('wahr' oder 'falsch', 'Ja' oder 'Nein')	JA/NEIN
Speicherfeld für vorgegebene Daten, z.B. Bild- oder Grafikdaten	BYTES

Mit dieser vereinfachten Schreibweise kann man schnell in eine Arbeitsweise verfallen, bei der nur noch die o.a. Wertebereichstypen verwendet werden. Dies sollte möglichst vermieden werden; ein spezieller Wertebereich (wie z.B. 'Mehrwertsteuersatz') muß auch als solcher beschrieben werden, damit er möglichst optimal in ORACLE umgesetzt werden kann.

2.2.4 Vorgehensweise und Beispiel

Im folgenden sollen die oben ausgeführten Punkte in einem Beispiel zusammengeführt werden. Als Beispiel wird eine recht einfache Auftragsverwaltung für ein Kleinstunternehmen verwendet - ein nicht besonders originelles, aber klares Beispiel (aus diesem Grund findet man es auch in vielen anderen Büchern und Demonstrationen wieder).

In diesem fiktiven Beispiel sind die folgenden Aktionen vom Analytiker durchgeführt worden, um zunächst Entity-Typen zu bestimmen:

Abb. 2-4

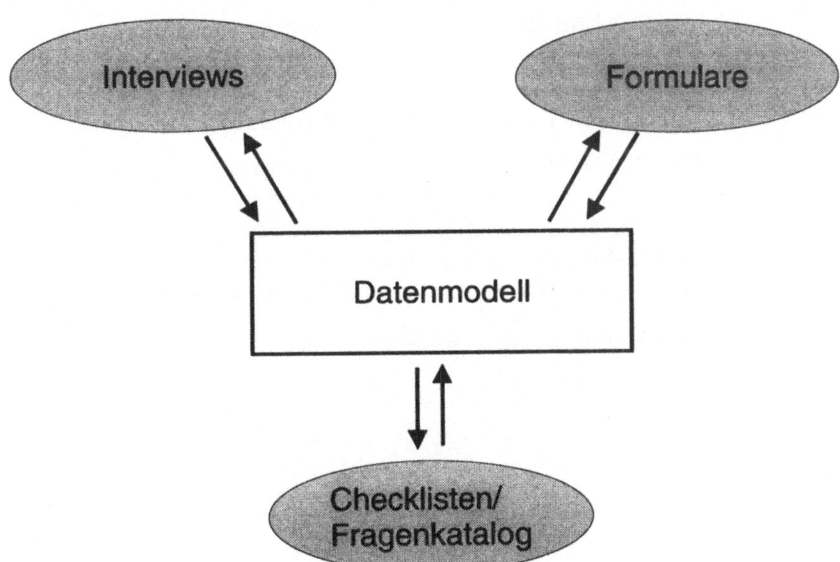

- Es ist ein Interview mit dem Kleinunternehmer durchgeführt worden, in dem dieser seine Vorgehensweise bei der Auftragsbearbeitung beschrieben hat.
- Der Kleinunternehmer hat dem Analytiker die Formulare bzw. sonstigen Dokumente exemplarisch zur Verfügung gestellt, die bisher benutzt wurden.
- Der Analytiker hat anhand von Checklisten (ein Ausgangspunkt sind die oben angeführten Fragenkataloge) zusammen mit dem Kleinunternehmer Zwischenergebnisse validiert.
- Bei Erstellung bzw. Änderung ist das Datenmodell wiederholt gegen die Angaben der Interviews, Formulare und Checklisten geprüft worden, bis das Datenmodell allen drei Quellen zufriedenstellend entsprochen hat.

Das Nachprüfen anhand von Checklisten kann recht eintönig werden, ist aber trotzdem notwendig. Beispielsweise könnte eine Interviewsitzung die folgenden Fragen des Analytikers beinhaltet haben, als es um die Überprüfung des Entity-Typs 'Auftrag' ging (vgl. 2.2.1):

„Sind Aufträge relevant? ... Gibt es individuelle Aufträge? ... Ist ein Auftrag eindeutig identifizierbar? ... Gehören mehrere Einzelinformationen zu einem Auftrag? ...“

Das Ergebnis der Analyse ist in den folgenden Formularen festgehalten (Abb. 2-5). Um direkt einen Eindruck zu erhalten, wie die Konzeption technisch umgesetzt werden kann, sind auch die Befehle zur Erstellung von entsprechenden ORACLE-Tabellen angefügt (Abb. 2-6).

Aber Vorsicht: Das Beispiel ist noch nicht vollständig, denn es können zwar Kunden, Aufträge und Leistungen gespeichert und verarbeitet werden, es fehlen aber die Verbindungen zwischen diesen Entities. Mit dem bisherigen Modell ist es noch nicht möglich, festzustellen, welcher Kunde welchen Auftrag erteilt hat und woraus dieser Auftrag besteht.

Es fehlen also noch die Beziehungen zwischen den Entity-Typen.

Abb. 2-5

```
ENTITY-DEFINITION

Entity:          AUFTRAG
Beschreibung:    Ein Auftrag steht für einen individuellen Kundenauftrag,
                 der vom Unternehmer angenommen wurde.
Menge:           ca. 500 Aufträge per anno
Attribute:
AUFTRAGSNUMMER   GANZZAHL zwischen 1 und 999999 / Muß-Feld / Primär-
                 schlüssel
EINGANG          TAGESDATUM / Muß-Feld / standardmäßig Tagesdatum
                 steht für das Eingangsdatum des Auftrags
ERLEDIGT         TAGESDATUM / Kann-Feld / muß größer oder gleich EINGANG
                 sein
                 steht für das Abwicklungs-Datum
STATUS           Wertebereich: 'normaler Auftrag', 'Auftrag noch nicht
                 endgültig bestätigt', 'Auftrag storniert' / Muß-Feld /
                 standardmäßig 'normaler Auftrag'
WERT             DEZIMAL(8,2) / berechnetes Feld aus der Summe der be-
                 stellten Leistungen / immer größer 0,00

Entity:          KUNDE
Beschreibung:    Ein KUNDE ist eine Kundenperson oder Kundenfirma.
Menge:           ca. 300 insgesamt
Attribute:
KUNDENNUMMER     GANZZAHL zwischen 10000 und 99999, letzte Ziffer ist
                 Prüfziffer als Addition aller Ziffern modulo 10 / Muß-
                 Feld / Primärschlüssel
NAME             VARZEICHEN(40) / Muß-Feld
VORNAME          VARZEICHEN(25) / Kann-Feld / darf nur bei Personen ange-
                 geben werden
ART              Wertebereich: 'weibliche Person', 'männliche Person',
                 'Firma' / Muß-Feld / standardmäßig 'Firma'
STRASSE          VARZEICHEN(40), enthält Straße oder Postfach / Muß-Feld
PLZ_ORT          VARZEICHEN(46), enthält Postleitzahl + Leerzeichen + Ort
                 / Muß-Feld
KREDIT           DEZIMAL(8,2) / Muß-Feld / standardmäßig 0,00 / immer
                 größer oder gleich 0,00
                 enthält die aktuell gewährte Kreditlinie
SALDO            DEZIMAL(8,2) / Muß-Feld
                 aktueller Saldo, größer 0,00 bei Guthaben
```

Entity:	LEISTUNG
Beschreibung:	Register für alle Leistungen des Unternehmers, die angeboten werden oder wurden.
Menge:	jetzt ca 350, dazu ca. 50 pro Jahr
Attribute:	
KUERZEL	ZEICHEN(6), Mix aus Ziffern und Buchstaben, alle Buchstaben in Großschreibung / Muß-Feld / Primärschlüssel
BESCHREIBUNG	VARZEICHEN(80) / Muß-Feld Beschreibung der Leistung
EINHEIT	VARZEICHEN(3), Wertevorrat 'PAU' für pauschal, 'STK' für Stück, 'AM' für Arbeitsminute, 'AH' für Arbeitsstunde, 'AT' für Arbeitstag / Muß-Feld steht für die Einheit, in der die Leistung normalerweise abgerechnet wird
DMEINH	DEZIMAL(8,2) / Muß-Feld steht für den Preis, der normalerweise für eine Einheit der Leistung bezahlt werden muß

Abb. 2-6

```
create table AAB.AUFTRAG
( AUFTRNR       number(6,0) not null check( AUFTRNR > 0 ),
  EINGANG       date default sysdate not null,
  ERLEDIGT      date check( ERLEDIGT >= EINGANG ),
  STATUS        char(2) default 'OK' not null
                check( STATUS IN('OK','BO','ST')),
  WERT          decimal(8,2) check( wert > 0 ),
  primary key( AUFTRNR )
);
comment on table AAB.AUFTRAG is
'Ein Auftrag steht für einen individuellen Kundenauftrag.';
comment on column AAB.AUFTRAG.EINGANG is
'steht für das Eingangsdatum des Auftrags';
comment on column AAB.AUFTRAG.ERLEDIGT is
'steht für das Abwicklungs-Datum';
comment on column AAB.AUFTRAG.STATUS is
'''OK''=normaler Auftrag, ''BO''=Bestätigung offen, ''ST''=storniert';
```

```
create table AAB.KUNDE
( KUNDENNR      number(5,0) not null check(KUNDENNR >= 10000),
  NAME          varchar(40) not null,
  VORNAME       varchar(25),
  ART           char(2) default 'FI' not null
                check( ART in('WP','MP','FI') ),
  STRASSE       varchar(40) not null,
  PLZ_ORT       varchar(46) not null,
  KREDIT        decimal(8,2) default 0 not null check( KREDIT >= 0 ),
  SALDO         decimal(8,2) not null,
  check( VORNAME is not null and ART<>'FI' or
         VORNAME is null and ART='FI'        ),
  primary key( KUNDENNR )
);
comment on table AAB.KUNDE is
'Kundenperson oder Kundenfirma';
comment on column AAB.KUNDE.ART is
'''WP''=weibliche Person, ''MP''=männliche Person, ''FI''=Firma';
comment on column AAB.KUNDE.KREDIT is
'aktuell gewährte Kreditlinie';
comment on column AAB.KUNDE.SALDO is
'aktueller Saldo, größer 0,00 bei Guthaben';

create table AAB.LEISTUNG
( KUERZEL       char(6) not null check( KUERZEL=upper(KUERZEL) ),
  BESCHREIBUNG  varchar(80) not null,
  EINHEIT       varchar(3) not null
                check( EINHEIT in('PAU','STK','AM','AH','AT) ),
  DMEINH        decimal(8,2),
  primary key( KUERZEL )
);
comment on table AAB.LEISTUNG is
'Register aller Leistungen, die angeboten werden oder wurden';
comment on column AAB.LEISTUNG.EINHEIT is
'Einheit, in der die Leistung normalerweise abgerechnet wird';
comment on column AAB.LEISTUNG.DMEINH is
'Preis, der normalerweise für eine Einheit der Leistung bezahlt' ||
'werden muß';
```

2.2.5 Beziehungen

Zwischen unterschiedlichen Entities existieren in der Regel wichtige Verbindungen, die Informationen ausdrücken.

So ist die Information der Abb. 2-7, daß Kunde 'Meier' die Aufträge 1 und 3 und Kunde 'Schmidt' den Auftrag 2 in Auftrag gegeben hat.

Abb. 2-7

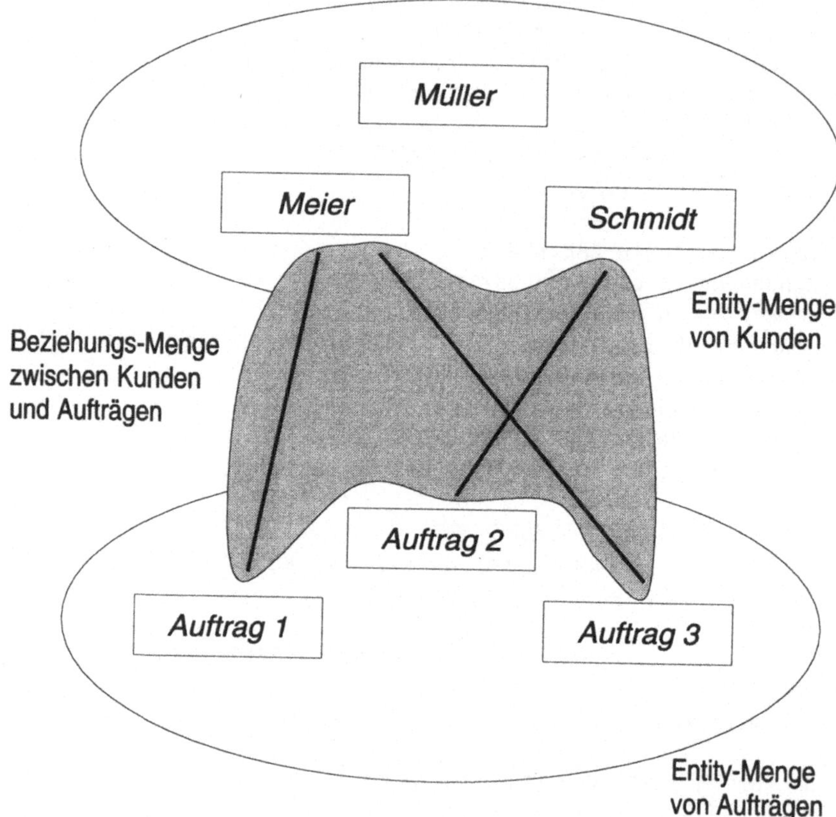

Wie bereits oben ausgeführt, ist eine derartige Beziehung (englisch *relationship*) ein elementar wichtiger Bestandteil des Datenmodells. In diesem Modell ist sie (wie alle Elemente) zu typisieren - es kommt auf den Beziehungstyp an. Die Beziehungen in Abb. 2-7 sind Werte eines Beziehungstyps 'Kunde gibt in Auftrag' oder 'Auftrag wurde gegeben von'.

Daß Beziehungstypen zwei Namen erhalten, ist absolut typisch, denn Beziehungen können von beiden beteiligten Entity-Typen aus betrachtet werden.

Für das Auftragsverwaltungs-Beispiel können schnell zwei Beziehungstypen bestimmt werden:

Abb. 2-8

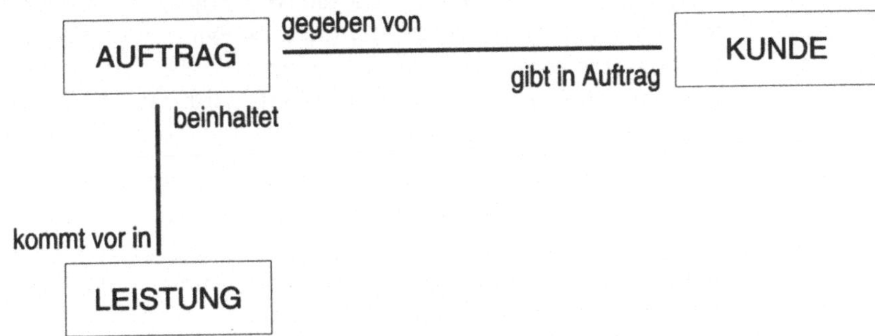

Als Checkpunkte für Beziehungstypen finden sich ähnliche Bedingungen, wie sie schon für Entity-Typen besprochen wurden. Es gibt tatsächlich eine engere Verwandschaft von Beziehungstypen zu Entity-Typen, als man es auf den ersten Blick vermutet[4].

Checkliste

- Sind Beziehungen des Typs relevant?
- Gibt es individuelle Ausprägungen der Beziehung?
- Ist eine konkrete Beziehung eindeutig für jeweils genau ein Entity der beteiligten Entity-Typen?
- Ist die Beziehung nicht redundant zu anderen Beziehungen?

  Für diesen Punkt ein Beispiel: Man könnte auf die Idee kommen, daß es eine direkte Verbindung zwischen einem Kunden und einer Leistung gibt, wenn der Kunde diese Leistung bestellt hat. Diese Beziehung ist allerdings redundant, denn sie ist bereits durch die beiden Beziehungen in Abb. 2-8 ausgedrückt.

Mit dieser Checkliste kann die in 2.2.4 dargestellte Vorgehensweise analog auf Beziehungstypen erweitert werden:

Vorgehensweise

- In Interviews wird nach Verbindungen bereits erkannter Entity-Typen gefragt.

[4] Vielleicht fällt Ihnen auf Seite 25 etwas auf...

- In Formularen wird nach Zusammenstellungen von Entities unterschiedlicher Typen gesucht, die Verbindungen bedeuten. Insbesondere Detailzeilen weisen deutlich auf einen Beziehungstyp hin.
- Mit der obigen Checkliste werden verdächtige Beziehungstypen validiert.

Zu einer kompletten Festlegung der Beziehungstypen fehlen noch einige Punkte. Zum einen muß die Mächtigkeit oder Kardinalität festgelegt werden. Dabei wird definiert, wieviele Beziehungen genau ein Entity eines Typs besitzen darf oder muß. Da gerade hierfür die sogenannten ER-Diagramme hilfreich sind, wird das Thema bis zur Klärung der Diagramme verschoben.

Zum anderen können auch Beziehungen Attribute besitzen. Im obigen Beispiel: Das Attribut DMEINH innerhalb von LEISTUNG steht für den Listenpreis, den der Unternehmer für die Leistung veranschlagt. Der wirklich zu fakturierende Preis wird wahrscheinlich von Auftrag zu Auftrag variieren (Sonderkonditionen etc.). Dieses Attribut, nennen wir es DMEINH_EFFEKTIV, gehört in die Beziehung zwischen Leistung und Auftrag.

2.2.6 Randbedingungen

Die klassische Datenmodellierung ist eine rein datenorientierte Methode, die sich vom Grundansatz her funktionsorientierten Methoden entgegenstellt. Diese unterschiedlichen Sichtweisen sind bereits in Kapitel 1 diskutiert worden. Nun bedeutet aber die Datenorientierung keineswegs, daß funktionale Aspekte wegfallen. Vielmehr werden die Funktionen zu den Daten gesammelt, statt Daten zu Funktionen.

Es sind in den bisherigen Betrachtungen sogar schon implizit Funktionen definiert worden, nämlich der Zweig der Gültigkeitsprüfungen z.B. für die Attributstypen. Die Festlegung, daß ein Eingangsdatum vom Wertebereichstyp TAGESDATUM ist, ist bereits eine Anforderung an das zu erstellende System: Es ist per Programm (also funktional) darauf zu achten, daß nicht z.B. die Zeichenkette 'Hugo' im Eingangsdatum abgelegt wird.

Beim Aufstellen eines Datenmodells wird der Analytiker eine Vielzahl solcher Gültigkeitsregeln im weiteren Sinne erkennen. Einige sind direkt den oben aufgestellten Elementen zuzuordnen, wie als Definition des Wertebereichs oder Festlegung, ob 'Kann-' oder 'Muß-Feld'.

Regeln, die nicht direkt in dieses Raster passen, sind auf jeden Fall daneben festzuhalten. Dies ist ohne Probleme in Form von freiem Prosatext möglich.

Im Auftragsbeispiel könnten derartige Randbedingungen wie folgt lauten:

Abb. 2-9

```
ZUSÄTZLICHE RANDBEDINGUNGEN

I.
Das Attribut WERT aus Auftrag berechnet sich aus den Attributen
DMEINH_EFFEKTIV und BESTELLMENGE der einzelnen bestellten Leistungen
wie folgt:    WERT =     DMEINH_EFFEKTIV1 x BESTELLMENGE1
                       + DMEINH_EFFEKTIV2 x BESTELLMENGE2
                       + DMEINH_EFFEKTIV3 x BESTELLMENGE3
                       + ...
für alle bestellten Leistungen.

II.
Es muß eine Datenbank-Funktion geben, die einen Auftragswert gemäß
I. berechnet und zurückliefert.

III.
In der Menge der Entities vom Typ LEISTUNG muß immer eine Leistung
mit der Beschreibung 'Beratung' vorhanden sein.

IV.
Leistungen, die den Einheitspreis 0,00 besitzen und in keinem Auftrag
verwendet wurden, werden am Jahresende gelöscht.

...
```

Man erkennt an diesem Beispiel, daß mit den Randbedingungen das Gebiet der reinen Datenstrukturierung bereits verlassen wurde. Hier wird schon das funtkionale Verhalten der Datenbank spezifiziert, also der Grundstein für ein Verhaltensmodell gelegt (vgl. 1.4.3).

2.3 Entity-Relationship-Diagramme

Das Diagramm in Abb. 2-8 hat bereits sehr geholfen, die Zusammenhänge des Beispiel-Datenmodells zu visualisieren.

Entity-Relationship-Diagramme (ER-Diagramme) gehen auf Peter P.S. Chen zurück, der sie bereits 1976 vorgestellt hat. Sie sind heute weltweit akzeptierter Standard bei der Datenmodellierung.

ER-Diagramme stellen Entity- und Beziehungstypen in einer Netzgrafik dar, deren Kanten (Verbindungslinien) attributiert sind, d.h. zusätzliche Informationen tragen. Leider hat man sich nicht auf eine gemeinsame Syntax einigen können - es gab wohl zu viele Profilierungswünsche von Autoren und Herstellern.

Abb. 2-10

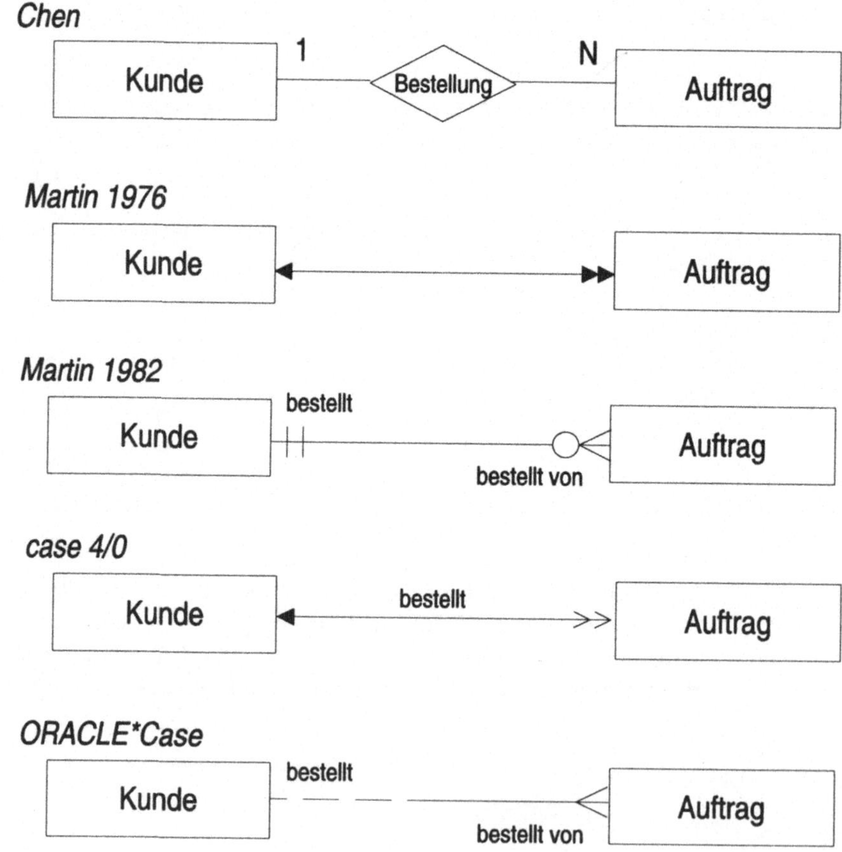

Alle Notationen in Abb. 2-10 drücken denselben Sachverhalt eindeutig aus, nur benutzen sie unterschiedliche Schreibweisen für die Mächtigkeit und den Namen der Beziehung zwischen Kunde und Auftrag.

Im folgenden wird der ORACLE*Case ähnlichen Notation der Vorzug gegeben.[5]

2.3.1 Notation

Die Notation der Entity-Typen bleibt erhalten: Sie werden durch Rechtecke dargestellt, in deren Mitte der Bezeichner des Typs steht.

Für jede Beziehung werden genau zwei Entity-Typen, d.h. Rechtecke mit einer Beziehungslinie verbunden. Diese Linie trägt durch Linienart und -ende die folgenden Informationen:

Abb. 2-11

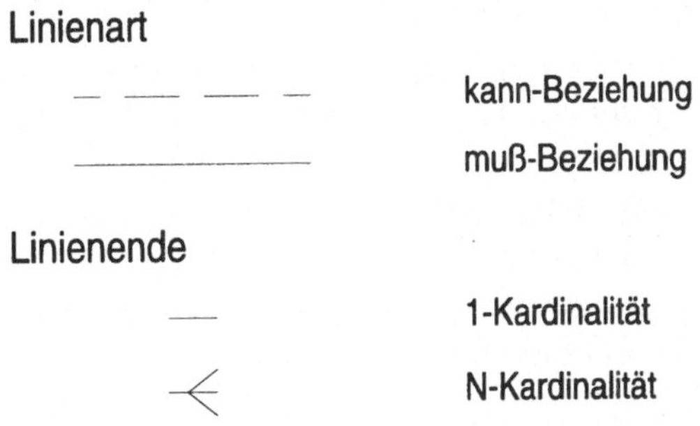

Linienart

— — — — (gestrichelt)	kann-Beziehung
——— (durchgezogen)	muß-Beziehung

Linienende

Linienende	Bedeutung
—	1-Kardinalität
—<	N-Kardinalität

Die Schreibweise legt die Mächtigkeit (oder Kardinalität) der Beziehung fest.

Die Linienart legt Kann- oder Muß-Beziehung fest. Eine Kann-Beziehung bedeutet, daß ein konkretes Entity (also ein konkretes Objekt) des einen Typs mit einem konkreten Entity des anderen Typs in Beziehung stehen kann. Eine Muß-Beziehung legt analog fest, daß ein Entity des einen Typs mit mindestens einem des anderen Typs in Beziehung steht. Kann und Muß legen also das Minimum der Kardinalität fest.

Das Maximum wird durch die Linienenden dargestellt. Eine 1-Kardinalität steht für die Beziehung zu maximal einem Entity, eine N-Kardinalität („Krähenfuß") für die zu beliebig vielen Entities des anderen Typs.

---

[5] In der Originalnotation sind die Ecken der Entity-Rechtecke abgerundet.

Deutlich wird diese Syntax an der Lesart, die anhand der folgenden beiden Beispiele dargestellt wird.

Abb. 2-12

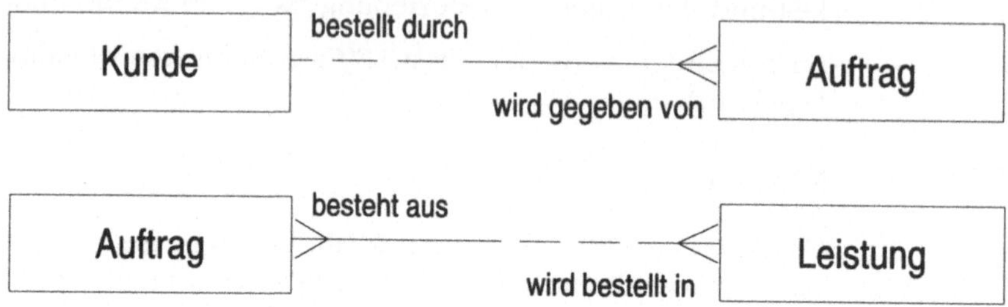

- Ein Kunde bestellt durch mindestens keinen Auftrag und maximal beliebig viele Aufträge. (Kann-Beziehung vom Kunden aus, N-Kardinalität am Ende der Linie auf Auftragsseite.)
- Ein Auftrag wird gegeben von mindestens einem und maximal einem Kunden, also von genau einem Kunden. (Muß-Beziehung vom Auftrag aus, 1-Kardinalität am Linienende.)
- Ein Auftrag besteht aus mindestens einer Leistung und maximal beliebig vielen Leistungen.
- Eine Leistung wird bestellt in mindestens keinem Auftrag und maximal beliebig vielen Aufträgen.

Wenn Sie die Beziehungsnamen aus Abb. 2-12 und Abb. 2-10 vergleichen, so werden Sie feststellen, daß man allein aufgrund der korrekten Lesart gezwungen werden kann, sich über sinnvolle Beziehungsnamen Gedanken zu machen.

Selbstverständlich gehören die beiden Beispiele zusammen, so daß das ER-Diagramm wie folgt aussehen muß:

Abb. 2-13

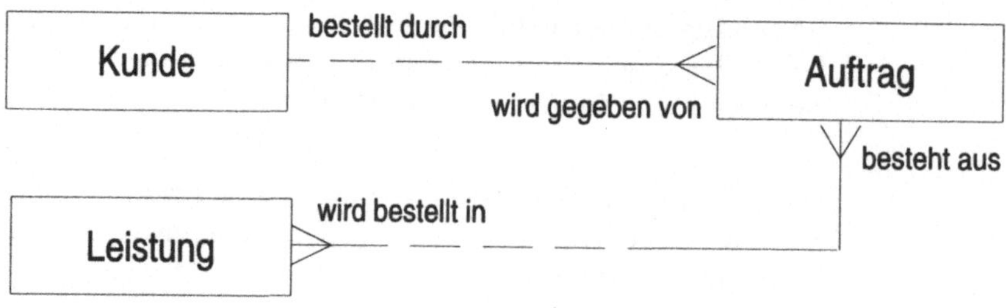

2.3.2 Seltene Beziehungsarten

Das obige Bespiel zeigt gebräuchliche Beziehungsarten, die in der Datenmodellierung zu 80-90% vorkommen. Für diese Arten gibt es eine besondere Sprechweise, die sich aus den Maxima beider Beziehungsseiten herleitet.

- Zwischen Kunde und Auftrag besteht eine *1:N-Beziehung* - ein Kunde steht mit (maximal) N Aufträgen, ein Auftrag mit (maximal) einem Kunden in Beziehung.
- Zwischen Auftrag und Leistung besteht eine *N:M-Beziehung* - ein Auftrag steht mit maximal N Leistungen, eine Leistung mit maximal N, oder besser M Aufträgen in Beziehung.[6]

Darüber hinaus gibt es Beziehungsarten, die zwar notwendig und gültig sind, die aber in der Praxis seltener vorkommen.

Eine *1:1-Beziehung* ist eine sehr enge Kopplung zweier Entity-Typen. Hat man beispielsweise die Entity-Typen Artikel und DIN-Norm modelliert, so kann die folgende Beziehung notwendig und sinnvoll werden:

Abb. 2-14

Wohlgemerkt, dies bedeutet, daß im Artikel-Sortiment maximal ein Artikel bei einer gegebenen DIN-Norm dieser Norm entspricht. Es kann Artikel geben, die keiner Norm genügen und Normen, zu denen keine Artikel im Sortiment stehen.

Eine *(direkt) rekursive Beziehung* ist eine Beziehung zwischen ein und demselben Entity-Typ. Rekursive Beziehungen können auch als 1:1-, 1:N- oder N:M-Beziehungen vorkommen. Als (klassisches) Beispiel kann ein Mitarbeiter-Objekt betrachtet werden, in dem über eine Beziehung der Vorgesetzte verbunden wird. Da der Vorgesetzte eines Mitarbeiters wiederum ein Mitarbeiter ist, geht die Beziehung vom Entity-Typ Mitarbeiter zum Entity-Typ Mitarbeiter, ist also rekursiv. Dieser Sachverhalt ist in Abb. 2-15 dargestellt.

Beziehungen können aber auch eine *indirekte Rekursion* bilden. Geht eine Beziehung vom Typ A nach B und eine zweite Beziehung von B nach A, so erhält man diesen indirekten Selbstbezug. Wichtig ist dabei,

---

6 Man verwendet das M, um damit auszudrücken, daß das Maximum auf der einen Seite nichts mit dem Maximum auf der anderen Seite zu tun hat.

Abb. 2-15

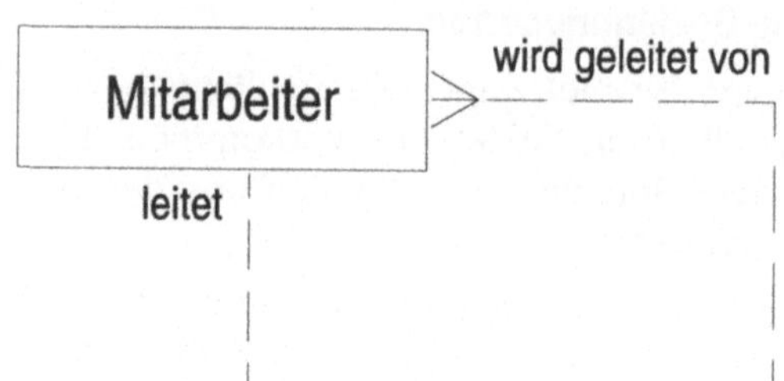

daß diese Rekursion nicht redundant ist, also die zweite Beziehung bei konkreten Werten nicht zum Ursprungsobjekt zurückführt. Dieser Fall wäre ein Modellierungsfehler.

Da gerade die *mehrfachen Beziehungen* zwischen zwei Entity-Typen auf den ersten Blick relativ schwer zu durchschauen sind, folgt ein weiteres Beispiel:

Abb. 2-16

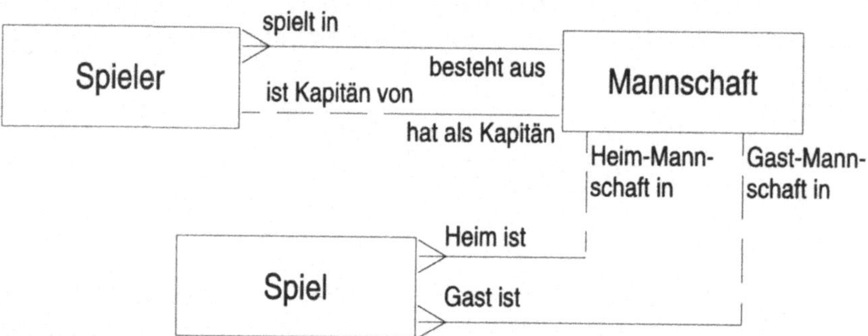

Hier ist ein Ausschnitt einer Bundesligaverwaltung dargestellt. Ein Spieler gehört zu genau einer Mannschaft, diese besteht aus mehreren Spielern. Ein Spieler kann Kapitän einer Mannschaft sein, eine Mannschaft hat genau einen Kapitän.

Zu den Mannschaften werden Spiele verbunden, wobei eine Mannschaft (die vielleicht noch nicht in der Liga spielt) auch kein Spiel bestreiten kann. Eine Mannschaft kann in mehreren Spielen Heimmannschaft und in mehreren Spielen Gastmannschaft sein. Jedes Spiel hat genau eine Heim- und genau eine Gastmannschaft.

Die Doppelbeziehung zwischen Spiel und Mannschaft ist nicht redundant. Es handelt sich um unterschiedliche Informationen. Wenn z.B. der „Lütgenholthauser SV" ein Spiel am 25.3. als Heimmannschaft bestreitet, so ist er nicht Gastmannschaft für dasselbe Spiel. Die indirekte rekursive Beziehung ist also korrekt. Analog ist die Doppelbeziehung zwischen Spieler und Mannschaft notwendig, denn nicht jeder Spieler einer Mannschaft ist ihr Kapitän.

2.3.3 Randbedingungen

Auch bei der Betrachtung der Beziehungen fallen Randbedingungen auf, die nicht immer formal im Diagramm dargestellt werden können. Für das Bundesliga-Beispiel könnten diese z.B. wie folgt festgehalten worden sein:

Abb. 2-17

```
ZUSÄTZLICHE RANDBEDINGUNGEN
I.
Der Kapitän einer Mannschaft ist auch Mitglied der Mannschaft.

II.
Eine Mannschaft kann nicht zugleich Heim- und Gastmannschaft in einem
Spiel sein.

III.
Für Spiele innerhalb einer Saison gilt: Jede Mannschaft kann jeweils
nur einmal als Gast- und Heimmannschaft auftreten.

IV.
Für alle Spiele einer Saison gilt: Bei n Mannschaften gibt es (n-1)x2
Spiele mit allen möglichen Kombinationen von Heim- und Gastmannschaften.
```

Das Aufstellen dieser Randbedingungen ist extrem wichtig. Ein Fachkonzept der Definitionsphase muß möglichst vollständig sein, weil diejenigen, die das Endprodukt entwickeln und warten, nicht unbedingt im Anwendungsgebiet zu Hause sind. Stellen Sie sich vor, wie das obige Beispiel in Abb. 2-16 ohne die formulierten Randbedingungen interpretiert werden könnte, wenn der Entwickler keine Ahnung vom Mannschaftssport hätte. Es könnten Lösungen entstehen, die gegen alle obigen Regeln verstoßen würden, ohne daß das ER-Diagramm verletzt würde.

Randbedingungen fallen automatisch an, wenn über das Fachgebiet diskutiert wird, insbesondere bei Interviews. Man sollte sich nicht scheuen, diese pedantisch zu notieren.

2.3.4 Ungültige Beziehungen

Bei der Überprüfung auf Korrektheit eines ER-Diagramms kann man aus bestimmten Beziehungskonstellationen direkt auf einen Modellierungsfehler schließen. Dies ist eine sehr schöne Eigenschaft: sie erlaubt es, formal zu testen.

Abb. 2-18

Eine Muß-1:Muß-1-Beziehung deutet in den meisten Fällen auf einen Fehler hin. Wenn zu jedem A ein B und zu jedem B ein A vorhanden sein muß, bedeutet dies in der Regel eine Identität der Entity-Typen A und B.

Abb. 2-19

Die Konstellation einer N:M-Beziehung mit einem Muß auf beiden Seiten ist praktisch undurchführbar. Ein neues Objekt des Typs A benötigt ein neues des Typs B und dieses wiederum eines des Typs A. Dieses „Aufschaukeln" wird dann praktisch undurchführbar, wenn mehrere Elemente des anderen Entity-Typs in Beziehung gesetzt werden sollen - eine endlose Geschichte.

Bei direkt rekursiven Beziehungen gibt es nur wenige gültige Konstellationen. Falsch sind:

Abb. 2-20

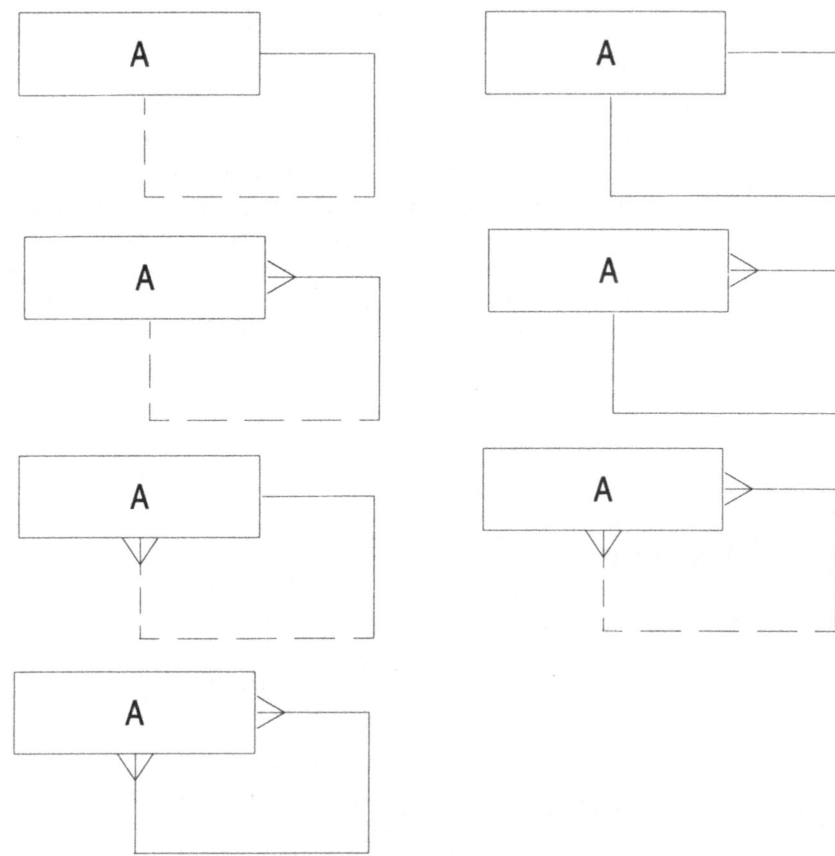

Hier ist ein logischer Fehler gemacht worden. Da jedes Objekt mit mindestens einem anderen desselben Typs in Beziehung stehen muß, ergibt sich eine endlose Beziehungskette ohne Anfang - man spiele einmal ein wertmäßiges Beispiel durch.

2.3.5 Attribute

Beziehungen tragen zweierlei Informationen. Erstens (und dafür sind sie überhaupt aufgestellt worden) die Information, welches Objekt mit welchem Objekt in Beziehung steht. Bei der *spielt in/besteht aus* Beziehung zwischen Spieler und Mannschaft im Bundesligabeispiel wird nur durch die Beziehung ausgedrückt, daß ein bestimmter Spieler in einer bestimmten Mannschaft spielt.

Zweitens kann eine Beziehung zusätzliche Attribute tragen, genau wie die Entities selbst. Dies müssen (saubere Modellierung!) Elementarinformationen sein, die genau zur Beziehung gehören und nicht in eines der Entities.

Der Entity-Typ *Spieler* kann z.B. ein Attribut *Profi seit* besitzen, in dem die Information steckt, mit welchem Tagesdatum der Spieler in den Profistatus gewechselt ist. Mit dem Attribut *In Mannschaft seit* verhält es sich anders. Diese Information gehört zum Spieler und zur Mannschaft, oder besser zu der Beziehung dazwischen. Wäre noch ein Attribut *Kapitän seit* notwendig, wäre der Fall noch deutlicher. Dieses Attribut benötigen nur Spieler, die auch Kapitän sind, die also eine Kapitäns-Beziehung zur Mannschaft haben. Dorthin gehört das Attribut.

Analog zu einer Entity-Beschreibung wie in Abb. 2-5 kann für die Festlegung der Attribute eine Beziehungsbeschreibung aufgebaut werden, wie im folgenden Beispiel.

Abb. 2-21

```
RELATIONSHIP-DEFINITION

Beziehung:      spielt in / besteht aus
Entities:       SPIELER     MANNSCHAFT
Beschreibung:   Durch diese Beziehung wird die Zugehörigkeit eines Spie-
                lers zu einer Mannschaft definiert.
Kardinalität:   1:N = (1,1):(1,N)
Attribute:
SEIT            TAGESDATUM / Muß-Feld
                steht für das Datum, an dem der Spieler in die Mann-
                schaft eingetreten ist
STAMMPOSITION   Wertebereich: 'Torwart', 'Verteidiger', 'Libero',
                'Mittelfeldspieler',  'Stürmer'
STAMMSPIELER    JA/NEIN

Beziehung:      ist Kapitän von / hat als Kapitän
Entities:       SPIELER           MANNSCHAFT
Beschreibung:   Die Beziehung definiert den Kapitän einer Mannschaft.
Kardinalität:   1:1 = (0,1):(1,1)
Attribute:
SEIT            TAGESDATUM / Kann-Feld
                steht für das Datum, seit dem der verbundene Spieler Ka-
                pitän der verbundenen Mannschaft ist
```

2.4 Vorgehensweisen

Für die Erstellung eines konzeptionellen Datenmodells gibt es mehrere mögliche Vorgehensweisen. Die Theorie kennt unterschiedliche reine Methoden, von denen hier drei vorgestellt werden. In der Praxis wird man (bis auf Ausnahmefälle) keine dieser Methoden allein, sondern vielmehr einen sinnvollen Methoden-Mix einsetzen, der auf die jeweilige Situation anzupassen ist.

- Bei der *Top-Down* orientierten Methode werden Entities erstellt und mit Hilfe der ER-Diagramme verfeinert, bis Attribute festliegen.
- Bei der *Bottom-Up* orientierten Methode werden mögliche Attribute gesammelt und zu Entities gruppiert, bis das ER-Diagramm festliegt.
- Die *Formular-Methode* benutzt die Strukturierung existierender Formulare, um ER-Diagramme zu erstellen, und verfeinert und/oder verallgemeinert die Zwischenergebnisse.

Für große Datenmodelle können diese Methoden für Teilsichten eingesetzt werden, die zum Gesamt-Modell integriert werden. Dieser Vorgang wird auch *kanonische Synthese* genannt.

Alle Methoden haben das gemeinsame Ziel, als konzeptionelles Datenmodell ein ER-Diagramm, eine Beschreibung der Entity- und Beziehungstypen sowie die Zusatzdokumentation der Randbedingungen und des Verhaltens der Typen zu erstellen.

2.4.1 Top-Down

Die Top-Down-Methode meint hier eine Vorgehensweise vom Groben ins Detail. Ausgangspunkt ist das Aufstellen der Entity-Typen.

Entity-Typen aufbauen

Die Bestimmung der Entities und deren Typen ist bereits in 2.2.1 angesprochen worden. Da bei dieser Methode die Entities der Ausgangspunkt des gesamten Modells sind, sollte man genügend Zeit für Interviews, die Analyse von Dokumenten und vor allem für die Validierung der aufgestellten Ergebnisse einplanen.

Beziehungstypen aufbauen

Steht eine erste Näherung fest, so kann untersucht werden, welche Beziehungen zwischen den aufgestellten Entity-Typen bestehen. Zu diesem Zweck ist ein grobes ER-Diagramm sinnvoll, das man z.B. mit entsprechendem Material auf einer Pinwand, einem Whiteboard oder einem Flipchart erstellt. Gerade Pinwand oder Whiteboard sind sehr geeignete Medien, da man die Lösung mit mehreren Personen entwikkeln und schnell überarbeiten kann. Man sollte den Fehler vermeiden, zu schnell Werkzeuge wie CASE-Tools einzusetzen, die die Analyse in ein Zwangskorsett stecken.

Abb. 2-22

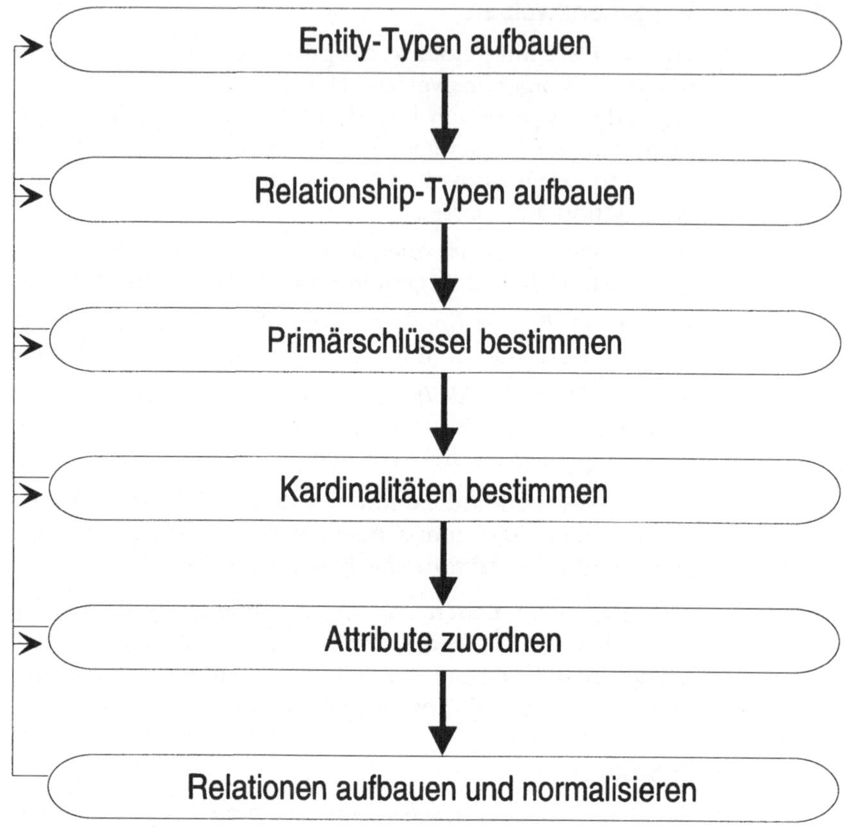

Die Beziehungen müssen noch nicht vollständig festgelegt werden, insbesondere dürfen die Kardinalitäten fehlen. Hier wie in jedem folgenden Schritt können Ergebnisse der vorhergehenden Schritte überarbeitet werden. Es ist absolut typisch, daß mit der Verfeinerung Fehler in den vorigen Schritten erkannt und beseitigt werden. Der Verbesserungszyklus gehört zur Methode.

Primärschlüssel bestimmen

Stehen die Beziehungen fest, so werden den Entity-Typen die Attribute zugeordnet, die ein Objekt eindeutig identifizieren. Dieser Schritt ist an dieser Stelle sinnvoll, da sich ein Primärschlüssel aus Beziehungen ganz oder zum Teil vererben kann. Beispiel: Man hat die Entity-Typen 'Filiale' und 'Konto' festgelegt und im zweiten Schritt erkannt, daß zwischen diesen beiden Typen eine 1:N-Beziehung vorliegt. Ein Konto gehört eindeutig zu einer Filiale. 'Filiale' selbst erhält als Primärschlüssel eine Filialnummer. Bei den Überlegungen zum Primärschlüssel des Kontos fällt auf, daß eine Kontonummer allein nicht eindeutig ist, da

Konten unterschiedlicher Filialen die gleiche Nummer besitzen dürfen. Erst die Filialnummer, ererbt aus der Beziehung zu 'Filiale' und Kontonummer, ist für ein Konto eindeutig.

Diese Eigenschaft kann im ER-Diagramm kenntlich gemacht werden.[7] In der hier benutzten Notation wird der Sachverhalt wie folgt dargestellt:

Abb. 2-23

Der Vererbungsstrich darf nur bei Muß-Beziehungen gezeichnet werden, da ein Objekt des entsprechenden Typs ohne eine Beziehung keinen gültigen Primärschlüssel hätte. Ein Konto ohne Filiale kann nicht existieren, da die Filialnummer im Primärschlüssel fehlt.

Ob mit oder ohne Vererbung: Primärschlüssel-Attribute sind immer Muß-Felder.

Kardinalitäten bestimmen

Sind noch nicht alle Kardinalitäten der Beziehungen bestimmt, muß man diese im nächsten Schritt festlegen. Hierbei helfen die aufgestellten Primärschlüssel, anhand derer man die Mächtigkeit einer Beziehung in Beispielen und Interview-Fragen bestimmen kann.

Mit diesem Schritt ist das ER-Diagramm vollständig. (Natürlich bedeutet das nicht, daß das ER-Diagramm 100%ig korrekt und unverrückbar ist - man wird ein Datenmodell immer wieder in Teilen verbessern, erweitern und anpassen müssen.)

Attribute zuordnen

Zu den aufgestellten Entity- und Beziehungstypen werden die Attribute bestimmt. Da die Primärschlüssel bereits bekannt sind, werden hier die restlichen Elementarinformationen der Typen gesucht und spezifiziert. Checklisten und weitere Informationen zu diesem Thema sind bereits oben angesprochen worden (vgl. 2.2.2 und 2.2.3).

Relationen und Normalisierung

Als letzter Schritt wird das Modell in Relationen umgesetzt, um die Umsetzung in ORACLE-Tabellen zu unterstützen und vor allem das Modell mit Hilfe der Normalisierung zu überprüfen.

Dieser Punkt ist ein gesondertes Thema in Kapitel 2.6 und 2.8.

Die Top-Down-Vorgehensweise ist dann nicht optimal, wenn von Anfang an die benötigten Attribute in brauchbarer Form vorliegen. In diesem Fall beginnt man Bottom-Up, d.h. mit der Analyse der Attribute.

---

[7] Viele CASE-Werkzeuge unterstützen aber leider keine Darstellung von ererbten Primärschlüsselattributen im Diagramm.

2.4.2 Bottom-Up

Abb. 2-24

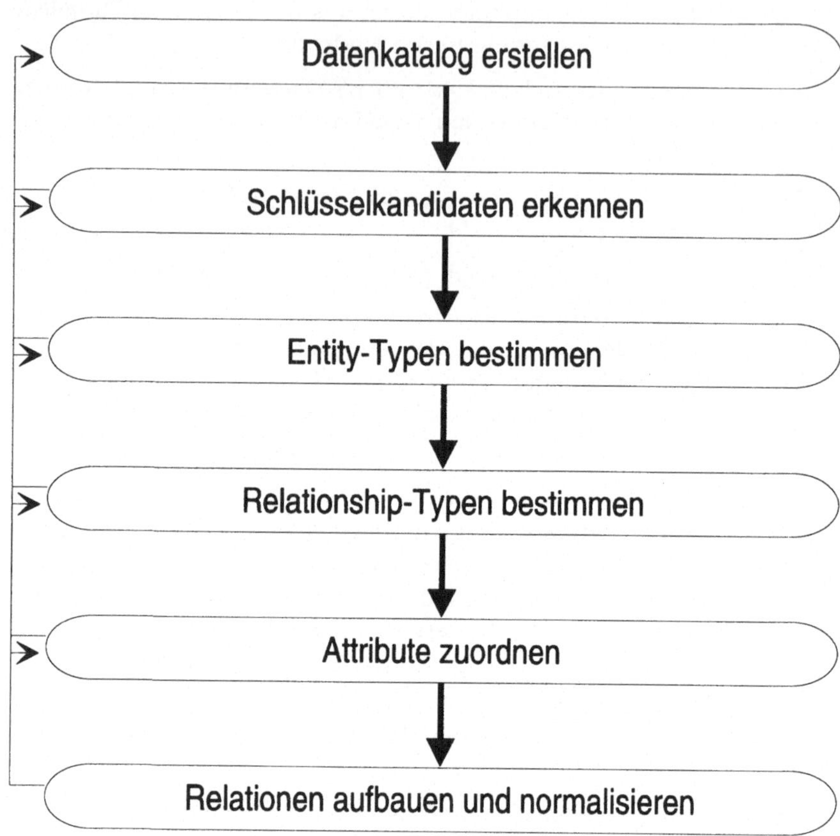

Datenkatalog erstellen

Die Bottom-Up-Methode beginnt mit der Suche nach und der systematischen Erfassung von Attributen. Quellen für die Suche sind auch hier wiederum im Fachbereich zu finden: vorhandene Formulare, vorhandene Anwendungen, Interviews etc..

Die Checkliste aus 2.2.2 sei wieder aufgegriffen und erweitert. Bei der Erfassung der Attribute ist auf folgendes zu achten:

- Ist das Attribut elementar?
- Ist ein neues Attribut ein Synonym für ein bestehendes Attribut (Synonymfreiheit des Datenkatalogs)?

  Beispiel: Bei 'Kennzeichen' und 'Amtliche Zulassungsnummer' eines Kraftfahrzeugs handelt es sich wohl um ein und dasselbe Attribut.
- Steht ein verdächtiges Attribut in Wirklichkeit für mehrere Attribute (Homonymfreiheit des Datenkatalogs)?

Beispiel: 'Anzahl Stellen' im Entity 'Abteilung' kann sowohl für die Anzahl der Planstellen, als auch für die effektive Anzahl der Stellen der Abteilung stehen. Benötigt werden also zwei Attribute.

- Sind abgeleitete (berechnete) Attribute spezifiziert?

  Beispiel: Existiert für eine Leistung ein Bruttobetrag und ein Mehrwertsteuer-Satz, so ist das Attribut Nettobetrag als berechnetes Feld aus den beiden anderen Attributen zu definieren.

Schlüsselkandidaten erkennen

Um das Ziel, Entity-Typen zu erkennen, relativ einfach zu erreichen, geht man den Datenkatalog durch und sucht nach Attributen, die als möglicher Primärschlüssel eines Entity in Frage kämen (Schlüsselkandidat). Einige Attribute sind diesbezüglich leicht zu erkennen: Personalnummer, Projektkürzel, Artikelnummer usw..

Man kann nicht davon ausgehen, daß alle späteren Primärschlüsselattribute im Datenkatalog zu finden sind oder daß man vorhandene Schlüsselkandidaten komplett erkennt. Ein gewisser Prozentsatz von erkannten Schlüsseln hilft aber, das ER-Diagramm zu beginnen.

Entity-Typen bestimmen

Aus den Schlüsselkandidaten können, da sie Objektidentifikatoren sind, direkt Entity-Typen gebildet werden. Aus Personalnummer wird der Typ 'Mitarbeiter' abgeleitet, aus 'Projektkürzel' 'Projekt', aus 'Artikelnummer' 'Artikel'. Verbesserungen der vorhergehenden Schritte, wie Ergänzung oder Korrektur des Datenkatalogs sind auch bei der Bottom-Up Methode sinnvoll und in der Regel notwendig.

Beziehungstypen bestimmen

Mit den bis zu diesem Zeitpunkt bestimmten Entity-Typen wird als nächstes nach Beziehungen gesucht. Dabei werden in der Regel auch neue Entities erkannt und spezifiziert. Die Beziehungstypen werden mit ihren Kardinalitäten festgelegt. Das ER-Diagramm wächst.

Attribute zuordnen

Es folgt der Schritt, der relativ viel Aufwand bedeutet und oft ein erneutes Durchlaufen der vorherigen Schritte notwendig macht. Für alle im ersten Schritt aufgestellten Attribute wird untersucht, zu welchem Entity- oder Beziehungstyp das Attribut zugeordnet werden kann. Hierbei werden insbesondere fehlende Typen erkannt und nachspezifiziert.

Auch bei dieser Methode wird zum Schluß das Ergebnis mit Hilfe der Relationen validiert.

2.4.3 Formularorientiert

Bei Vorhandensein komplexer Formulare kann es sinnvoll sein, aus diesen direkt ER-Diagramme abzuleiten, die schrittweise verbessert und ergänzt werden.

Abb. 2-25

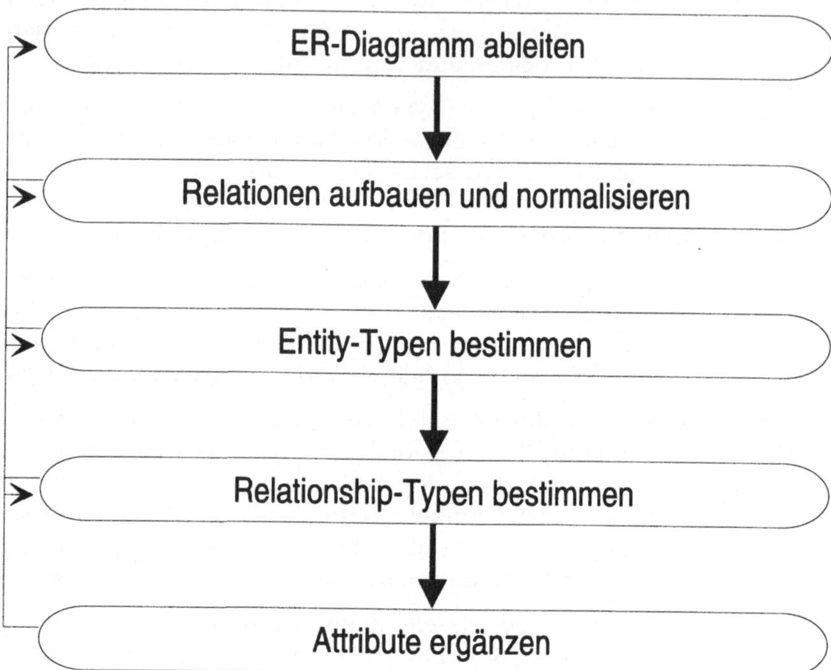

Formulare sind in der Regel strukturiert. Idee des ersten Schrittes ist es, aus dieser Struktur in einem ER-Diagramm abzubilden.

Als Beispiel dient ein Rechnungsformular:

Abb. 2-26

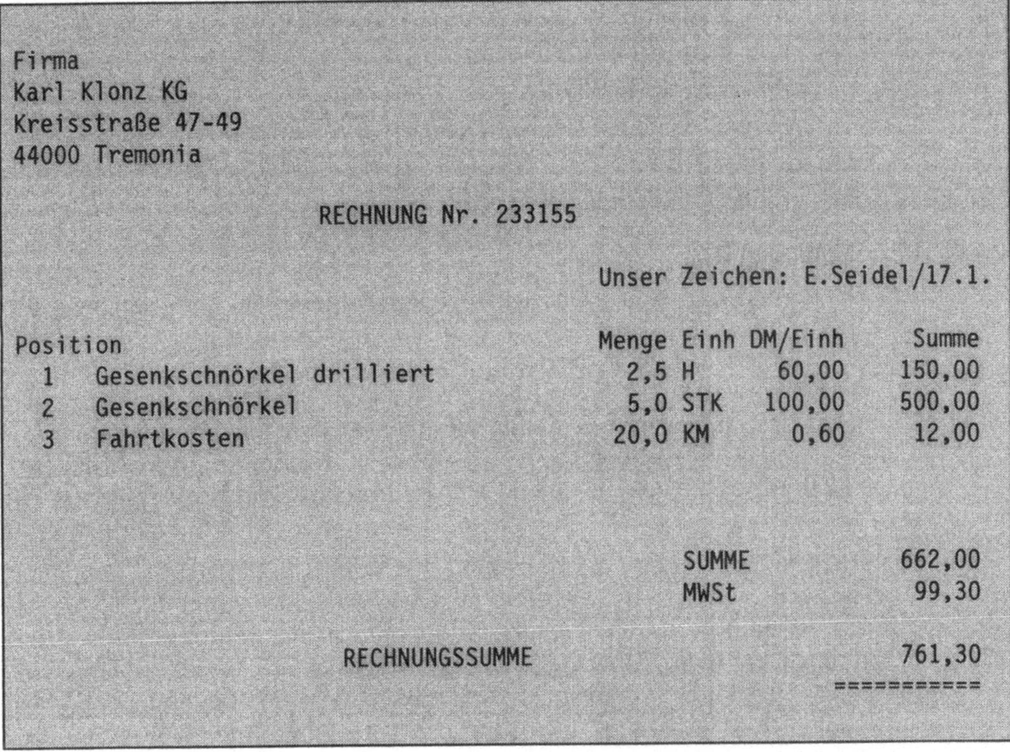

Firma
Karl Klonz KG
Kreisstraße 47-49
44000 Tremonia

RECHNUNG Nr. 233155

Unser Zeichen: E.Seidel/17.1.

Position		Menge	Einh	DM/Einh	Summe
1	Gesenkschnörkel drilliert	2,5	H	60,00	150,00
2	Gesenkschnörkel	5,0	STK	100,00	500,00
3	Fahrtkosten	20,0	KM	0,60	12,00
			SUMME		662,00
			MWSt		99,30
	RECHNUNGSSUMME				761,30
					===========

Aus diesem Formular kann man die folgende Struktur ableiten:

Abb. 2-27

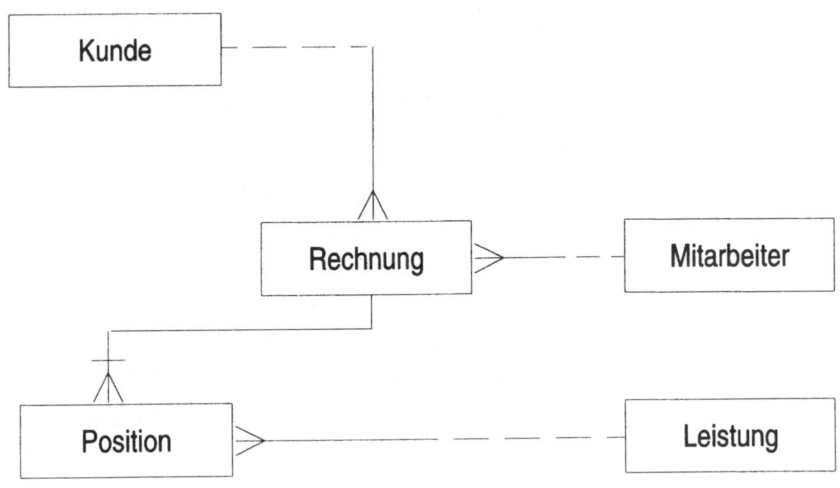

Die Tatsache, daß eine Postenzeile der Rechnung für zwei Entity-Typen steht (hier Position und Leistung genannt), muß nicht unbedingt im ersten Schritt erkannt werden. Für das Erkennen solcher inneren Abhängigkeiten ist eigentlich Schritt zwei, das Umformen in Relationen und Normalisieren, zuständig.

Die weitere Vorgehensweise (nach der Normalisierung) besteht aus einer Verbesserung und Komplettierung des Datenmodells, wie bei den anderen beiden Methoden auch.

2.4.4 Methoden-Mix

In der Praxis vermischen sich die drei dargestellten Vorgehensweisen in der Regel. Es kann sinnvoll sein, Top-Down zu beginnen und einen Teil Bottom-Up zu betrachten oder umgekehrt. Auch kann die Formularmethode z.B. ergänzend benutzt werden. Wichtig ist, daß man die Methoden kennt und den Sinn der einzelnen Methodenschritte und deren Ablauf im wahrsten Sinne des Wortes in Erfahrung bringt, um flexibel auf das jeweilige Umfeld bei der Datenmodellierung reagieren zu können.

Dazu gehört auch, Informationen für Folgeschritte vorzuverarbeiten. Geht man z.B. nach Top-Down Methode vor und beginnt, Entity-Typen zu bestimmen, können vielleicht schon wichtige Attribute von einer beteiligten Person im Gespräch genannt werden. Diese zu notieren, dürfte der Mühe wert sein. Andererseits muß man dabei aufpassen, daß man sich in diesem Schritt nicht in eine Diskussion über Attribute verstrickt.

2.4.5 Kanonische Synthese

Mit der kanonischen Synthese wird das evolutionäre Wachstum einer Datenbank berücksichtigt. Ausgehend von unterschiedlichen Benutzersichten (vgl. 2.1.2) wird das konzeptionelle Datenmodell schrittweise erweitert, bis alle Elemente des zu betrachtenden Problemfeldes berücksichtigt sind.

Diese Methode kann als 'Mix im Großen' aufgefaßt werden, wobei jede Einzelsicht nach einer der drei diskutierten Grundmethoden modelliert werden kann, mit starker Tendenz zur Bottom-Up-Methode. Dabei geht man in den folgenden Schritten vor:

1. Man erstellt ein Ausgangsmodell $SCHEMA_0$ in der herkömmlichen Art und Weise, ausgehend von einer gewählten Benutzersicht.
2. Für eine noch fehlende n-te Benutzersicht wird ein Datenmodell entwickelt. Es entsteht $SUBSCHEMA_n$.

3. Das bisherige Gesamtmodell $SCHEMA_{n-1}$ wird um das neue Datenmodell $SUBSCHEMA_n$ erweitert. Es entsteht ein neues Gesamtmodell $SCHEMA_n$.
4. Die Schritte 2 und 3 werden durchgeführt, bis alle Benutzersichten berücksichtigt sind.

In Schritt 3 werden nicht nur die Diagramme zusammengeführt, sondern auch die Attribute und sonstigen Angaben in der zugehörigen Dokumentation.

Im folgenden Beipiel wird zunächst von einer Bestandsverwaltung ausgegangen. $SCHEMA_0$ stellt dar, daß ein Lagerort ein Teil (in einer bestimmten Menge) aufnehmen, ein Teil aber an unterschiedlichen Orten gelagert werden kann:

Abb. 2-28

Für die Benutzersicht 'Stücklistenreservierung' müssen alle Teile, die in einem Auftrag geordert werden, reserviert werden. $SUBSCHEMA_1$ sieht wie folgt aus:

Abb. 2-29

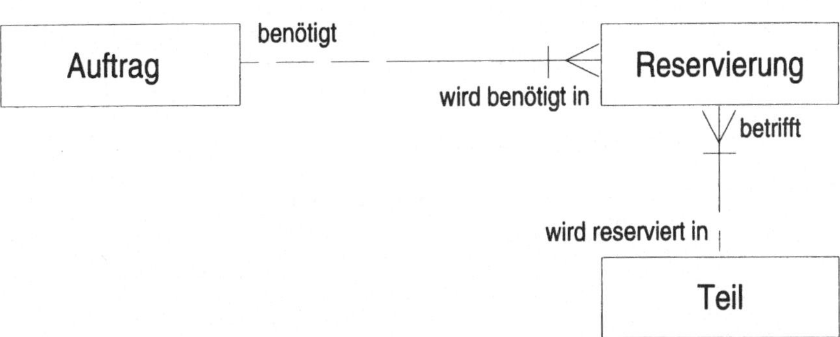

Integriert in $SCHEMA_0$ ergibt sich $SCHEMA_1$, wobei nicht nur die Diagramme (wie dargestellt) integriert werden müssen, sondern auch die Entity-Typ-Beschreibungen von 'Teil':

Abb. 2-30

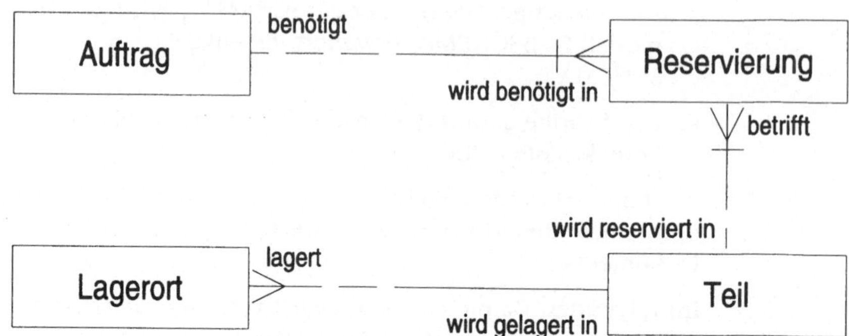

Die Fertigungssteuerung benötigt zu den Aufträgen die Verwaltung der Teilarbeiten sowie den Verweis auf die bearbeitende Stelle. SUBSCHEMA$_2$:

Abb. 2-31

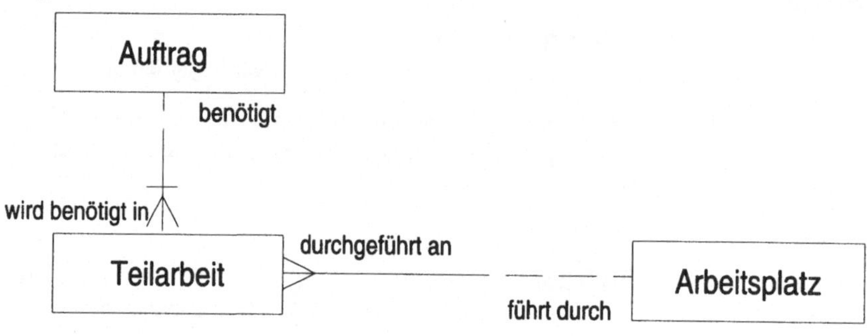

SCHEMA$_1$ wird dementsprechend erweitert zu SCHEMA$_2$:

Abb. 2-32

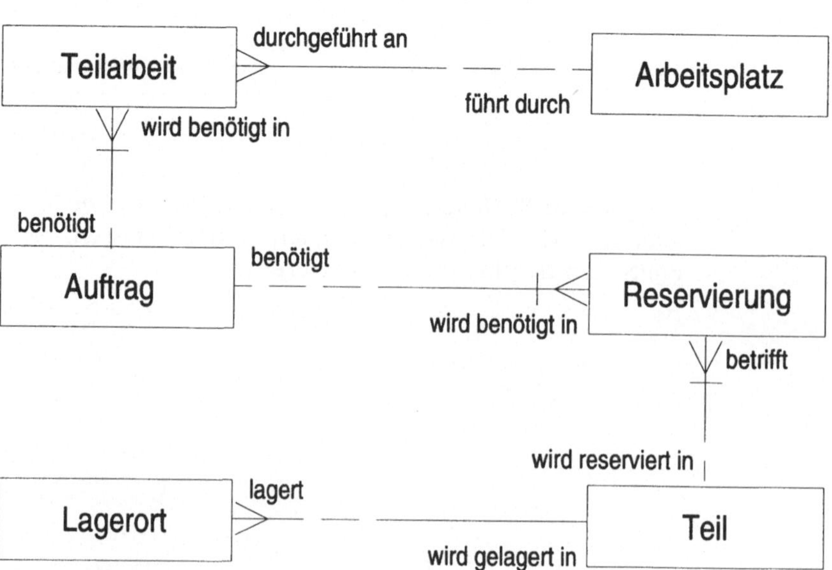

In der Praxis können sich bei der Integration der Subschemata durchaus Detailprobleme ergeben, die dazu führen, daß ein bisheriges Schema restrukturiert werden muß. Im obigen Beispiel könnte z.B. festgestellt werden, daß die Teilereservierung zu einer Teilarbeit gehört. Dann wird die Beziehung 'Reservierung zu Auftrag' in 'Reservierung zu Teilarbeit' umdefiniert.

2.5 Notwendige Dokumentation

Bis zu diesem Punkt sind Elemente beschrieben worden, die zu einem konzeptionellen Datenmodell der Definitionsphase eines Projektes gehören. Zur Überprüfung auf die Vollständigkeit dieses Modells ist es hilfreich, die benötigten Elemente anhand von Formularen und Checklisten zu validieren.

Grob gehören zum Datenmodell die folgenden Elemente:

- ER-Diagramm
- Beschreibung der Entity-Typen
- Beschreibung der Beziehungstypen
- Festlegung der Randbedingungen und des Verhaltens der Objekte

Die Vollständigkeit dieser Komponenten kann man z.B. durch ein vorgegebenes Inhaltsverzeichnis des Fachkonzepts gewährleisten.

Als Beispiel kann das Inhaltsverzeichnis in Abb. 2-33 betrachtet werden.

Abb. 2-33

```
FACHKONZEPT - INHALTSVERZEICHNIS

1 ANLASS DES DV-ANWENDUNGSSYSTEMS
...

2 ZIELSETZUNG UND NUTZEN
...

3 FACHKONZEPT
3.1          KONZEPTIONELLES DATENMODELL
3.1.1        ER-DIAGRAMM
3.1.2        LEGENDE DES ER-DIAGRAMMS
3.1.3        ENTITY-TYPEN
3.1.3.1      entity-typ 1
3.1.3.1.1    entity-beschreibung 1
3.1.3.1.2    beschreibung besonderer attributstypen 1
3.1.3.2      entity-typ 2
3.1.3.2.1    entity-beschreibung 2
3.1.3.2.2    beschreibung besonderer attributstypen 2
...
3.1.4        BEZIEHUNGSTYPEN
3.1.4.1      beziehungstyp 1
3.1.4.1.1    beziehungstyp-beschreibung 1
3.1.4.1.2    beschreibung besonderer attributstypen 1
3.1.4.2      beziehungstyp 2
3.1.4.1.1    beziehungstyp-beschreibung 2
3.1.4.1.2    beschreibung besonderer attributstypen 2
...
3.1.5        BESONDERE WERTEBEREICHSTYPEN
3.1.6        RANDBEDINGUNGEN
...
3.1.7        ORGANISATION
3.1.8        DATENSCHUTZ
...
```

2.5.1 ER-Diagramm

Im Fachkonzept wird das ER-Diagramm vollständig aufgenommen. Die Darstellungsweise muß nicht der in diesem Buch verwendeten entsprechen, sie muß aber eindeutig sein und in einer Legende festgehalten werden.

Ein ER-Diagramm paßt in der Regel nicht auf eine DIN A4-Seite (meistens auch nicht auf DIN A3). In diesem Fall ist das ER-Diagramm sinnvoll aufzusplitten. In Kapitel 2.4.5 sind Teildiagramme benutzt worden. Derartige Teile können im Fachkonzept dargestellt werden. Dabei ist darauf zu achten, daß zu den dargestellten Entities alle Beziehungen vorhanden sind.

Ein Ausschnitt aus Abb. 2-32 könnte wie folgt im Fachkonzept stehen:

Abb. 2-34

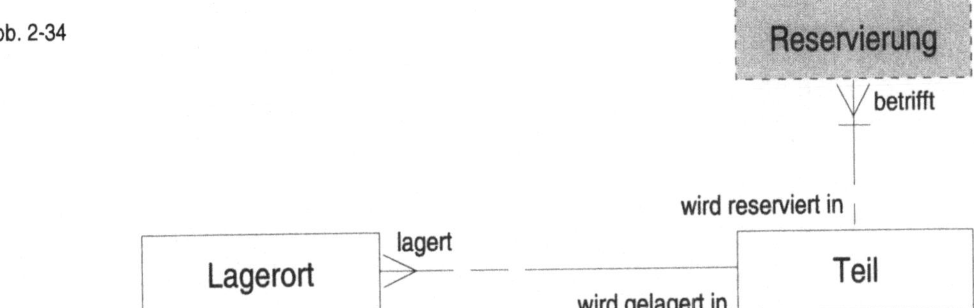

Der Entity-Typ 'Reservierung' wird dann vollständig (mit allen Beziehungen) in einem anderen Teil des ER-Diagramms beschrieben.

2.5.2 Beschreibung der Entity-Typen

Für die Beschreibung der Entity-Typen sind vordefinierte Formulare vorteilhaft. Mit derartigen Formalismen fällt es schwer, Spezifikationslücken zu lassen, die später zu Problemen führen. In Anlehnung an ORACLE*Case kann ein Formular wie in Abb. 2-35 aussehen.

Die Angaben im Formular werden durch die folgenden Informationen ergänzt:

- Welche Attribute ergeben Schlüsselkandidaten, sind aber nicht Primärschlüssel? Diese Attribute müssen in der Menge der Entities eindeutig sein.
- Bei Entity-Typen mit vielen zu erwartenden Einträgen:

  Wie lange muß ein Entity aufbewahrt werden? Wie wird die Aufbewahrungszeit bestimmt?

  Werden Entities nach einer bestimmten Zeit archiviert? Wie wird diese Zeit bestimmt? Wann wird das Entity aus dem Archiv genommen?

Abb. 2-35

ENTITY-DEFINITION

Name (Singular)	Subtyp von
Synonym(e)	Anfangsgröße
	Wachstum pro Jahr
	Maximalgröße

Beschreibung

Attribute					
Name	Typ	Format	kann/muß	Primärschlüssel	Bemerkungen

Randbedingungen

2.5.3 Beschreibung der Beziehungstypen

Auch hierbei sollten wieder Formulare verwendet werden. Eventuell sind Ergänzungen notwendig:

- Wenn bekannt: Was ist bei 1:N- oder N:M-Beziehungen der Durchschnittsgrad?

  Beispiel: Bei der Beziehung 'Lagerort' zu 'Teil' (Abb. 2-34) könnte spezifiziert werden, daß ein Teil an durchschnittlich 20 Orten gelagert wird.

- Was sind die Änder- und Löschregeln?

Auf Änder- und Löschregeln wird später im Thema 'Integritätsregeln' eingegangen.

Abb. 2-36

RELATIONSHIP-DEFINITION				
Entity 1		Entity 2		
Name 1->2		Name 2->1		
Gesamtname				
Beschreibung				
Attribute				
Name	Typ	Format	kann/muß	Bemerkungen
Randbedingungen				

2.5.4 Beschreibung besonderer Attribute

In der Dokumentation müssen alle Attribute gesondert beschrieben werden, deren Inhalte sich durch Programmfunktionen ergeben oder die in sonstiger Hinsicht ein besonderes Verhalten nach sich ziehen. So gehören alle abgeleiteten Attribute in diese Sparte des Fachkonzepts.

Die folgenden Angaben gehören u.a. in diese Sektion des Fachkonzepts:

- Angaben für den Fall, daß ein Attribut einen Standardwert besitzt, der gesetzt werden soll, wenn ein sonstiger Wert unbekannt ist.
- Angaben, welche Randbedingungen für die Attributswerte an sich gelten. Insbesondere Validierungsregeln fallen in diese Rubrik.

Die Beschreibung abgeleiteter (berechneter) Attribute orientiert sich an deren Funktionalität und besteht so im überwiegenden Teil aus Textprosa. Ein Beispiel findet sich in Abb. 2-9 als Berechnungsformel für das Attribut 'Auftragswert'.

2.5.5 Beschreibung besonderer Wertebereichstypen

Den Attributstypen wird in der Entity- oder Beziehungsbeschreibung ein Wertebereichstyp zugeordnet. Handelt es sich um einen der in 2.2.3 dargestellten Grundtypen, so reicht diese Beschreibung aus.

Die Grundtypen sind:

ZEICHEN(x)	VARZEICHEN(x)	DEZIMAL(x,y)
GANZZAHL	GLEITKOMMA	ZAHL(x)
TAGESDATUM	UHRZEIT	DATUM/UHRZEIT
JA/NEIN	BYTES	

In einigen Fällen ist einer dieser Grundtypen allerdings zu allgemein, um genau zu beschreiben, aus welchem Wertevorrat sich der Attributstyp bedienen darf (vgl. 2.2.3).

Für das Beispiel 'Bundesliga' muß z.B. ein Wertebereich 'Spielerposition' dokumentiert werden:

Abb. 2-37

```
WERTEBEREICHSTYP-DEFINITION

NAME              SPIELERPOSITION

BESCHREIBUNG
Die Spielerposition gibt eine Position auf dem Spielfeld an, die
die Einsatzart eines Spielers festlegt.

WERTEVORRAT
Torwart           Spieler darf den Ball im Torraum mit der Hand spielen.
Verteidiger       Spieler versucht, den gegnerischen Torschuß zu verei-
                  teln, indem er einen bestimmten Spielfeldbereich oder
                  einen bestimmten Gegner abdeckt.
Libero            Verteidigungsspieler, der keinen bestimmten Spielfeldbe-
                  reich oder Gegner abdeckt, sondern „frei" verteidigt.
Mittelfeldspieler Spieler, der sich taktisch im mittleren Spielfeldbe-
                  reich aufhält und zwischen Verteidigung und Sturm um-
                  schaltet.
Stürmer           Spieler, dessen primäres Ziel der Torschuß ist.
```

Bei der späteren technischen Umsetzung hat der Entwickler nun freie Hand. Er kann eine Spielerposition z.B. als Zeichenkette, Zeichen oder Zahl speichern lassen.

2.6 Übergang zu Relationen

ER-Diagramme können nicht direkt in ORACLE-Datenbanken 'eingegeben' werden. ORACLE-Datenbanken bestehen aus Relationen, und zur technischen Umsetzung ist es notwendig, ER-Diagramme in Relationen zu transformieren.

Das Thema 'Wie überführe ich ER-Modelle in Relationen?' ist damit auf den ersten Blick in diesem Kapitel deplaziert, da sich dieses Kapitel mit dem fachlich-konzeptionellen Aufbau beschäftigt und nicht mit der technischen Realisierung. Richtig, aber: Relationen sind auch Grundlage für eine fundamentale Validierungsmethodik, mit der ein gewisser Grad von Korrektheit des Modells überprüft werden kann. Somit gehört die Überführung des Modells in Relationen doch in den konzeptionellen Schritt.

Mit Erhalt der Relationen werden also zwei Ziele erreicht:

- Die Relationen können mit Hilfe der Normalisierung überprüft werden, um Fehler im konzeptionellen Modell aufzudecken.
- Die Relationen können sehr einfach in ORACLE-Tabellen überführt werden. Damit ist die technische Umsetzung ein sehr einfacher Schritt.

Wie bereits eingangs des Kapitels 2 bemerkt, ist die einfache eins zu eins Umsetzung in ORACLE-Tabellen allerdings nicht immer geeignet, um möglichst performante Datenbanken zu erhalten.

2.6.1 Was sind Relationen?

Der Begriff der Relation stammt aus der Mathematik. E.F. Codd hat 1970 in einem Artikel in der Fachzeitschrift 'Communications of the ACM' diese Relationen und ihre in der Mathematik verankerten Operationen auf die Informatik übertragen und damit die Idee der relationalen Datenbanken geboren.

Theoretisch ist eine Relation definiert als 'Teilmenge eines kartesischen Produkts von definierten Grundmengen'. Praktisch kann man sich eine Relation als Tabelle vorstellen, die die folgenden Bedingungen erfüllt:

R1 Die Tabelle hat eine fest definierte Anzahl von Spalten. Die Reihenfolge der Spalten liegt fest.

R2 Jede Spalte hat einen eindeutigen Namen und einen festliegenden Typ.

R3 Die Tabelle besitzt beliebig viele Zeilen. Jede Zeile hält sich in Aufbau und Inhalt an die Spaltendefinition.

Insbesondere ist jeder Spaltenwert einer Zeile elementar, d.h. genau ein Wert des Spaltentyps.

R4 Keine Zeile tritt doppelt auf.

R5 Die Reihenfolge der Zeilen ist unerheblich für die Operationen in der Tabelle.

Man kann sich leicht ausmalen, daß ein Tabellenkalkulations-Programm eine völlig andere Auffassung von Tabellen hat.

2.6.2 Überführung von Entities

Entities sind einfach in Relationen zu überführen. Ein Entity-Typ entspricht genau einer Relation. Jeder Attributstyp eines Entity-Typs wird zu einer Attributsspalte der Relation.

Abb. 2-38

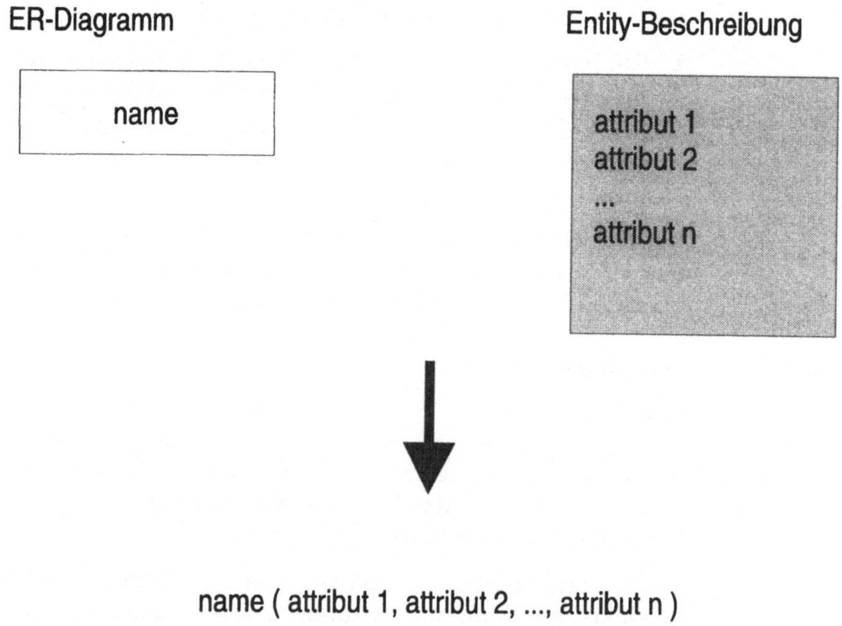

ER-Diagramm

name

Entity-Beschreibung

attribut 1
attribut 2
...
attribut n

name (attribut 1, attribut 2, ..., attribut n)

Überprüfen wir, ob die obigen Regeln gelten. Die Reihenfolge der Attributstypen der Relation wird aus der Reihenfolge der Attributstypen des Entity-Tps abgeleitet, also ist R1 erfüllt. R2 ergibt sich direkt aus der Spezifikation der Attributstypen. Durch den Eingangsansatz, daß Entity-Typen Objekte der realen Welt modellieren, ergibt sich R3. Außerdem gibt es keine doppelten Entities in der realen und Objektwelt, also ist R4 erfüllt. Und eine Reihenfolge besteht im Entity-Modell gar nicht, also R5.

In Abb. 2-38 findet sich auch die Standardschreibweise für Relationen: Zunächst wird der Relationsname geschrieben, danach die Attributsnamen in Klammern. Als Erweiterung sollte man das Primärschlüsselattribut bzw. die Primärschlüsselattribute unterstreichen.

Beispiel: Die Entity-Typen gemäß Abb. 2-5 werden in die folgenden Relationen überführt:

Abb. 2-39

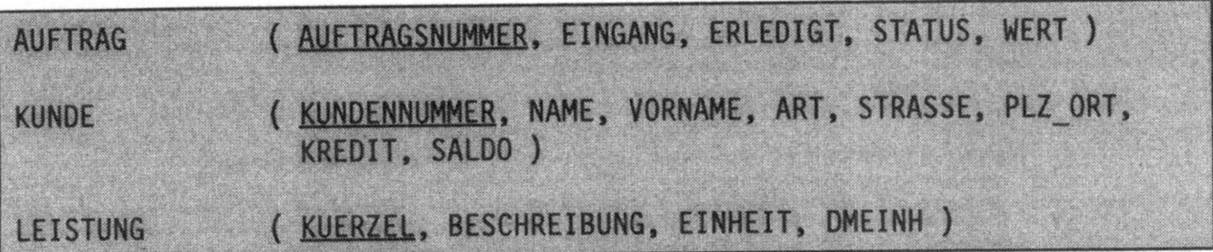

```
AUFTRAG      ( AUFTRAGSNUMMER, EINGANG, ERLEDIGT, STATUS, WERT )

KUNDE        ( KUNDENNUMMER, NAME, VORNAME, ART, STRASSE, PLZ_ORT,
               KREDIT, SALDO )

LEISTUNG     ( KUERZEL, BESCHREIBUNG, EINHEIT, DMEINH )
```

Bei Interesse: Abb. 2-6 zeigt, wie nah die Relationen einer Umsetzung in ORACLE-Tabellen sind.

2.6.3 Überführung von 1:N-Beziehungen

Eine grundsätzliche Eigenschaft relationaler Systeme ist die, daß Beziehungen über Feldwerte gespeichert werden. Beziehungen werden in den Relationen selbst gespeichert, nicht in einem eigenen Objekt.

Abb. 2-40

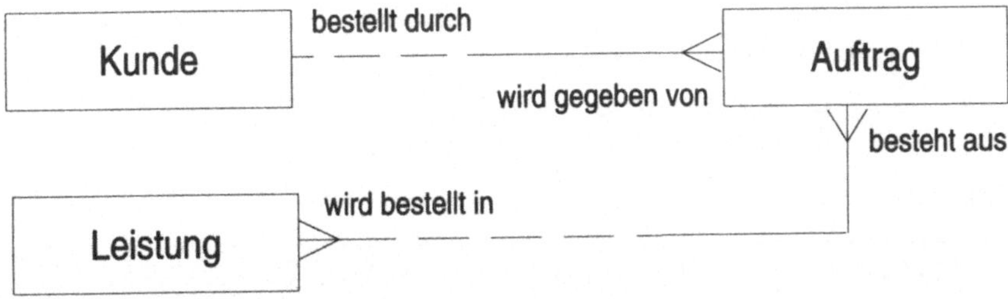

Betrachtet man die Beziehungen in Abb. 2-40, so stehen die Linien für eine zu speichernde Information: Welcher Kunde gehört zu einem Auftrag? Aus welchen Leistungen besteht ein Auftrag? Diese Informationen gehören ursprünglich nicht direkt zu den Entity-Typen, sondern verbinden diese. Obwohl die Informationen also eigenständig sind, werden sie in relationalen Systemen einer Relation (die ja aus einem Entity-Typ erzeugt wurde) zugeordnet. Diese Relation trägt die Beziehung.

Das Prinzip für die Überführung der Beziehungen basiert auf der Tatsache, daß jede Relation einen Primärschlüssel besitzt. Bei einer 1:N-Beziehung 'wandert' der Primärschlüssel einer Relation als sogenannter Fremdschlüssel in eine andere Relation. Der Fremdschlüssel wird in diejenige Relation aufgenommen, deren Maximal-Kardinalität auf der anderen Seite '1' ist. Diese Relation besitzt bei der hier verwendeten 1:N-Diagramm-Notation den Krähenfuß am Entity-Rechteck.

Abb. 2-41 ER-Diagramm

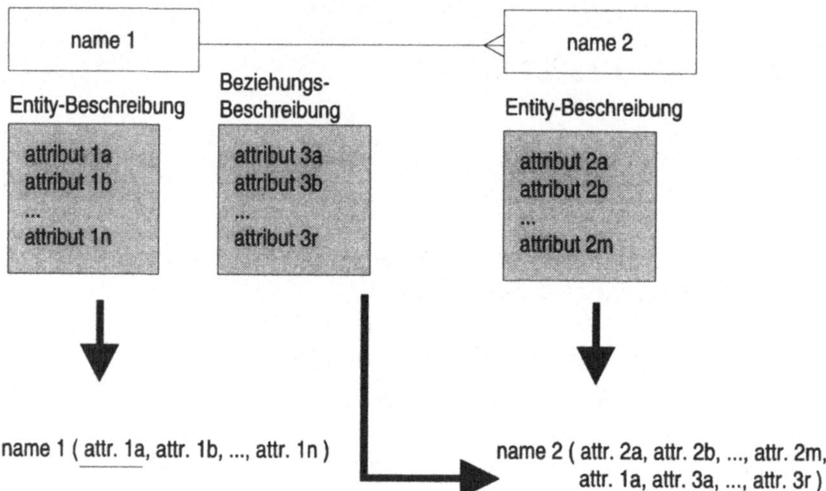

Neben dem Fremdschlüssel wandern alle Attribute in diese Relation, die zum Beziehungstyp gehören (wenn der Beziehungstyp Attribute besitzt).

Im Beispiel wird die Relation AUFTRAG wegen der 1:N-Beziehung zu KUNDE um einen Fremdschlüssel erweitert:

Abb. 2-42

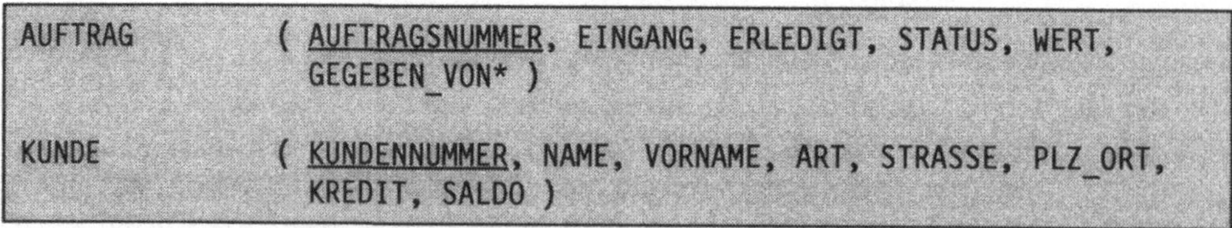

```
AUFTRAG     ( AUFTRAGSNUMMER, EINGANG, ERLEDIGT, STATUS, WERT,
              GEGEBEN_VON* )

KUNDE       ( KUNDENNUMMER, NAME, VORNAME, ART, STRASSE, PLZ_ORT,
              KREDIT, SALDO )
```

Mit dem Fremdschlüssel kann die Beziehung durch die Relation gespeichert werden. Steht in einer Relationszeile des Auftrags '10' im GEGEBEN_VON Attribut z.B. '113', bedeutet dies, daß der Kunde mit der Kundennummer '113' den Auftrag erteilt hat.

Bezüglich der Schreibweise können Attribute, die zu Fremdschlüsseln gehören, mit einem Stern gekennzeichnet werden. Diese Notation kann mehrdeutig werden, wenn eine Relation mehrere Fremdschlüssel trägt.

2.6.4 Überführung von N:M-Beziehungen

1:N-Beziehungen können deshalb in Relationen umgesetzt werden, weil genau ein Feldinhalt im Fremdschlüssel ausreicht, um die maximale Anzahl von beteiligten Zeilen der anderen Seite zu speichern - nämlich maximal eine Zeile.

Bei N:M-Beziehungen reicht ein Fremdschlüsselfeld nicht aus. Im Beispiel besteht eine solche Beziehung zwischen AUFTRAG und LEISTUNG. Kann man die Beziehung über einen Fremdschlüssel speichern? Versuch 1: Das Leistungs-Kürzel wird als Fremdschlüssel in AUFTRAG aufgenommen. Auftrag '10' bestellt die Leistungen 'L1' und 'L2'. Diese Schlüssel können nicht beide in der Auftragszeile gespeichert werden, da in einer Spalte pro Zeile nur ein Wert (also entweder 'L1' oder 'L2') gespeichert werden kann (Regel R3).

Versuch 2: Die Auftragsnummer wird als Fremdschlüssel in LEISTUNG aufgenommen. Wird Leistung 'L1' von den Aufträgen '10' und '11' bestellt, so ergibt sich genau das gleiche Problem analog.

N:M-Beziehungen können nicht direkt in Relationen umgeformt werden. Bei einer N:M-Beziehung ist wie folgt vorzugehen:

- Erstelle einen neuen Entity-Typ E_B, der für die Beziehung zwischen den beiden beteiligten Entity-Typen E_1 und E_2 steht.
- Erstelle eine neue 1:N-Beziehung zwischen E_1 und E_B. E_B nach E_1 ist eine Muß-Beziehung. E_1 nach E_B bleibt wie ursprünglich E_1 zu E_2.
- Erstelle eine neue 1:N-Beziehung zwischen E_2 und E_B. E_B nach E_2 ist eine Muß-Beziehung. E_2 nach E_B bleibt wie ursprünglich E_2 zu E_1.
- Beide Beziehungen vererben ihren Primärschlüssel an E_B.

Die N:M-Beziehung wird also in zwei 1:N-Beziehungen aufgelöst. Mit diesen Beziehungen kann das ER-Modell in Relationen überführt werden.

Am Beispiel in Abb. 2-43 sei auch aufgezeigt, daß das Vererben von Primärschlüsseln über Beziehungen dazu führt, daß ein Fremdschlüssel Teil des Primärschlüssels wird - eine durchaus typische Situation.

Deutlich wird dies anhand der Relationen in Abb. 2-44: Jeder Vererbungsstrich im ER-Diagramm führt dazu, daß ein Fremdschlüssel-Attribut zum Teil des Primärschlüssels wird. In der Tat besteht der Primärschlüssel hier nur aus Fremdschlüssel-Attributen.

Abb. 2-43

Man erhält:

Abb. 2-44

```
KUNDE          ( KUNDENNUMMER, NAME, VORNAME, ART, STRASSE, PLZ_ORT,
                 KREDIT, SALDO )

AUFTRAG        ( AUFTRAGSNUMMER, EINGANG, ERLEDIGT, STATUS, (WERT),
                 GEGEBEN_VON* )

POSITION       ( AUFTRAG*, LEISTUNG*, MENGE, PREIS )

LEISTUNG       ( KUERZEL, BESCHREIBUNG, EINHEIT, DMEINH )
```

Die Attribute MENGE und PREIS stammen übrigens aus der ursprünglichen N:M-Beziehung zwischen AUFTRAG und LEISTUNG.

Desweiteren ist die Notation in einem Punkt erweitert worden: Um deutlich zu machen, daß das Attribut WERT in AUFTRAG ein berechnetes Attribut ist, ist es geklammert.

Es lohnt sich vielleicht - falls man sich noch nicht so viel mit Relationen beschäftigt hat - die obigen Relationen einmal als Tabellen mit Werten zu notieren, um einen tieferen Eindruck vom Beziehungsgeflecht zu erhalten.

2.6.5 Notwendige Dokumentation

Die meisten Informationen für das Relationenmodell können aus dem ER-Modell abgeleitet werden. Es wäre sicherlich übertrieben, z.B. Attributstypen doppelt zu spezifizieren.

Neben der für das ER-Modell verlangten Dokumentation ist dennoch auf ein paar Punkte zu achten:

- Bestehen im ER-Diagramm N:M-Beziehungen, so sind sie in 1:N-Beziehungen umzuformen.[8] Das Modell muß entsprechend geändert werden.
- Für jeden Fremdschlüssel ist zu dokumentieren:

  Zu welcher Relation besteht die Beziehung?

  Aus welchen Attributen besteht der Fremdschlüssel?
- Erweiterungen, die im Relationenmodell gemacht werden (z.B. neue Attribute), sind im ER-Modell nachzuführen.

Im Beispiel:

Abb. 2-45

```
KUNDE            ( KUNDENNUMMER, NAME, VORNAME, ART, STRASSE, PLZ_ORT,
                   KREDIT, SALDO )

AUFTRAG          ( AUFTRAGSNUMMER, EINGANG, ERLEDIGT, STATUS, (WERT),
                   GEGEBEN_VON* )
Fremdschlüssel   GEGEBEN_VON referenziert KUNDE

POSITION         ( AUFTRAG*, LEISTUNG*, MENGE, PREIS )
Fremdschlüssel   AUFTRAG referenziert AUFTRAG
Fremdschlüssel   LEISTUNG referenziert LEISTUNG

LEISTUNG         ( KUERZEL, BESCHREIBUNG, EINHEIT, DMEINH )
```

Mit diesen Informationen können sehr einfach ORACLE-Tabellen aufgebaut werden - achten Sie auf die Gemeinsamkeiten:

---

[8] Diese Forderung ist keineswegs unumstritten. N:M-Beziehungen sind im ER-Modell normalerweise legitim und können das Diagramm vereinfachen. Auf der anderen Seite können sie nicht direkt umgesetzt werden. Außerdem erlauben viele CASE-Werkzeuge keine N:M-Beziehungen.

Abb. 2-46

```
create table AAB.KUNDE
( KUNDENNR      number(5,0) not null,
  NAME          varchar(40) not null,
  VORNAME       varchar(25),
  ART           char(2) not null,
  STRASSE       varchar(40) not null,
  PLZ_ORT       varchar(46) not null,
  KREDIT        decimal(8,2) not null,
  SALDO         decimal(8,2) not null,
  primary key( KUNDENNR )
);

create table AAB.AUFTRAG
( AUFTRNR       number(6,0) not null,
  EINGANG       date not null,
  ERLEDIGT      date,
  STATUS        char(2) not null,
  WERT          decimal(8,2),
  GEGEBEN_VON   number(5,0) not null,
  primary key( AUFTRNR ),
  foreign key( GEGEBEN_VON ) references AAB.KUNDE
);

create table AAB.LEISTUNG
( KUERZEL       char(6) not null,
  BESCHREIBUNG  varchar(80) not null,
  EINHEIT       varchar(3) not null,
  DMEINH        decimal(8,2),
  primary key( KUERZEL )
);

create table AAB.POSITION
( AUFTRAG       number(6,0) not null,
  LEISTUNG      char(6) not null,
  MENGE         decimal(9,3) not null,
  PREIS         decimal(8,2) not null,
  primary key( AUFTRAG, LEISTUNG ),
  foreign key( AUFTRAG ) references AAB.AUFTRAG,
  foreign key( LEISTUNG) references AAB.LEISTUNG
);
```

2.6.6 Detailprobleme und ihre Lösung

Die Umsetzung von ER-Modellen in Relationen verläuft zwar in den meisten Fällen problemlos, aber in einigen Situationen können dennoch kleinere Probleme auftauchen.

Viele Fremdschlüssel

Bei besonders vielen Beziehungen im ER-Modell fällt es oft schwer, den Überblick zu behalten. Es empfiehlt sich, Beziehung für Beziehung 'abzuhaken' und pro Beziehung wirklich nach 'Schema F' vorzugehen. Beispiel:

Abb. 2-47

Die Relationen beinhalten zwar viele Fremdschlüssel, der einzelne Fremdschlüssel ist aber nach Standard-Vorgehensweise erzeugt worden:

Abb. 2-48

```
SPIELER          ( NAMENS_KUERZEL, VORNAME, NACHNAME, GEBURTSDATUM,
                   STAMMPOSITION,
                   MANNSCHAFTS_KRZ*, MANNSCHAFTSNR* )
Fremdschlüssel  MANNSCHAFTS_KRZ, MANNSCHAFTSNR referenziert MANNSCHAFT

MANNSCHAFT       ( VEREINS_KUERZEL, MANNSCHAFTSNUMMER, NAME,
                   KAPITAEN* )
Fremdschlüssel  KAPITAEN referenziert SPIELER

SPIEL            ( SPIELTAG, SPIEL_NUMMER, HEIM_MANNSCHAFT*,
                   GAST_MANNSCHAFT*, HEIM_TORE, GAST_TORE )
Fremdschlüssel  HEIM_MANNSCHAFT referenziert MANNSCHAFT
Fremdschlüssel  GAST_MANNSCHAFT referenziert MANNSCHAFT
```

Bei einer Umsetzung in ORACLE wird das Datenbank-System durch die Fremdschlüssel sicher nicht in Verlegenheit gebracht.

Fremdschlüssel fallen zusammen

Ein schwierigeres Problem ergibt sich, wenn Fremdschlüssel teilweise zusammenfallen können bzw. sollen. Als Beispiel sei ein Ausschnitt aus einem Buchhaltungssystem dargestellt, das Konten für verschiedene Filialen verwalten muß:

Abb. 2-49

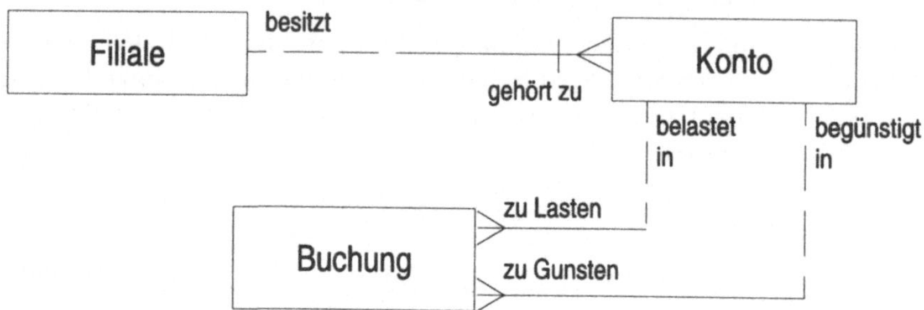

Das Problem ergibt sich daraus, daß ein Konto genau einer Filiale zugeordnet ist, deren Primärschlüssel das Konto erbt. Für die Fremdschlüssel in BUCHUNG gibt es drei Möglichkeiten:

Abb. 2-50

```
FILIALE         ( FILIALNR, ... )

KONTO           ( FILIALE*, KONTONR, ... )
Fremdschlüssel  FILIALE referenziert FILIALE

I.
BUCHUNG         ( BUCHUNGSNR, FILIALE*, KONTO*, ... )
Fremdschlüssel  FILIALE, KONTO referenziert KONTO

II.
BUCHUNG         ( BUCHUNGSNR, FILIALE_VON*, KONTO_VON*,
                  FILIALE_NACH*, KONTO_NACH*, ... )
Fremdschlüssel  FILIALE_VON, KONTO_VON referenziert KONTO
Fremdschlüssel  FILIALE_NACH, KONTO_NACH referenziert KONTO

III.
BUCHUNG         ( BUCHUNGSNR, FILIALE*,
                  KONTO_VON*, KONTO_NACH*, ... )
Fremdschlüssel  FILIALE, KONTO_VON referenziert KONTO
Fremdschlüssel  FILIALE, KONTO_NACH referenziert KONTO
```

Alternative I. scheidet nach Betrachten sofort aus, weil sie schlicht falsch ist. Man benötigt zwei Beziehungen, also auch zwei Fremdschlüssel, weil man zwischen unterschiedlichen Konten buchen möchte.

Nur Alternative II. oder III. kann korrekt sein. Alternative II. erlaubt Buchungen zwischen unterschiedlichen Filialen, Alternative III. nur Buchungen innerhalb einer Filiale. Ist als Randbedingung spezifiziert, daß Buchungen nur innerhalb einer Filiale möglich sind (oder wird diese Randbedingung nach Rückfrage nachspezifiziert), so <u>müssen</u> die Fremdschlüssel im Filialteil zusammenfallen.

2.7 Erweiterungen

Die bis zu diesem Punkt behandelten ER- und Relationsmodelle reichen für den weitaus größten Teil von Modellierungen aus. Dennoch gibt es bei der Definition von fachlichen Anforderungen Situationen, in denen besondere Teilmethoden bzw. Modellkonstrukte benötigt werden.

2.7.1 Historien

Sinn eines Datenbank-Systems ist es unter anderem, Änderungen in der realen Welt flexibel als Informationsänderung in die Datenspeicherung zu übernehmen. Erweitert sich z.B. ein Auftrag um neue Positionen, werden diese als neue Datenzeilen in der entsprechenden Relation gespeichert. Wechselt der verantwortliche Mitarbeiter für ein Produkt, wird dessen Mitarbeiternummer im entsprechenden Fremdschlüsselfeld gespeichert und überschreibt den vorherigen Inhalt.

In der bisherigen Herangehensweise ist also davon ausgegangen worden, daß die 'jetzige' Momentaufnahme in der Datenbank zu speichern ist. Die vorigen Modelle sind nicht in der Lage, die zeitlichen Änderungen zu protokollieren.

Historie von Beziehungsänderungen

Das Beispiel der Produktverantwortlichkeit sei aufgegriffen. Will man in diesem Fall die Historie der Verantwortlichkeiten speichern, so benötigt man vom Prinzip her eine Historie der Beziehungsänderungen.

In diesem Fall muß ein neuer Entity-Typ eingeführt werden, der die zeitlichen Änderungen protokolliert. Dieser Typ erhält als Primärschlüsselteil einen Zeitstempel (Datum oder Datum und Uhrzeit), in dem der 'Beginn' der Beziehung gespeichert wird. Außerdem lohnt sich in den meisten Fällen ein zweiter Zeitstempel, in dem das zeitliche Ende der Beziehung registriert wird. Dieser zweite Zeitstempel gehört nicht zum Primärschlüssel.

Das Prinzip wird am Beispiel deutlich:

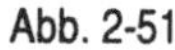

Abb. 2-51

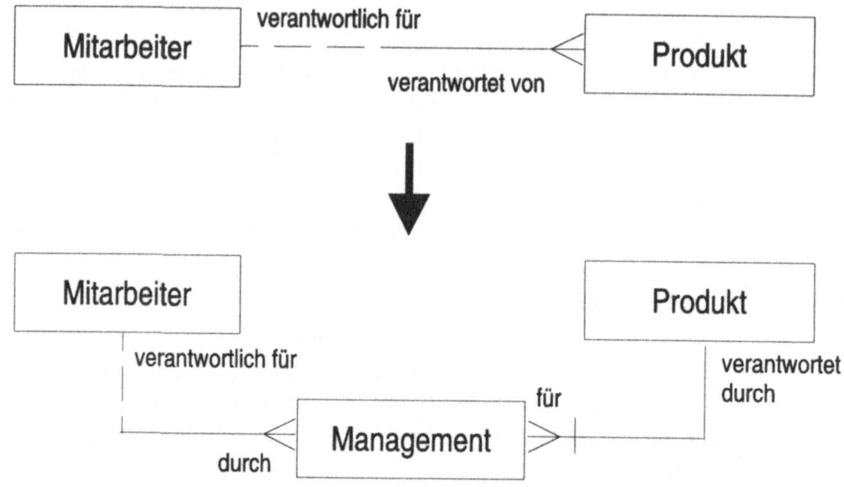

Die Relation MANAGEMENT besteht aus den folgenden Attributen:

Abb. 2-52

```
MANAGEMENT        ( PRODUKT_NR*, VON_DATUM, (BIS_DATUM),
                    VERANTWORTLICHER*)
Fremdschlüssel  PRODUKT_NR referenziert PRODUKT
Fremdschlüssel  VERANTWORTLICHER referenziert MITARBEITER
```

Historie von Attributszuständen

Ein zweiter Fall von Historien liegt vor, wenn die unterschiedlichen Werte eines Attributs oder einer Attributsmenge als Historie vorliegen sollen. In diesem Fall wird aus dem Attribut bzw. den Attributen ein neuer Entity-Typ, der wiederum Zeitstempel erhält und den Primärschlüssel erbt.

Als 'klassisches' Beispiel kann man die Historie von Namen einer Person nehmen, die notwendig wird, wenn man Namensänderungen vorhalten will. Im Beispiel wird sogar das VORNAME-Attribut in das neue Entity übernommen, obwohl dies in den meisten Modellen wohl nicht nötig sein dürfte. In diesem Modell kann so eine Änderung von Vorname und/oder Nachname protokolliert werden. Da der Zeitstempel den Primärschlüssel mitbildet, kann eine Person auch wieder einen alten Namen annehmen.

Als Alternative ist möglich, die Attribute selbst in den Primärschlüssel zu bringen, anstelle des Zeitstempels. Damit wird ausgeschlossen, daß gleiche Attributswerte zu unterschiedlichen Zeiten gespeichert werden.

Abb. 2-53

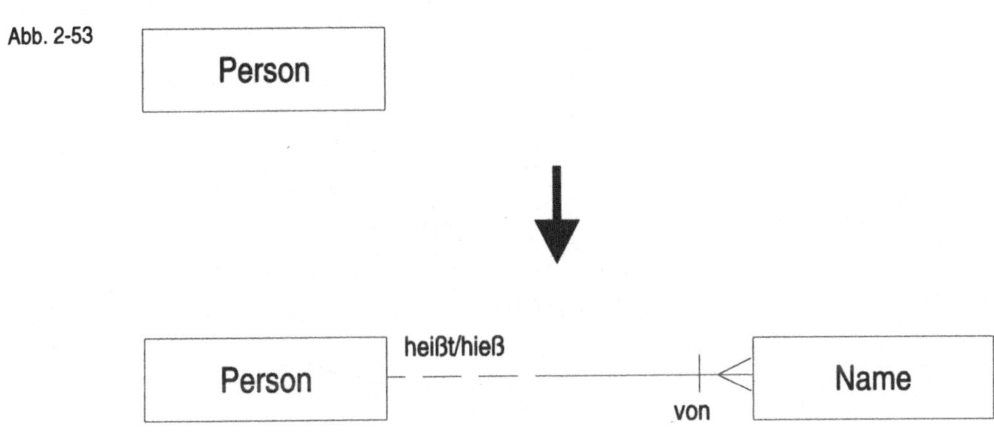

Die Relationen sehen wie folgt aus:

Abb. 2-54

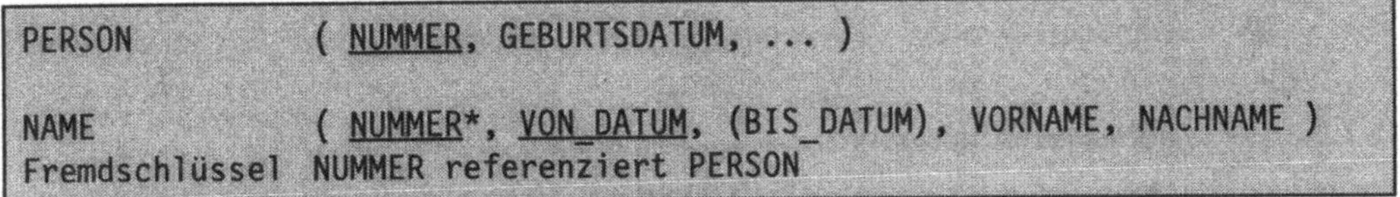

```
PERSON           ( NUMMER, GEBURTSDATUM, ... )

NAME             ( NUMMER*, VON_DATUM, (BIS_DATUM), VORNAME, NACHNAME )
Fremdschlüssel  NUMMER referenziert PERSON
```

Ob das BIS-Datum in die Datenbank wirklich aufgenommen wird, ist eine technische Entscheidung, bei der man Vor- und Nachteile abwägen muß. Dazu mehr im nächsten Kapitel.

Archivierung

Eine weitere Möglichkeit ist die Archivierung kompletter Entities in einem Archivierungstyp, dessen Aufbau sich aus dem Originaltyp ableitet.

Der Archivierungstyp, im Beispiel EX-MITARBEITER, erhält wiederum einen Zeitstempel, u.a. um das endgültige Löschen eines Eintrags vom Alter der Daten abhängig machen zu können.

Archivierungstypen können mit den oben genannten Historienarten kombiniert werden. So kann das Beispiel in Abb. 2-55 um eine Abteilungszugehörigkeitshistorie erweitert werden, also ein Entity-Typ zwischen MITARBEITER und ABTEILUNG eingeschoben werden. Ob dieser neue Typ wiederum archiviert wird, hängt von der fachlichen Notwendigkeit ab. Mit Sicherheit wird damit das Modell zunehmend komplex und unhandlich.

Abb. 2-55

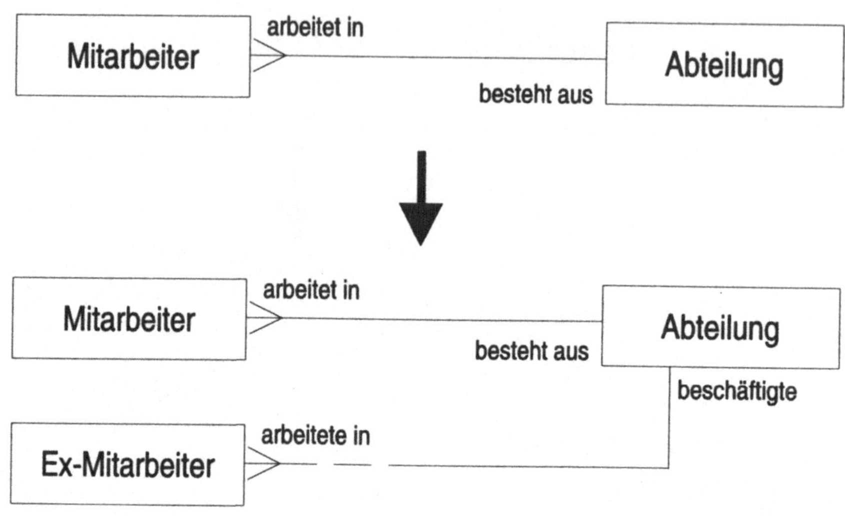

2.7.2 Sub- und Supertypen

Die Idee der Sub- und Supertypen ist ein Kernpunkt der objektorientierten Analyse, deren heutige Bedeutung unumstritten zentral ist. In der realen Welt existiert eine Viehlzahl von Objekten, die ähnlich, aber nicht gleich sind. In der Regel läßt sich diese Ähnlichkeit auf die Spezialisierung eines Objekttyps zurückführen.

Nimmt man z.B. die Entity-Typen PERSON und MITARBEITER, so kann man schwer behaupten, daß es sich dabei um ganz und gar unterschiedliche Objekttypen handelt. Ein Mitarbeiter ist vielmehr eine spezielle Person, die zusätzliche Eigenschaften besitzt. In relationalen Worten gesprochen ist eine Person ein Supertyp des Subtyps Mitarbeiter. Auch weitere Typen lassen sich aus der Person ableiten: Ein Kunde (sofern man nur mit Kundenpersonen zu tun hat) ist ein weiterer Subtyp von Person.

Im ER-Diagramm kann eine solche Vererbungshierarchie durch das Schachteln von Rechtecken dargestellt werden. Da man trotz der Schachtelung eigene Entity-Typen besitzt, können Beziehungen wahlweise zum Super- oder Subtyp führen. Eine Beziehung zum Supertyp gilt damit automatisch auch für den Subtyp.

Im folgenden Beispiel besitzt jede Person eine Menge von Attributen, also auch Mitarbeiter und Kunden. Die 'erteilt'-Beziehung gilt hingegen nur für Kunden, die 'verantwortlich'-Beziehung nur für Mitarbeiter.

Abb. 2-56

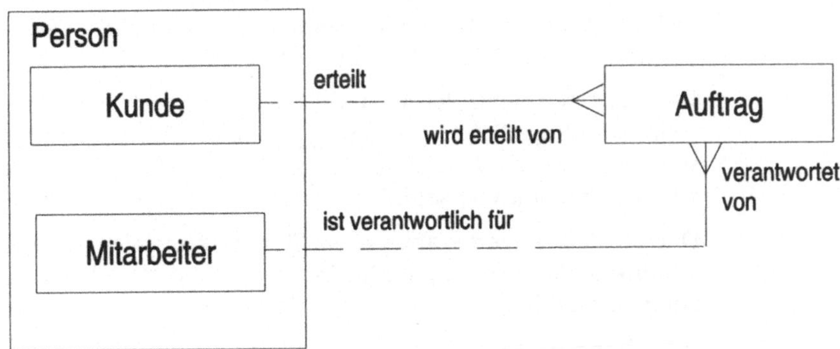

Sub- und Supertypen sind in den folgenden Fällen sinnvoll:

- Sub- und Supertyp besitzen gleiche Attributstypen
- Sub- und Supertyp besitzen gleiche Beziehungstypen
- Sub- und Supertyp besitzen gleiche Attributs- und Beziehungstypen

Subtypen können wiederum Supertyp für eigene Subtypen sein. Ein Mitarbeiter, Subtyp von Person, läßt sich wiederum in 'Angestellter' und 'freier Mitarbeiter' unterteilen:

Abb. 2-57

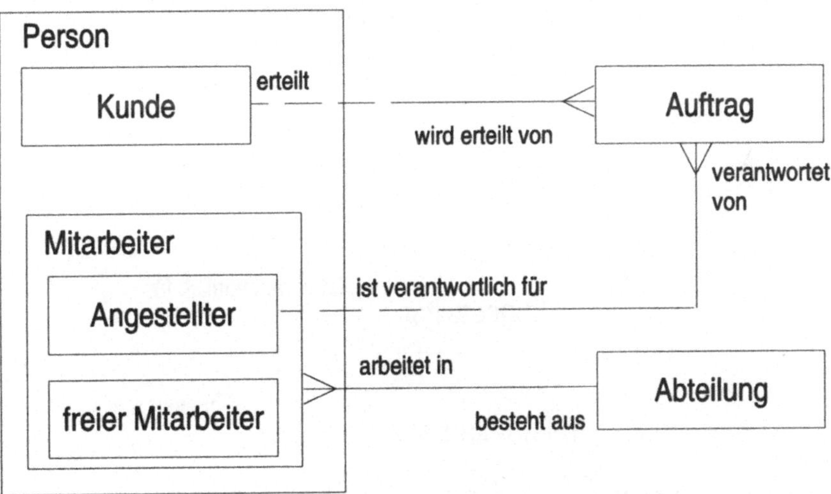

Hiermit ist festgelegt, daß nur Angestellte einen Auftrag verantworten können, aber jeder Mitarbeiter einer Abteilung zugeordnet ist.

Die Verschachtelung läßt sich beliebig tief fortsetzen. Allerdings sollte man an dieser Stelle ein wenig bremsen und auf eine spezielle Problematik bezüglich der Vererbung zu sprechen kommen: relationale

Datenbanken unterstützen die Vererbung, also Super- und Subtypen nicht. Die obigen Beispiele können weder direkt in Relationen, noch direkt in ORACLE-Tabellen umgesetzt werden.

Das bedeutet nicht, daß man auf diese Methodik verzichten sollte. Man sollte allerdings Sub- und Supertypen nur dann einsetzen, wenn sie absolut sinnvoll sind, und die obigen Beispiele können durchaus notwendig und sinnvoll sein.

Die objektorientierte Analyse stellt Vererbungsdiagramme in den Mittelpunkt - das relationale ER-Modell darf die Vererbung nur als Ergänzung verwenden.

Wie aber Sub- und Supertypen in Relationen umsetzen? Auf der technischen Ebene (nächstes Kapitel) gibt es Alternativen, auf der fachlichen sollte man Vererbungen in 1:1-Beziehungen umsetzen. Ein mögliches Äquivalent zu Abb. 2-57 ist das folgende Diagramm:[9]

Abb. 2-58

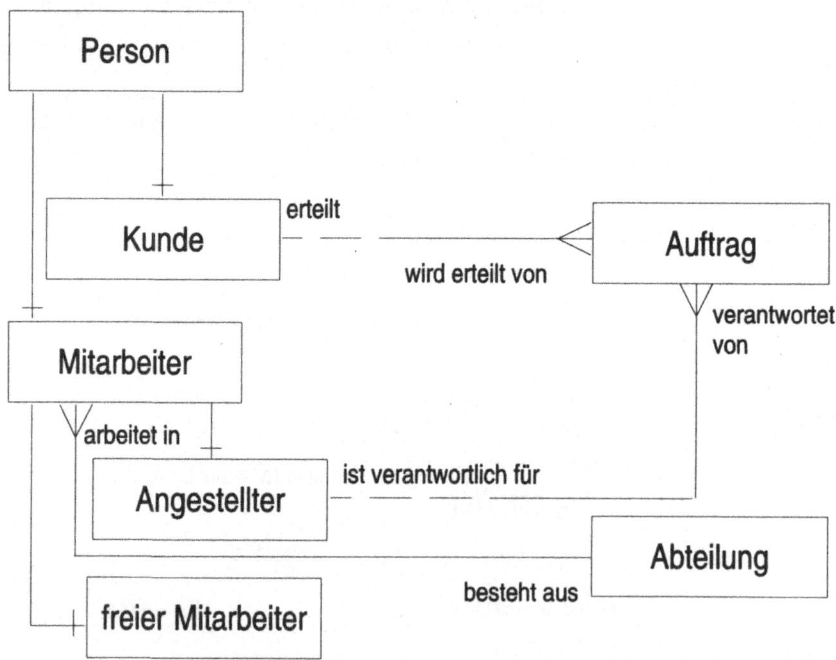

Aus Super- und Subtypen sind 1:1-Beziehungen geworden, die den Primärschlüssel des ursprünglichen Supertyps an die Subtypen verer-

[9] Das Diagramm sollte normalerweise etwas klarer aufgebaut sein. In diesem Fall ging es aber darum, daß die Ähnlichkeit zur Abb. 2-57 bestehen bleibt.

ben. Dieses Modell kann nach herkömmlicher Vorgehensweise in Relationen umgesetzt werden.

Dokumentation

Bezüglich der Dokumentation sollten die folgenden Punkte beachtet werden:

- Bei der Entity-Typ Beschreibung muß ein Supertyp mit aufgeführt werden, wenn der Typ abgeleitet ist.
- Die Aufzählung aller Subtypen eines Entity-Typs kann ebenfalls sinnvoll sein.
- Wenn ein Supertyp keine eigenen Ausprägungen besitzt, sondern nur dazu gedacht ist, als 'Hülle' für seine Subtypen zu fungieren, so ist er als 'abstrakt' zu dokumentieren.

  Im Beispiel könnte PERSON ein abstrakter Typ sein. Damit wird festgelegt, daß es keine Entities von Typ PERSON geben soll, sondern nur von Typ KUNDE oder MITARBEITER. In anderen Worten: Eine Person muß Kunde oder Mitarbeiter sein.
- Bei Subtypen eines Supertyps ist als Randbedingung zu dokumentieren, ob die Subtypen sich ausschließen oder nicht.

  Im Beispiel: Es kann festgelegt werden, daß eine Person entweder KUNDE oder MITARBEITER ist, nicht beides.

2.7.3 Komplexe Beziehungen

Die bisher betrachteten Beziehungen, die durch Linien im ER-Diagramm dargestellt wurden, sind reine Referenz'-Beziehungen. Diese Beziehungsart könnte in allen Fällen mit 'hat' und 'gehört zu' betitelt werden. Ein Kunde 'hat' ein oder mehrere Aufträge, ein Auftrag 'gehört zu' einem Kunden.

Die schon betrachteten abgeleiteten Attribute bringen eine komplexere Beziehungsart ins Spiel: Eine Änderung in einem Entity zieht nach sich, daß in einem anderen Entity auch Werte geändert werden müssen. Nimmt man die Typen AUFTRAG, POSTEN und LEISTUNG als Beispiel, so könnten die folgenden Abhängigkeiten als Randbedingung definiert sein:

1. Der effektive Preis für eine Leistung in einem Auftrag (also Leistung als Auftragsposten) beträgt mindestens 90% des Listenpreises.
2. Der Wert eines Auftrags berechnet sich aus der Summe von Menge mal effektiver Preis aller Posten des Auftrags.

Diese Bedingungen ziehen die folgenden Anforderungen an die Datenbank nach sich:

1. Ändert sich der Listenpreis für eine Leistung, müssen die effektiven Preise für alle Posten noch nicht abgewickelter Aufträge überprüft und evtl. korrigiert werden.
2. Wird ein Auftragsposten geändert, gelöscht oder eingefügt, so muß der Auftragswert neu berechnet werden.

Diese Abhängigkeiten können in einem Graphen dargestellt werden, der die spätere technische Umsetzung unterstützt.

Abb. 2-59

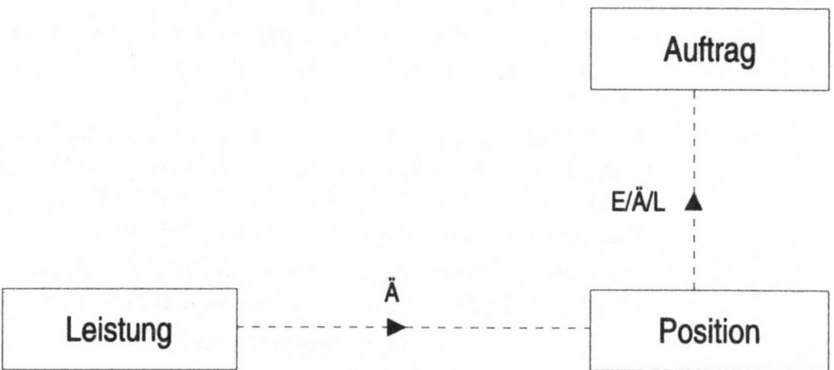

Um Verwechslungen mit dem ER-Diagramm zu vermeiden, werden die Linien hier punktiert dargestellt. Der Pfeil gibt die Richtung der Abhängigkeit vor und wird mit E für Einfügen, Ä für Ändern und L für Löschen attributiert. Ein geschlossener Pfeil steht für die Abhängigkeit von Entities (also den Objekten), ein offener für die Abhängigkeit vom Entity-Typ.

So ist die Linie zwischen Leistung und Position wie folgt zu interpretieren: Bei Änderung ('Ä') eines Entities (geschlossener Pfeil) des Typs Leistung ergeben sich Änderungen im Entity-Typ Position (Pfeilrichtung).

Die Lesart für die zweite Abhängigkeit lautet: Bei Einfügen, Änderung und Löschen von Entities des Typs Position ergeben sich Änderungen im Entity-Typ Auftrag.

Ein Abhängigkeits-Diagramm ersetzt nicht die Beschreibung der entsprechenden Verhaltensregeln. Es ist ein zusätzlich einsetzbares Instrument, das den Entwickler unterstützt. Durch die Visualisierung werden komplexe Abhängigkeiten auf eine einfache Art dargestellt und können 'auf einen Blick' erkannt werden, ohne daß man sich durch die Spezifikation durchkämpfen muß. In welcher Art die Abhängigkeiten auszuprogrammieren sind, steht durch das Abhängigkeits-Diagramm nicht fest.

2.7.4 Modell-Vereinfachung

Bei mittleren bis größeren Projekten führt die Datenmodellierung schnell zu den folgenden Problemen:

- Das ER-Diagramm wird schlicht zu groß. Man erhält schnell soviele Entity-Typen, daß sie selbst bei klein gezeichneten Rechtecken nicht mehr auf DIN A3 oder größer darstellbar sind.
- Die Beziehungslinien werden derart komplex, daß sie nicht mehr sauber darstellbar sind. Die Linien werden zu lang, überschneiden sich und sind nur noch schwer nachzuvollziehen.
- Die Komplexität des ER-Diagramms wird so groß, daß man sie dem fachlich Verantwortlichen nicht mehr zumuten kann.

Gemeinerweise treten diese Probleme gerne in Rudeln auf.

Da bei der konzeptionellen Datenmodellierung die Verständlichkeit der Diagramme eine Schlüsselanforderung ist, ist man gezwungen, die Modelle vereinfacht darzustellen. Dazu gibt es die folgenden Ansätze.

Ausschnitte

Anstatt das gesamte ER-Diagramm zu modellieren, sollte man bei größeren Modellen in Ausschnitten arbeiten, deren Anknüpfungspunkte gekennzeichnet werden. Ein Beispiel für einen solchen Ausschnitt findet man in Abb. 2-34.

Strukturierung

Um die Darstellung von Beziehungslinien von vornherein möglichst übersichtlich zu gestalten, können ER-Diagramme strukturiert aufgebaut werden.[10] Eine einfach durchzuführende Strukturierung kann z.B. durch die Berücksichtigung der folgenden Punkte erreicht werden:

- Entity-Typen, deren Werte auch ohne Beziehungen zu anderen Entities existieren dürfen, werden linksbündig notiert.
- Hängen Entity-Typen von bisher notierten Entity-Typen durch eine Muß-Beziehung ab, werden sie rechts davon notiert und die Beziehungslinien gezeichnet.
- Das ER-Diagramm wird nach der obigen Regel schrittweise von links nach rechts vervollständigt.

Es sei an dieser Stelle auch noch einmal darauf hingewiesen, daß die Datenmodellierung unbedingt durch ein Werkzeug unterstützt werden muß. ER-Diagramme können zwar auch per Hand gezeichnet werden

---

[10] In der Theorie existieren die sogenannten SERM (strukturierte ER-Modelle), vgl. z.B. Müller-Ettich (1993).

(am Anfang sollten sie dies sogar!), aber per Hand gezeichnete Modelle werden geradezu automatisch nicht gepflegt, weil der Aufwand dafür zu groß ist. Und Modelle, die nicht 'up-to-date' sind, können eine genauso verheerende Auswirkung auf den Projektaufwand besitzen wie gänzlich fehlende Modelle. Noch einmal: Setzen Sie unbedingt ein Modellierungswerkzeug ein.

Mit einem Werkzeug fällt es auch sehr leicht, das Modell umzustrukturieren, wenn Beziehungslinien zu lang werden oder sich kreuzen.

Vereinfachung

In einigen Fällen kann es sinnvoll sein, neben dem vollständigen ER-Diagramm eine vereinfachte Sicht zu erstellen, anhand derer man Kernkonzepte vorstellen und diskutieren kann. Diese Darstellung kann z.B. auf spezielle Entity- und/oder Beziehungstypen verzichten.

Desweiteren können Sub- und Supertypen schnell verwirren. In diesem Fall hilft ein Übersichtsdiagramm, in dem z.B. nur die Supertypen oder nur die Subtypen dargestellt werden. Ein Übersichtsdiagramm von Abb. 2-57 kann z.B. auf den Supertyp PERSON sowie die Subtypen ANGESTELLTER und FREIER MITARBEITER verzichten.

2.8 Das saubere Modell

Kommen wir auf die Kern-Anforderungen aus Kapitel 1 zurück. Im Mittelpunkt der Erstellung und des Einsatzes von ORACLE-Datenbanken stehen die Qualitätsaspekte Wartbarkeit, Integrität und Performance.

Wartbarkeit

Ein wartbares Datenbanksystem liegt dann vor, wenn es verständlich und änderbar ist. Die Verständlichkeit des Systems soll durch die adäquate Dokumentation der fachlichen Anforderungen und der technischen Realisierung gewährleistet werden. Viele der in Kapitel 2 angeführten Dokumentationsgesichtspunkte sind aus Verständlichkeitsgründen gefordert.

Um bereits bei der fachlichen Konzeption auch das Qualitätsmerkmal Änderbarkeit in gewissem Maße zu erfüllen, sind einige Techniken bereits eingeflossen:

- Der unbedingte Werkzeugeinsatz für die Erstellung und Pflege des konzeptionellen ER-Diagramms ist bereits diskutiert worden.
- Die Trennung von ER-Diagramm und der Beschreibung von Entity-, Beziehungs- und Wertebereichstypen ermöglicht eine Änderung der Teildokumente, ohne daß andere Dokumente zwingend mitgeändert werden müssen.

  Ein neues beschreibendes Attribut eines Entity-Typs wird einfach in die entsprechende Typ-Beschreibung plaziert, ohne daß z.B. das

Diagramm überarbeitet werden muß. Das Diagramm kann umstrukturiert werden (s.o.), ohne daß die Beschreibungen berührt werden, usw..

- Neue Entity- oder Beziehungstypen können bei Werkzeugeinsatz mit relativ geringem Aufwand in das bestehende Modell aufgenommen werden. Dazu ist das Diagramm zu erweitern und der Beschreibungsteil zu ergänzen.
- Da sich das fachliche Modell an den fachlichen (und nicht EDV-technischen) Gegebenheiten orientiert, ist ein einmal erstelltes und validiertes Modell relativ stabil. Erst bei gravierenden Änderungen der Geschäftsvorfälle oder großen Umstrukturierungen der Unternehmensgegebenheiten werden grobe Änderungen im Modell fällig.

Integrität

Auch die Integrität der zu erstellenden Datenbanken stand bei den bisherigen Überlegungen im Vordergrund. Es bleibt aber grundsätzlich eine ständige Forderung, Festlegungen im Modell auf Korrektheit, Vollständigkeit und Widerspruchsfreiheit zu überprüfen. Sofern möglich, unterstützt bereits die Art und Weise der Modelldokumentation eine möglichst integre Festlegung. So läßt das ER-Diagramm wenig Spielraum für (Fehl-)Interpretationen. Auch die formularorientierte Beschreibung der einzelnen Typen verfolgt dieses Ziel.

Trotzdem ist es schwierig (oder besser gesagt unmöglich), eine fachliche Korrektheit durch Methoden zu gewährleisten. Die Validierung, d.h. Überprüfung eines Modells auf Korrektheit ist immer ein aufwendiger Schritt mit hohen Anforderungen.

Neben den bisher dargestellten Methoden seien im folgenden weitere Methoden bzw. Techniken dargestellt, die den Weg zum integren Modell unterstützen.

Performance

Der Aspekt der Performance bleibt zunächst ein Problemkind, auf das bei der technischen Realisierung tiefer eingegangen wird.

2.8.1 Normalisierung

Die in 2.4 dargestellten Vorgehensweisen schließen sämtlich einen Validierungsschritt mit ein, der sich Normalisierung nennt.

Die Normalisierung ist eine Technik, mit der auf formale Art und Weise ('als Handwerk') falsch definierte Entity-Typen erkannt werden. Als Voraussetzung ist hier die Überführung der Entities in Relationen notwendig, obwohl die Normalisierung auch direkt auf Entity-Typen angewendet werden kann. Da Relationen auf jeden Fall für eine Umsetzung des Modells in ORACLE-Tabellen benötigt werden, kann man die Relationen als 'Vorprodukt' durchaus verlangen.

Als großen Fehler mit hohen Folgekosten hat bereits E.F. Codd erkannt, daß sich Entity-Typen bei einer Modellierung in anderen Entity-Typen verstecken können. Er schlug aus diesem Grund eine schrittweise Überprüfung von Relationen vor, um bestimmte Arten dieser unerlaubten Zusammenfassung zu entdecken.

Die ersten drei Normalformen seien am folgenden Beispiel erklärt: Eine Organisation will Verbrauchsmessungen von unterschiedlichen PKW's in Datenbanken protokollieren. Als Modell wird zunächst das Meßprotokoll direkt in eine Relation überführt.

Datum	Versuchs Nr.	Serien Nr.	Typ	Hersteller	KrSt. Art	KrSt. Menge	km	Verbrch.	Drchschn.	Zulassung	Tacho
16.1.	195	V8712	Golf	VW	N	33,50	340	9,85		3/89	5200
						34,70	370	9,38			
						31,20	340	9,18			
									9,47		
13.2.	197	V8713	Golf	VW	N	31,20	340	9,18		1/90	2344
						33,50	370	9,05			
									9,11		
17.2.	196	V4711	DB230	DB	S	52,30	480	10,30		1/92	7488
						33,35	307	11,51			
						34,70	289	12,00			
						30,88	270	11,44			
									11,23		
3.4.	199	V8713	Golf	VW	N	29,60	330	8,96		1/90	9788
						33,00	392	8,42			
									8,67		

Man erhält:

Abb. 2-60

```
Verbrauchstest  (Datum, Versuchsnummer, Seriennummer, Typ, Hersteller,
                 Kraftstoffart, Kraftstoffmenge, Strecke, Verbrauch,
                 Durchschnitt, Zulassungsdatum, Anfangstachostand )
```

Auch wenn es auf den ersten Blick so aussieht: Dies ist keine Relation. Die Eigenschaft, ob es sich um eine echten Relation handelt, wird durch die erste Normalform geprüft.

erste Normalform

Eine Tabelle befindet sich in der ersten Normalform (1NF), wenn sie den relationalen Bedingungen genügt und keine Wiederholungsgruppen beinhaltet. Insbesondere muß ein Primärschlüssel vergeben sein.

In der obigen Tabelle werden die Wiederholungsgruppen besonders deutlich. Für Versuch Nummer 195 hat das Feld 'Kraftstoffmenge' z.B. drei Werte (33,50, 34,70 und 31,20), bei 'km' und 'Verbrauch' existieren analog Wiederholungsgruppen.

Die Wiederholungsgruppen können auf zwei verschiedene Arten sichtbar werden. Entweder steht in einem Feld mehr als ein Elementarwert, oder mehrere Felder haben exakt die gleiche Bedeutung. Deutlich wird letzterer Fal oft an Feldtiteln wie 'Messung 1', 'Messung 2', 'Messung 3' oder ähnlich.

Wiederholungsgruppen werden dadurch eliminiert, daß man aus mehreren Feldinhalten eigene Zeilen erstellt. Im Beispiel erhält jede Teilmessung eine eigene vollständige Zeile. Als Primärschlüssel ist 'Versuchsnummer' damit nicht mehr eindeutig; wir führen ein neues Feld 'Teilversuchsnummer' ein.

Abb. 2-61

```
Verbrauchstest  (Versuchsnummer, Teilversuchsnummer,
                 Datum, Seriennummer, Typ, Hersteller,
                 Kraftstoffart, Kraftstoffmenge, Strecke, Verbrauch,
                 Durchschnitt, Zulassungsdatum, Anfangstachostand )
```

Diese Tabelle ist keineswegs korrekt, sie ist aber mindestens schon einmal eine Relation.

Welche Fehler sind noch in dem Modell? Bei der Betrachtung der ersten vier Zeilen fallen Redundanzen auf:

195	1	16.1.	V8712	Golf	VW	N	33,50	340	9,85	9,47	3/89	5200
195	2	16.1.	V8712	Golf	VW	N	34,70	370	9,38	9,47	3/89	5200
195	3	16.1.	V8712	Golf	VW	N	31,20	340	9,18	9,47	3/89	5200
196	1	17.2.	V4711	DB230	DB	S	52,30	480	10,30	11,23	1/92	7488

Die Tabelle besitzt zwei Primärschlüsselattribute: Versuchsnummer und Teilversuchsnummer. In einem solchen Fall lohnt es sich, die zweite Normalform zu überprüfen.

zweite Normalform

Eine Relation befindet sich in der zweiten Normalform (2NF), wenn sie sich in 1NF befindet und alle Nichtschlüssel-Atrribute vom gesamten Primärschlüssel abhängen und nicht von Primärschlüsselteilen.

Abhängigkeit zwischen A und B bedeutet in diesem Zusammenhang, daß aus einem Wert in A maximal ein Wert in B folgt. Man betrachtet also eine Art 'zu 1'-Beziehung unter Attributsmengen.

So ist das Versuchsdatum abhängig vom Primärschlüssel (alle Nichtschlüssel-Attribute sind abhängig vom Primärschlüssel, sonst wäre es keiner). Aber es ist auch abhängig von einem Teil davon, nämlich von der Versuchsnummer. Aus einer Versuchsnummer folgt eindeutig ein Versuchsdatum. Auch die Attribute Seriennummer, Typ, Hersteller, Kraftstoffart, Durchschnitt, Zulassungsdatum und Anfangstachostand folgen direkt aus dem ersten Primärschlüsselattribut.

Beim Verstoß gegen die 2NF wird wie folgt vorgegangen:

- Besitzt ein Primärschlüsselteil direkt abhängige Attribute, so wird eine neue Relation erstellt, die als Primärschlüssel genau diesen Teil erhält. Dieser ist automatisch Fremdschlüssel in der alten Relation.
- Aus der alten Relation werden alle Nichtschlüsselattribute in die neue Relation verschoben, die gegen die 2NF verstoßen haben. Der alte Primärschlüssel bleibt erhalten.

Abb. 2-62

Es ergibt sich:

```
Teilversuch     (Versuchsnummer*, Teilversuchsnummer,
                 Kraftstoffmenge, Strecke, Verbrauch )
Fremdschlüssel  Versuchsnummer referenziert Versuch

Versuch         (Versuchsnummer, Datum, Seriennummer, Typ, Hersteller,
                 Kraftstoffart, Durchschnitt, Zulassungsdatum,
                 Anfangstachostand )
```

(Die alte Relation ist unbenannt worden.)

Auch die 2NF läßt Möglichkeiten für Redundanzen offen. Man betrachte einige Zeilen aus der neuen Relation 'Versuch':

195	16.1.	V8712	Golf	VW	N	9,47	3/89	5200
196	17.2.	V4711	DB230	DB	S	11,23	1/92	7488
197	13.2.	V8713	Golf	VW	N	9,11	1/90	2344
199	3.4.	V8713	Golf	VW	N	8,67	1/90	9788

In diesem Fall liegen die Redundanzen in Abhängigkeiten begründet, die innerhalb der Nichtschlüsselattribute vorliegen. Ein Redundanzen auslösendes Attribut ist z.B. die Seriennummer, da von ihr eindeutig der KFZ-Typ, der Hersteller und das Zulassungsdatum abhängen.

dritte Normalform

Eine Relation befindet sich in der dritten Normalform (3NF), wenn sie sich in der 2NF befindet und keine inneren ('transitiven') Abhängigkeiten der Nichtschlüsselattribute vorliegen.

Die Überprüfung auf transitive Abhängigkeiten bedeutet, nach potentiellen neuen Primärschlüsseln innerhalb der Nichtschlüsselattribute zu suchen. Findet man einen solchen potentiellen Primärschlüssel (der auch aus mehreren Attributen bestehen kann), so geht man wie folgt vor:

- Es wird eine neue Relation aufgestellt, die den neuen Primärschlüssel erhält. Das entsprechende Attribut (bzw. die entsprechenden Attribute) bleiben in der alten Relation als Fremdschlüssel stehen.
- Alle Attribute, die vom neuen Primärschlüssel abhängen, werden in die neue Relation verschoben. Die alte Relation bleibt erhalten.

Bei der Validierung des Beispiels auf 3NF wird neben der Seriennummer ein zweiter neuer Primärschlüssel erkannt: der KFZ-Typ. Von ihm ist der Hersteller eindeutig abhängig.

Abb. 2-63

```
Teilversuch      (Versuchsnummer*, Teilversuchsnummer,
                  Kraftstoffmenge, Strecke, (Verbrauch) )
Fremdschlüssel   Versuchsnummer referenziert Versuch

Versuch          (Versuchsnummer, Datum, Seriennummer*,
                  Kraftstoffart, (Durchschnitt), Anfangstachostand )
Fremdschlüssel   Seriennummer referenziert Kraftfahrzeug

Kraftfahrzeug    (Seriennummer, Typ*, Zulassungsdatum )
Fremdschlüssel   Typ referenziert KFZ-Typ

KFZ-Typ          ( Typ, Hersteller )
```

berechnete Attribute

Eine mit Sicherheit wichtige Frage ist die, ob die Relation 'Teilversuch' wirklich in der 3NF steht. Immerhin folgt doch aus einem Wert in Kraftstoffmenge und Strecke ein eindeutiger Wert für Verbrauch. Also liegt eine eindeutige innere Abhängigkeit vor. Richtig, aber 'Verbrauch' ist ein abgeleitetes (berechnetes) Attribut. Seine Eigenschaft ist gerade die Abhängigkeit in Form einer Berechnungsformel. Berechnete Attribute werden also aus der Normalform-Betrachtung ausgeschlossen.

Schlüsselkandidaten

Ein zweiter Sonderfall sind Schlüsselkandidaten. Wird die Relation Kraftfahrzeug um ein Attibut 'Kennzeichen' erweitert, so vermutet man schnell einen Verstoß gegen die 3NF. Das Zulassungsdatum ist immerhin für ein KFZ-Kennzeichen eindeutig, also liegt der Verdacht einer inneren Abhängigkeit nahe. Nun ist das Kennzeichen aber eindeutig für ein Kraftfahrzeug, dieses Attribut hätte also alternativ zur Seriennummer Primärschlüssel werden können. Solche Schlüsselkandidaten gehören per Definition nicht zu den Nichtschlüsselattributen, fallen also aus der Betrachtung der transitiven Abhängigkeit heraus.

Die Tatsache, daß nur Attribute betrachtet werden, die nicht zu Schlüsselkandidaten gehören, kann dazu führen, daß die 3NF nicht ausreicht. Bei Abwandlung des Beispiels wird dies deutlich. Die Relation 'Kraftfahrzeug' sei wie folgt definiert:

```
KFZ ( Seriennr, Hersteller, Laufende Nr, Typ,
      Zulassungsdatum )
```

Die laufende Nummer soll so gewählt werden, daß sie pro KFZ eines Herstellers hochgezählt wird. Damit sind 'Hersteller' und 'Laufende Nr' Schlüsselkandidaten. Sie könnten alternativ als Primärschlüssel verwendet werden, weil sie pro KFZ eindeutig sind. So fallen aber beide Attribute aus den Betrachtungen der 3NF heraus. Die obige Relation ist in der 3NF, obwohl die bekannte transitive Abhängigkeit des Herstellers vom Typ vorliegt.

Boyce-Codd Normalform

Eine Relation befindet sich in der Boyce-Codd Normalform (BCNF), wenn alle Attribute bzw. Attributsmengen direkt vom Primärschlüssel oder einem Schlüsselkandidaten abhängen. Die BCNF entspricht der 3NF mit Betrachtung aller Attribute (und nicht nur der Nichtschlüsselattribute).

Somit genügt das obige Beispiel nicht der BCNF. Bei der Normalisierung wird aus Typ und Hersteller eine eigene Relation.

Ein allgemeinerer Ansatz als die BCNF wird durch die Betrachtung von Wiederholungsgruppen verfolgt. Bei diesem Ansatz werden die sogenannten mehrwertigen Abhängigkeiten betrachtet. Eine nicht normalisierte Relation könnte z.B. die folgenden Inhalte besitzen:

Kurs	Lehrer	Zeit	Raum	Schüler
C12	Meier	MO 9:00	222	Fritze
C12	Meier	MI 12:00	333	Fritze
C12	Meier	MO 9:00	222	Fresen
C12	Meier	MI 12:00	333	Fresen

In dieser Tabelle findet sich eine mehrwertige Abhängigkeit zwischen Zeit und Raum / Kurs. Aus einem Kurs folgt eine eindeutige Wertemenge von Zeit und Raum. Zu 'C12' ist 'MO 9:00'/'222' und 'MI 12:00'/'333' sozusagen stabil zugeordnet.

vierte Normalform

Eine Relation befindet sich in der vierten Normalform (4NF), wenn bei jeder mehrwertigen Abhängigkeit A nach B (B nicht in A, A und B nicht die gesamte Relation) A ein eindeutiger Schlüssel für die Relation ist.

Etwas anschaulicher verfolgt die 4NF das Ziel, aus 'inneren' Wiederholungsgruppen eigene Relationen zu bilden. Im obigen Beispiel führt die 4NF dazu, daß aus 'Kurs', 'Zeit' und 'Raum' eine eigene Relation gebildet wird.

In der Praxis wird bei der Normalisierung bis zur 3NF gegangen, die BCNF ist weitgehend unbekannt. Trotzdem ist die BCNF empfehlenswert, bedeutet sie doch lediglich eine kleine Erweiterung bei der Betrachtung der Attribute. Die 4NF scheint im praktischen Einsatz von eher akademischem Interesse zu sein. Es schadet aber bestimmt nicht, schon früh ein Augenmerk auf innere Wiederholungsgruppen zu richten und die entsprechenden Objekte zu extrahieren.

Es sei abschließend angemerkt, daß die Normalisierung als Validierungsinstrument zur Überprüfung eingesetzt wird und somit hoffentlich Fehler aufdeckt. Bei den in 2.4 dargestellten Vorgehensweisen steht in der Regel vor der Normalisierung bereits ein ER-Modell fest. Führt die Normalisierung zur Korrektur des Relationenmodells, so muß das ER-Modell selbstverständlich nachgepflegt werden. Nicht aktuelle Dokumente sind absolut nutzlos.

2.8.2 Referentielle Integrität

Kehren wir zu den ER-Modellen zurück. Ein noch zu vertiefender Punkt der konzeptionellen Modellierung ist die Integrität der Daten bezüglich der Beziehungen zwischen zwei Entity-Typen. Eine Beziehung bedeutet die Verbindung zweier Entity-Werte. In Relationen werden derartige Beziehungen durch Fremdschlüssel gespeichert. Eine 1:N-Beziehung zwischen Kunde und Auftrag führt beim Übergang in Relationen dazu, daß die Kundennummer als Fremdschlüssel in der Auftrags-Relation aufgenommen wird. Der klassische Verstoß gegen die Integrität: Ein Fremdschlüsselwert kommt in der Kunden-Relation nicht vor, die Beziehung zeigt also ins Leere.

Somit muß für eine integre Datenbank die folgende Regel für jede Beziehung zu jedem Zeitpunkt gelten:

Regel

Zu jedem Fremdschlüsselwert ist ein entsprechender Primärschlüsselwert in der referenzierten Tabelle vorhanden.

Verstöße gegen die referentielle Integrität können bei Einfüge-, Änder- oder Löschoperationen auftreten. Übertragen auf das Einfügen einer neuen Zeile in eine Relation mit einem Fremdschlüssel bedeutet die Integritätsregel, daß das Einfügen mit nicht vorhandenem Fremdschlüssel abgelehnt werden muß.

Die Integritätsregel bzw. die spezielle Einfügeregel gilt implizit, sie braucht nicht extra dokumentiert zu werden. Für das Ändern bzw. Löschen kann hingegen eine besondere Regel spezifiziert werden.

Änder- und Löschregeln seien an folgendem Beispiel erklärt: Für die Projektverwaltung benötigt man die Entity-Typen 'Mitarbeiter', 'Projekt' und als Zwischenelement 'Projektmitglied'.

Die Beziehungen sind wie folgt definiert:

Abb. 2-64

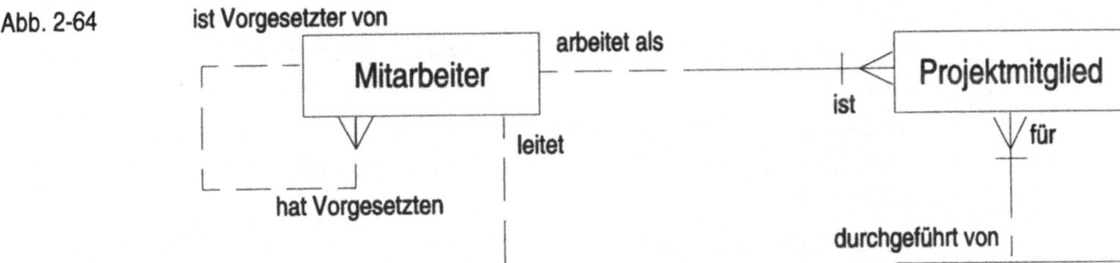

Damit die Bezeichnungen etwas einfacher werden, wird mit den folgenden Beziehungsnamen gearbeitet:

Entity 1	*Entity 2*	*Beziehungsname*
Mitarbeiter	Mitarbeiter	Vorgesetzter
Mitarbeiter	Projektmitglied	Mitgliedsperson
Mitarbeiter	Projekt	Projektleitung
Projektmitglied	Projekt	Mitgliedsprojekt

Für diese Beziehungen sollen nun Änder- und Löschregeln definiert werden. Greift man zunächst die Beziehung 'Projektleitung' heraus, so könnte eine wertmäßige Ausprägung wie in Abb. 2-65 aussehen. Mitarbeiter 1 leitet die Projekte P1 und P2, Mitarbeiter 3 leitet P4, Mitarbeiter 2 leitet kein Projekt, P3 hat keinen Projektleiter.

Abb. 2-65

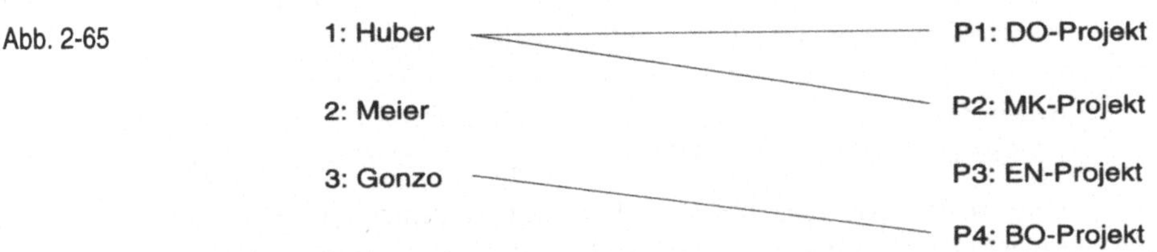

Die Frage, die eine Löschregel beantworten muß, ist die folgende: Wie soll sich die Datenbank verhalten, wenn ein Mitarbeiter gelöscht werden soll, der ein Projekt leitet? Dazu gibt es die folgenden Alternativen, von denen eine für die Beziehung festgelegt sein muß.

- *restriktives Löschen*

  Das Löschen wird nicht durchgeführt, wenn abhängige Elemente existieren.

  Im Beispiel: Mitarbeiter 1 und 3 können nicht gelöscht werden.

- *trennendes Löschen*

  Das Löschen wird durchgeführt. Damit werden auch die Beziehungen mitgelöscht, die zu abhängigen Entities existieren.

  Im Beispiel: Wird Mitarbeiter 1 gelöscht, so verlieren P1 und P2 den Projektleiter. Wird Mitarbeiter 3 gelöscht, so hat P4 keinen Projektleiter mehr.

- *kaskadierendes Löschen*

  Abhängige Entities, also durch die Beziehung verbundene Entities werden auch gelöscht.

  Im Beispiel: Wird Mitarbeiter 1 gelöscht, so werden auch die Projekte P1 und P2 gelöscht. Das Löschen von Mitarbeiter 3 hat das Löschen von P4 zur Folge. Dabei werden auch alle Beziehungen mitgelöscht.

Dazu einige Anmerkungen:

Die Regeln setzen voraus, daß bei einer Beziehung zwischen zwei Entity-Typen einer der Typen der für die Beziehung „treibende" Part ist. Dieser Typ wird *Eltern-Entity* genannt.[11] Der andere Typ ist das *abhängige Entity*. Bei 1:N-Beziehungen ist das Eltern-Entity immer dasjenige, zu dem die 1-Kardinalität besteht (wie im Beispiel der Mitarbeiter). N:M-Beziehungen werden grundsätzlich in zwei 1:N-Beziehungen transformiert, so daß hierfür die Eltern-Typen analog feststehen. Bei 1:1-Beziehungen muß das Eltern-Entity festgelegt werden. In allen Fällen ist das abhängige Entity daran zu erkennen, daß es als Relation den Fremdschlüssel erhält.

Ein trennendes Löschen ist nur dann möglich, wenn die Beziehung vom abhängigen Entity zum Eltern-Entity eine Kann-Beziehung ist. Wäre im Beispiel die Projektleitung für ein Projekt ein Muß, könnte nicht trennend gelöscht werden. In der technischen Umsetzung erhält das Fremdschlüssel-Attribut beim trennenden Löschen einen Leereintrag.

Das restriktive Löschen ist bei der technischen Realisierung unter ORACLE die Vorgabe. Das kaskadierende Löschen wird von ORACLE unterstützt, das trennende nicht! Trennendes Löschen bedeutet also, diese Funktionalität programmieren zu müssen.

Die Änder-Regeln werden analog definiert. Auch sie sind bereits sehr technisch an der ORACLE-Realisierung orientiert und beschäftigen sich mit der Änderung des Primärschlüssels eines Eltern-Entity. Die Frage

[11] In diesem Fall ist der Singular Eltern gemeint. Im Englischen ist das etwas deutlicher, dort verwendet man den Begriff 'parent entity' (versus Plural 'parents').

gemäß Beispiel muß also lauten: Wie soll sich die Datenbank verhalten, wenn eine Mitarbeiternummer eines Projektleiters geändert wird?

- *restriktives Ändern*

  Das Ändern des Primärschlüssels ist dann nicht erlaubt, wenn abhängige Entities existieren.

- *trennendes Ändern*

  Das Ändern des Primärschlüssels führt zum Löschen der Beziehungen zu den abhängigen Entities.

- *kaskadierendes Ändern*

  Das Ändern des Primärschlüssels ist erlaubt. Die Beziehungen zwischen den Entities bleiben bestehen.

Es ist vielleicht schwierig, einem Dritten klar zu machen, warum das kaskadierende Ändern eher die Ausnahme ist. Der realen Welt entspricht das kaskadierende Ändern am ehesten: Wenn Mitarbeiter Huber eine neue Personalnummer erhält, ändert das nichts an seinem Status als Projektleiter. In einer Datenbank ist das kaskadierende Ändern aber sehr aufwendig (darauf wird in Kapitel 3 näher eingegangen). Im Sinne einer effizienten DV-Lösung sollte man also ein restriktives Ändern möglichst vorziehen. Etwas deutlicher: Bei der fachlichen Konzeption muß man mit der Fachabteilung bereits darüber diskutieren, daß Primärschlüssel tunlichst starr sein sollten, um stabile und schnelle DV-Lösungen zu erhalten. Ausnahmen bestätigen die Regel, und die Ausnahmen müssen dringend spezifiziert werden, z.B. über kaskadierende Änder- und Löschregeln.

Für das Beispiel in Abb. 2-64 wird festgelegt:

Beziehung	*Löschregel*	*Änderregel*
Projektleitung	restriktiv	restriktiv
Vorgesetzter	restriktiv	restriktiv
Mitgliedsperson	kaskadierend	restriktiv
Mitgliedsprojekt	kaskadierend	kaskadierend

2.8.3 Weitere Integritätsregeln

Im eigentlichen Sinne sind fast alle Spezifikationen, die durch die Datenmodellierung erstellt werden, Integritätsregeln. Ein korrekt modellierter Entity-Typ sorgt bereits für einen gewissen Grad von Vollständigkeit und Korrektheit. Die Festlegung der Attributstypen des Entity liefert einen ganzen Satz von Integritätsregeln durch ihre Reihenfolge, durch die Festlegung des Primärschlüssels, durch ihren Namen, den Wertebereichstyp etc. pp..

Nimmt man das gesamte konzeptionelle Datenmodell, d.h. ER-Modell inklusive aller Beschreibungen, Relationenmodell etc., so wird für eine Realisierung als ORACLE-Datenbank an Integritätskonstrukten festgelegt:

- Jede Datenbank besteht aus einer erlaubten Menge von Tabellen.
- Jede Tabelle besteht aus einer erlaubten Menge von Zeilen.
- Jede Zeile besteht aus einer erlaubten Menge von Attributen.
- Jedes Attribut besitzt einen Wert aus einer erlaubten Menge des Wertebereichs.

Bei sovielen 'Mengen' ist der mathematisch interessierte Informatiker selbstverständlich versucht, die Integritätsregeln mathematisch-formal zu spezifizieren. Natürlich gibt es derartige Ansätze. Ein Datenmodell muß aber für den Fachbereich verständlich sein, um es überprüfen zu können. Aus diesem Grund soll an dieser Stelle der Hinweis auf die formale Spezifikation von Toon Koppelaars (1995) genügen.

Die obige Unterteilung hilft, die bisher dargestellten Festlegungen erneut zu strukturieren. Man unterscheidet zwischen Attributs-, Zeilen-, Tabellen- und Datenbankregeln.

Attributsregel

Mit den Attributsregeln wird festgelegt, welche Integritätsbedingungen für ein Attribut gelten. Zu den Attributsregeln gehört die Festlegung des Namens, die Zuordnung zu einem Entity (bzw. einer Relation), die Spezifikation des Wertebereichstyps und sämtliche Randbedingungen, die das Attribut isoliert betreffen.

Zeilenregel

Die Zeilenregeln legen Integritätsbedingungen fest, die zwischen den Attributen eines Entity (bzw. einer Relation) gelten müssen. Sie werden aus diesem Grund auch Inter-Attributs-Regeln genannt. Ein Beispiel ist die Regel, daß ein Attribut EINTRITTSDATUM immer kleiner als das Attribut AUSTRITTSDATUM der gleichen Relation sein muß.

Tabellenregel

Tabellenregeln sind Bedingungen, die für die unterschiedlichen Zeilen einer Tabelle gelten müssen. Eine solche Inter-Zeilen-Regel könnte z.B. lauten, daß eine bestimmte Relation immer mindestens vier Zeilen besitzen muß.

Datenbankregel

Datenbankregeln beschreiben Bedingungen, die zwischen unterschiedlichen Tabellen gelten müssen (Inter-Tabellen-Regeln). Die o.a. referentiellen Integritätsbedingungen fallen in diese Kategorie (Ausnahme:

selbstreferenzierende Tabellen; dort ist die referentielle Integrität eine Tabellenregel.).

Gerade die laut Vorschlag in Prosa gehaltenen Randbedingungen sollten in die entsprechenden Regelgruppen kategorisiert werden. Für jede Kategorie sind unterschiedliche Realisierungen unter ORACLE möglich. So werden Zeilenregeln hervorragend unterstützt, Tabellenregeln fast gar nicht. Man weiß also durch die Kategorisierung, an welchen Stellen Maßnahmen mit relativ hohem Aufwand zu treffen sind und an welchen nicht.

2.8.4 Prinzipien

Allein durch den Einsatz von Methoden und Techniken ist keineswegs sichergestellt, daß ein möglichst wartbares und integres Modell entsteht. Viel hängt von der Einstellung und Arbeitsweise der beteiligten Personen ab.

Es hat sich in der Informatik (und auch in anderen Disziplinen) als sehr hilfreich erwiesen, Grundprinzipien aufzustellen, die gerade die Arbeitsweise unterstützen sollen. Sie helfen an den Stellen, an denen man durch Methodik und Technik allein nicht weiterkommt.

Diese Prinzipien sind unumstößlich und dementsprechend allgemein gehalten. Sie müssen den Spagat zwischen festem und dennoch flexiblem Rahmenwerk schaffen, um praktikabel zu sein.

Prinzipien zu vermitteln ist nicht einfach. Viele Prinzipien beruhen auf Erfahrungen, die man einfach einmal gemacht haben muß, um sie wirklich zu verinnerlichen. Wenn das 'unter das Kopfkissen legen' wirklich funktionieren würde - die Prinzipien für die Softwareentwicklung wären ein guter Kandidat.

An dieser Stelle seien diejenigen Prinzipien herausgestellt, die die Konstruktion von ORACLE-Datenbanken betreffen.

- **Quality first**

  Das Vernachlässigen der Qualität innerhalb einer EDV-Organisation bedeutet in der Tat soviel wie unternehmerischer Selbstmord. Der Gedanke der Qualitätssicherung muß oberstes Prinzip bei der Erstellung von Dokumenten sein. Dazu gehört die Definition der gewünschten Qualitätsstufe sowie die ständige Validierung der erstellten Dokumente.

- **Der Kunde in den Vordergrund**

  EDV ist eine Dienstleistung für andere Personengruppen. Grundprinzip jeder Dienstleistung ist die Kundenorientierung. Es kommt darauf an, seine Wünsche und Bedürfnisse zu erfassen, um sie befriedigen zu können. Machen Sie sich klar, daß ein EDV'ler in der Regel keineswegs Experte für das Anwendungsgebiet ist.

- **Das Fachliche in den Vordergrund**

  Ein konzeptionelles Datenmodell soll die fachlichen Anforderungen definieren. Auch wenn technische Machbarkeiten bereits berücksichtigt werden können: Die fachlichen Definitionen dürfen nicht durch Techniker verwässert werden.

- **Werkzeugeinsatz**

  Setzen Sie zur Datenmodellierung ein Werkzeug ein, mit dem die Dokumentation einfach erstellt und vor allem überarbeitet werden kann.

- **Auch manuell arbeiten**

  Arbeiten Sie nicht ausschließlich mit Werkzeugen. Gerade zu Beginn der Datenmodellierung und in Teamsitzungen sollte hauptsächlich mit Papier, Whiteboard und/oder Overhead-Projektor gearbeitet werden. Eine Gruppensitzung am Bildschirm ist meistens fruchtlos.

- **Dokumente aktuell halten**

  Halten Sie Ihre Dokumentation stets aktuell. Änderungen im Relationenmodell können z.B. Änderungen im ER-Modell nach sich ziehen. Diese Änderungen müssen sofort erfolgen.

- **Soviel wie nötig...**

  Alle aufgestellten Dokumente müssen vollständig und eindeutig formuliert sein, damit bei der technischen Realisierung keine Interpretationsspielräume gelassen werden

- **Sowenig wie möglich...**

  Man gerät bei der Datenmodellierung schnell in eine Modellierungshysterie. Machen Sie sich von vornherein klar, daß es schlicht nicht möglich ist, die gesamte Unternehmenskultur des Kunden in einer Datenbank abzubilden. Man erstellt ein Modell der Wirklichkeit, das stärkstens auf das beschränkt ist, was wirklich notwendig ist.

- **Methoden und Techniken einsetzen**

  Setzen Sie die hier dargestellten Methoden und Techniken ein. Sie haben sich jahrelang bewährt. Lassen Sie keine Ausnahmen zu. Jedes Entity und jede Beziehung gehört in das ER-Modell. Jedes ER-Modell muß in Relationen überführt und vor allem normalisiert werden.

- **Flexibel sein**

  Machen Sie sich klar, daß auch Datenmodelle nicht für die Ewigkeit erstellt werden. Eine Gesetzesänderung, eine Reorganisation des Anwendungsgebiets, und schon können sich gravierende Änderungen im fachlichen Modell und der technischen Realisierung ergeben. Die Wartbarkeit und damit Änderbarkeit des Modells muß stets gewährleistet sein.

Jeder gravierende Verstoß gegen eines der o.a. Prinzipien kann immense Folgekosten nach sich ziehen.

2.9 Datenschutz und Datensicherheit

Ein immer wieder gern vernachlässigter Teil der fachlichen Konzeption ist die Betrachtung des Datenschutzes - zu Unrecht.

Man kann viel über die Bedeutung von Informationen schreiben, vor allem, wenn sie in die falschen Hände gerät. Computerkriminalität ist nicht nur ein Thema für die Boulevard-Presse.

Wird eine ORACLE-Datenbank installiert, so werden zwei Benutzer mit Namen SYS und SYSTEM angelegt, die ein auf der ganzen Welt bekanntes Paßwort besitzen (CHANGE_ON_DEFAULT, MANAGER). Diese User besitzen sämtliche Rechte auf alle Daten, die in der Datenbank abgelegt sind. Was glauben Sie, in wievielen Firmen mindestens einer dieser User noch das Installationspaßwort besitzt?

Auch die User SCOTT, ADAMS, JONES, CLARK, BLAKE und eventuell weitere (z.B. FORD) sind flink durch die ORACLE-Installation angelegt und können zumindest solange Ressourcen verbrauchen, bis sie erschöpft sind.

Aber es muß nicht immer die bewußte Zerstörung oder Kopie von Informationen sein, die die Datenschutzfrage aufwirft. Ein Laie kann auch unbewußt, ohne zu wissen, was er tut, komplette Datenbanken löschen, wenn er das Recht dazu besitzt.

Das Datenschutzkapitel eines konzeptionellen Datenmodells muß schlicht die Frage beantworten, welcher Benutzer was mit welchen Daten machen darf. An dieser Stelle lohnt es sich absolut, die Festlegung bereits voll an den ORACLE-Möglichkeiten zu orientieren.

2.9.1 Rollen

Keine Administration will sich die Arbeit aufhalsen, Rechte für alle echten Benutzer zu definieren. Arbeiten z.B. 15 Sachbearbeiter mit derselben Applikation, ist es unsinnig, alle notwendigen Rechte 15 mal zu spezifizieren. Außerdem will man bestimmt nicht die Dokumentation ändern, wenn eine Person das Unternehmen verläßt oder sein Aufgabengebiet wechselt. Rollen, auch Benutzergruppen genannt, stehen für eine bestimmte Art von Benutzern. Personen diesen Rollen zuzuweisen ist Teil der produktiven Organisation.

Es ist sinnvoll, Rollen gemäß ihrer Bestimmung zu kategorisieren:

Aufgabenrolle

Eine Aufgabenrolle legt die Rechte fest, die ein Benutzer mit bestimmten Aufgaben benötigt. Sie ist meist durch die Organisation festgelegt. Eine Rolle DB_ADMINISTRATOR kann z.B. sämtliche Rechte an einer ORACLE-Datenbank besitzen. Die Rolle DB_OPERATOR erhält z.B. unter anderem die Rechte, die für das Sichern der Datenbank notwendig sind. Eine Rolle AD_HOC_USER erhält die Minimalrechte, die notwendig sind, um sich an die Datenbank anzumelden. PROFI_USER darf eigene Tabellen anlegen, usw..

Anwendungsrolle

Eine Anwendungsrolle beinhaltet diejenigen Rechte, die zur Ausführung einer bestimmten Anwendung notwendig sind. Dazu gehören z.B. die Lese- und Schreibrechte auf diejenigen Tabellen, die von der Anwendung benutzt werden.

Rollen können unter ORACLE flexibel eingesetzt werden. Sie besitzen vor allem zwei Eigenschaften, die man bei der Definition im Fachkonzept bereits benutzen kann:

- Ein Benutzer kann mehrere Rollen erhalten. Die Rechte der Rollen addieren sich dabei.
- Eine Rolle kann selbst die Rechte einer anderen Rolle erhalten. Damit sind Rollenhierarchien möglich.

Ausgangspunkt eines Datenschutzkonzeptes sollte damit ein Rollenbaum sein, in dem die Rollenhierarchie dargestellt wird. Es ist darauf zu achten, daß dabei keine Schleifen entstehen. Diese sind nicht erlaubt.

Das Erstellen eines Rollenbaumes ist eine organisatorische Aufgabe; der Baum ist nicht zufällig ein spezielles Organigramm. Es fällt schwer, für den Aufbau einer derartigen Hierarchie allgemeine Hinweise zu geben. Zu sehr hängt die Organisationsstruktur von den Gegebenheiten des Einsatzgebietes ab.

Allgemein kann es sinnvoll sein, den Rollenbaum zunächst nur aus den Aufgabenrollen heraus aufzubauen. Stehen die Aufgabenrollen und ihre Hierarchie einmal fest, kann man diesen Rollen wiederum Anwendungsrollen zuordnen. Im Beispiel in Abb. 2-66 ist ein kleiner Satz von Aufgabenrollen spezifiziert. Unter anderem finden sich dort die Sachbearbeiter-Rollen ('SB_...') für Endanwender in unterschiedlichen Abteilungen.

Abb. 2-66

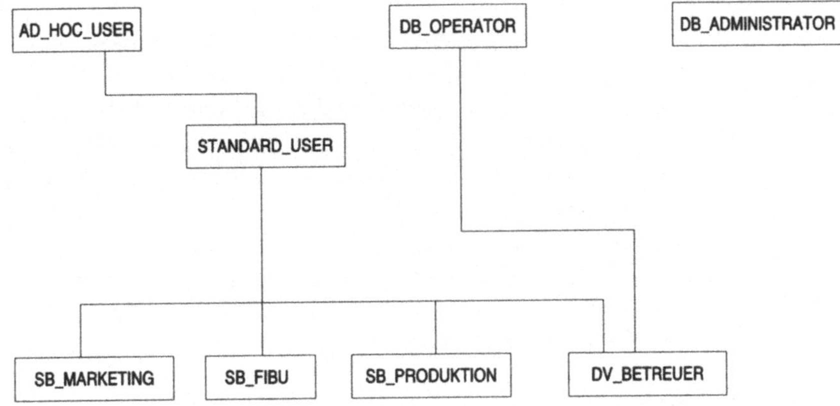

Weitere Diagramme können das Aufgabendiagramm nun um die Anwendungsrollen erweitern. Sind z.B. zunächst zwei Anwendungen zu erstellen, mit denen Auftragsstatistiken (AUFSTAT) und Buchhaltung (BUCH) durchgeführt werden, so werden die entsprechenden Rollen definiert und den Aufgaben zugeordnet:

Abb. 2-67

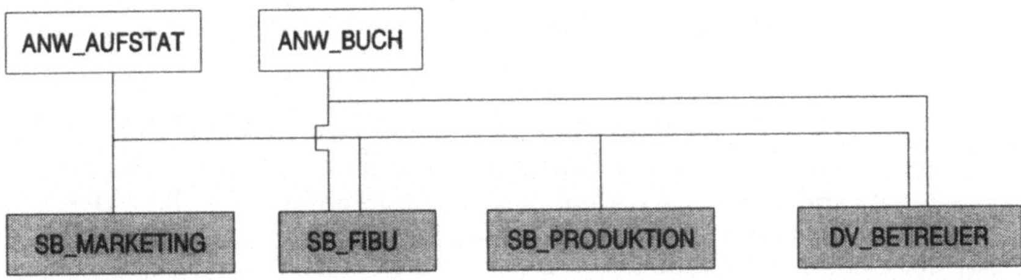

Die Überlegungen zur Rechtevergabe ist nun unabhängig von der Anzahl der Personen, die als Benutzer Rollen erhalten. Der Aufwand für die Definition der Rolle SB_FIBU ist z.B. bei 15 Sachbearbeitern der Finanzbuchhaltung gleich hoch wie bei dreien.

Auch darf man nicht vergessen, daß einem ORACLE-Benutzer auch mehrere Rollen vergeben werden können. Arbeitet ein Herr Meier im Marketing, erhält sein ORACLE-Pendant-Benutzer MEIER die Rolle SB_MARKETING. Herr Müller sei DV-Betreuer der gleichen Abteilung. Er erhält als Benutzer MUELLER die Rollen SB_MARKETING und DV_BETREUER.

2.9.2 Dokumentation

Die Dokumentation des Datenschutzkonzeptes sollte aus zwei Teilen bestehen. Im ersten Teil sind die o.a. Diagramme dargestellt. In der Regel ist ein Diagramm für die Aufgabenhierarchie sinnvoll.

Für die Darstellung der Anwendungsrollen können mehrere Diagramme sinnvoll sein. Man kann z.B. pro Anwendungsrolle ein Diagramm erstellen, in dem alle beteiligten Aufgabenrollen dargestellt sind.

Zusätzlich zu den Diagrammen ist eine textuelle Beschreibung der einzelnen Rollen notwendig. Für die spätere technische Umsetzung ist es wichtig, den Personenkreis, den eine Rolle betrifft, möglichst genau zu beschreiben. Gerade bei den Aufgabenrollen ist die genaue Definition der Aufgaben bezüglich der Datenbank erforderlich, um die späteren technischen System- und Objektprivilegien möglichst vollständig und korrekt festlegen zu können.

2.9.3 Profile

ORACLE-Benutzer erhalten mit der Anmeldung ein Profil, das Obergrenzen für den Ressourcen-Verbrauch setzen kann.

So ist es z.B. möglich, über ein Profil die maximale Verbindungszeit des Benutzers an die Datenbank auf z.B. 8 Stunden zu begrenzen. Weitere Profileigenschaften betreffen den Verbrauch von Hauptspeicher und CPU-Zeit auf dem Datenbank-Server, die Anzahl der Plattenzugriffe, die durch den Benutzer verursacht werden, oder die maximale Zeit, über die ein Benutzer untätig sein darf.

Fallen Informationen über derartige Maximalgrenzen bereits bei der fachlichen Definition an, so sollten sie unter dem Stichwort 'Profile' spezifiziert werden. Die Dokumentation sollte sich an dem unter ORACLE Machbaren orientieren. Mehr dazu in Kapitel 3.

2.9.4 Datensicherheit

Um sich vor dem Verlust von Informationen zu schützen, sind Sicherungs- und Wiederherstellungsmaßnahmen erforderlich, neudeutsch 'Backup' und 'Recovery'.

Auch wenn die genaue Backup-Strategie Aufgabe des technischen Entwurfs ist, benötigt man für ORACLE-Datenbanken aus fachlicher Sicht einige Randinformationen. Festgelegt werden sollte:

- Läuft die Datenbank 24 Stunden oder wird sie für eine signifikante Zeit periodisch nicht benötigt (z.B. nachts zwischen 0:00 Uhr und 4:00 Uhr) ?

- Wie groß darf die maximale Lücke zwischen Informationsstand bei Ausfall und Wiederherstellungsstand sein?

  Wird z.B. nur in der Nacht gesichert und nicht zusätzlich im laufenden Betrieb, kann die Lücke bis zu 24 Stunden groß sein. Ein Ausfall nachmittags um 15:00 Uhr und die letzte Sicherung um 2:00 Uhr nachts machten es erforderlich, alle Änderungen zwischen den beiden Zeitpunkten erneut manuell durchzuführen.
- Wie groß darf die maximale Ausfallzeit sein? Eine maximale Ausfallzeit von 1-2 Stunden macht z.B. eine doppelt vorhandene Hardware unumgänglich. Und das ist teuer.
- Welche Katastrophen-Szenarios sind vorstellbar, und wie wird im entsprechenden Fall reagiert? Ein Brand in den Räumen, in dem der Datenbank-Server steht, sollte z.B. mitbedacht werden.

Je höher die Anforderungen an die Datensicherheit werden, desto höher werden auch die Kosten. Eine Sicherung im 24-Stunden-Betrieb benötigt einen sehr gut ausgebauten Datenbank-Server, so auch eine maximale Datenlücke von wenigen Minuten.

Zusätzlich fallen die Kosten für die Backup-Software - diese gehört nicht zur ORACLE-Software - und Sicherungsmedien an. Kurze maximale Ausfallzeiten bedeuten in der Regel eine Sicherung von Festplatte auf Festplatte, die z.B. über RAID Arrays durchgeführt werden kann. Selbst wenn man solche Festplatten-Gitter einsetzt, muß trotzdem zusätzlich auf Band gesichert werden. Was ist sonst, wenn das Gebäude brennt?

Diese Kostenfrage muß der Fachabteilung schonend beigebracht werden, bevor Sicherungskonzepte verlangt werden, die nicht bezahlbar sind.

3 Entwurf

In diesem Kapitel werden die unterschiedlichen Ansätze zum technischen Entwurf einer ORACLE-Datenbank diskutiert. Es wird das konzeptionelle Modell aus Kapitel 2 aufgegriffen. Unterschiedliche Vorgehensweisen zur Überführung in ein technisches Modell werden schrittweise eingeführt.

Drei Qualitätsaspekte stehen für den Einsatz von ORACLE-Datenbanken im Vordergrund: Wartbarkeit, Integrität und Performance. Das konzeptionelle (fachliche) Datenmodell aus Kapitel 2 legt den Grundstein für Wartbarkeit und Integrität. Für die Performance ist das technische Modell und die Implementierung zuständig.

Während im letzten Kapitel ORACLE-Besonderheiten zwar berücksichtigt, aber nicht in den Mittelpunkt gestellt wurden, geht dieses Kapitel voll auf die ORACLE-Eigenschaften ein. Das Kapitel soll kein Ersatz für die Hersteller-Handbücher sein. Die genaue Syntax von Befehlen sollte z.B. immer dort nachgeschlagen werden und nicht in diesem Buch.

Der Leser, der bereits mit ORACLE gearbeitet hat, kann den Abschnitt über ORACLE-Objekte überfliegen und unbekannte Teile herauspicken.

3.1 Übergang zum technischen Modell

Der einfachste Übergang zum technischen Modell ist die 1:1-Übernahme der Relationen des konzeptionellen Modells. In diesem Fall stimmen konzeptionelles und technisches Modell weitgehend überein.

Diese Vorgehensweise besitzt eine Reihe von Vorteilen:

- Der Übergang ist relativ einfach zu bewerkstelligen.
- Das fachliche und das technische ER-Diagramm sind identisch. Änderungen im Diagramm müssen nur in einem Diagramm-Dokument durchgeführt werden.
- Die Unterschiede zwischen fachlichem und technischem ER-Modell beschränken sich hauptsächlich auf die Realisierung der Wertebereichstypen. Dieser Übergang ist relativ einfach zu dokumentieren und auf dem aktuellen Stand zu halten.
- Da die ORACLE-Tabellen den fachlichen Relationen entsprechen, können sich Endanwender einfacher in die Realisierung einarbeiten, als wenn technische Spezialfälle modelliert würden.

Dies ist insbesondere dann vorteilhaft, wenn Endanwender über Werkzeuge (z.B. den ORACLE Data Browser) direkt auf die Datenbank zugreifen.

Die Vorteile sprechen dafür, bei einem technischen Entwurf zunächst einmal die direkte 1:1 Umsetzung zu favorisieren. Erst bei deutlichen Performance-Problemen sollte man das technische Modell schrittweise optimieren.

Abb. 3-1

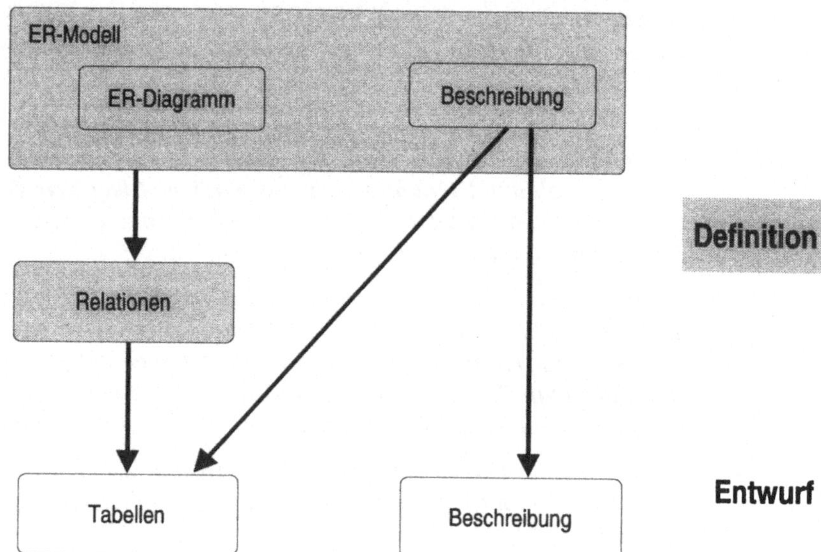

Aus den Relationen des Fachkonzepts werden die Relationen (oder Tabellen) des Entwurfs. Die Beschreibung dieser Tabellen beinhaltet vor allem die Umsetzung der fachlichen Wertebereichstypen in ORACLE-Datentypen.

3.1.1 Übergang der Wertebereichstypen

Wertebereichstypen lassen sich unter ORACLE nicht beliebig definieren. Vielmehr stehen die möglichen Datentypen für Spalten von Tabellen fest.

Alle Wertebereichstypen des konzeptionellen Modells müssen in einen dieser Datentypen überführt werden. Entspricht ein ORACLE-Datentyp nicht direkt dem gewünschten Wertebereichstyp (und das wird relativ häufig vorkommen), so ist im Entwurf festzulegen, welche Randbedingungen sich daraus zusätzlich ableiten. Ist ein fachlicher Wertebereichstyp z.B. als 'fünfstellige Zeichenkette aus Großbuchstaben' defniert, so kann der entsprechende ORACLE-Datentyp nur 'fünfstellige Zeichenkette' lauten. Daß diese Zeichenkette nur aus Großbuchstaben bestehen darf, ist als neue Randbedingung zu spezifizieren.

Die Datentypen lassen sich in die folgenden Gruppen unterteilen:

- **Texte**

  In Texten werden beliebige Zeichenketten gespeichert. Jedes Zeichen ist ein beliebiges Zeichen aus dem zugrundeliegenden Code-Alphabet.

  Für Texte führt ORACLE eine automatische Code-Umwandlung durch. Wird z.B. der Buchstabe 'Ä' auf einem UNIX-Server gespeichert, so steht er an einer anderen Stelle im UNIX-ASCII-Alphabet als z.B. auf einem MS Windows Client. Beide Systeme benutzen nämlich eine unterschiedliche ASCII-Tabelle für nationale und Sonderzeichen ('Codepage'). Bei einer korrekten ORACLE-Installation wird dieser Umstand erkannt und das 'Ä' vom Server an den Client derart geliefert, daß durch die automatische Code-Umwandlung das UNIX-'Ä' als Windows-'Ä' korrekt dargestellt wird. Die Code-Umwandlung findet für alle Systeme statt, auf denen ORACLE-Server oder -Clients installiert werden können.

- **Bytes**

  Die Zeichenumwandlung führt dann zu katastrophalen Ergebnissen, wenn die gespeicherten Daten gar keine ASCII-Texte, sondern Bytes sind, die 1:1 an den Client geliefert werden müssen.

  Beispielsweise kann es sinnvoll sein, Bitmap-Grafiken in einer Datenbank abzulegen. Moderne Informationssysteme bieten z.B. die Möglichkeit an, ein Foto eines Artikels bei einer Abfrage anzuzeigen. Zu diesem Zweck wird pro Artikel das entsprechende Foto eingescannt und als Byte-Kette gespeichert (z.B. im TIFF-Format).

  Würde ein derartiges Foto als Text abgelegt, würde die ORACLE-Software bei jedem Byte, das z.B. einem 'Ä' entspricht, eine Code-Umwandlung vornehmen. Ergebnis: Auf dem Foto dürfte nicht mehr viel zu erkennen sein.

- **Datum/Uhrzeit**

  ORACLE bietet einen Datentyp an, in dem Tagesdatum und Uhrzeit zusammen abgelegt werden. Es existieren keine Datentypen für Tagesdatum oder Uhrzeit allein.

- **Zahlen**

  In den Datentypen für Zahlen werden Zahlen mit oder ohne Nachkommastellen gespeichert.

Im einzelnen sind die folgenden Typen möglich:

Typ	Beschreibung
Texte	
CHAR(n)	Zeichenketten fester Länge mit Länge n. Kürzere Zeichenketten werden mit Leerzeichen nach rechts aufgefüllt. Längere Zeichenketten werden mit Fehlermeldung abgewiesen. Maximale Angabe für n: 255 Zeichen.
VARCHAR(n) VARCHAR2(n)	Zeichenketten variabler Länge mit maximaler Länge n. Die Zeichenketten werden in der aktuellen Länge gespeichert. Maximale Angabe für n: 2000 Zeichen
LONG VARCHAR	Zeichenketten variabler Länge mit maximaler Länge 2Gb = 2 x 1024 x 1024 x 1024.
Bytes	
RAW(n)	Byteketten variabler Länge mit maximaler Länge n. Die Byteketten werden in ihrer aktuellen Länge gespeichert. Maximale Angabe für n: 255 Bytes.
LONG RAW	Byteketten variabler Länge mit maximaler Länge 2Gb = 2 x 1024 x 1024 x 1024.
Datum/Uhrzeit	
DATE	Datum und Uhrzeit mit einem möglichen Bereich von 0:00:00 Uhr des 1.1.4712 vor Christi bis 23:59:59 Uhr des 31.12.4712 nach Christi.
Zahlen	
NUMBER	Zahl im Bereich von $1{,}0 \times 10^{-130}$ bis $9{,}99 \times 10^{+126}$. Die Zahl wird mit maximal 38 Stellen Genauigkeit gespeichert.
NUMBER(p)	Zahl im gleichen Bereich wie NUMBER, nur mit maximal p Stellen. Maximum für p: 38 Stellen.
NUMBER(p,q)	Zahl mit maximal p Stellen, davon q Nachkommastellen. Eine Spalte vom Typ NUMBER(8,3) hat z.B. einen möglichen Bereich von -99999.999 bis +99999.999.

Zu den Datentypen sind die folgenden Charakteristika wichtig:

VARCHAR VARCHAR2

Die Typen VARCHAR und VARCHAR2 unterscheiden sich momentan (noch) nicht. ORACLE hält sich für spätere Versionen offen, ob sich der Datentyp VARCHAR bezüglich des Zeichenkettenvergleichs einmal von VARCHAR2 unterscheiden wird.

Momentan gilt: Werden zwei VARCHAR(2) Spalten miteinander verglichen und sind beide bis auf ein oder mehrere Leerstellen am Ende identisch, so ist die längere Zeichenkette 'größer' (z.B. 'Meier ' > 'Meier'). Dieses Verhalten wird beim VARCHAR2-Datentyp auf jeden Fall in zukünftigen Versionen beibehalten.

LONG
LONG RAW

LONG- und LONG RAW-Daten können nicht für die Indizierung von Tabellen verwendet werden und unterliegen weiteren Einschränkungen, die in der Bytelänge der Speicherung begründet sind.

Die nicht mögliche Indizierung bedeutet unter anderem, daß derartige Felder nicht im Primärschlüssel verwendet werden können.

NUMBER

NUMBER-Werte können deshalb mit sehr vielen Stellen gespeichert werden, weil sie intern in einer Mantisse/Exponent-Darstellung abgelegt werden.

Die Zahl 823 000 000 kann mathematisch z.B. auch als 823×10^6 dargestellt werden. Dabei nennt man den 'genauen' Teil, im Beispiel die 823, *Mantisse,* und die Zehnerpotenz, im Beispiel die 6, *Exponent.*

In dieser Form wird die Zahl von ORACLE abgelegt.[12] Dabei wird die Zahl nicht wie bei anderen Datenbank-Systemen zur Basis 16 konvertiert. Dies hat einen entscheidenden Vorteil: Rundungsungenauigkeiten, die andere Systeme aufgrund dieser internen Konvertierung besitzen, treten bei ORACLE nicht auf.

ANSI SQL

Die Formulierung der Datentypen ist u.a. in dem Standard für relationale Datenbanksprachen festgelegt: ANSI SQL. In dieser Norm sind unter anderem Datentypen gefordert, die nicht direkt als ORACLE-Datentyp vorkommen. Diese Datentypen können aber beim Anlegen einer Tabelle angegeben werden und werden in den entsprechenden ORACLE-Datentyp übersetzt.

Die folgende Tabelle gibt Aufschluß über formulierbare ANSI-Datentypen und ersetzendem ORACLE-Äquivalent:

12 Um genau zu sein: Es wird nicht zur Basis 10, sondern zur Basis 100 gespeichert. Auf die Nutzung des NUMBER-Typs hat dies aber keinen Einfluß.

ANSI-Datentyp	ORACLE-Datentyp
CHAR CHARACTER	CHAR(1)
CHARACTER(n)	CHAR(n)
CHAR VARYING(n) CHARACTER VARYING(n)	VARCHAR(n)
NUMERIC(p, q) DEC(p, q) DECIMAL(p, q)	NUMBER(p, q)
SMALLINT	NUMBER(*, 0)
INTEGER	NUMBER(*, 0)
FLOAT(p)	NUMBER
REAL	NUMBER(18)
DOUBLE PRECISION	NUMBER

Wird z.B. beim Anlegen einer Tabelle der Typ 'DECIMAL(8,2)' angegeben, so wird dieser Typ akzeptiert. Eine Abfrage über die Tabellenstruktur liefert als Typ für die entsprechende Spalte 'NUMBER(8,2)' zurück.

In Kapitel 2 sind Standard-Wertebereichstypen vorgestellt worden, die damit im konzeptionellen Datenmodell in der Attributsbeschreibung zu finden sind. Die folgenden Wertebereichstypen sind relativ direkt umzusetzen:

ZEICHEN

ZEICHEN(x) wird zu CHAR(x), wenn x ≤ 255. Bei 255 < x ≤ 2000 bietet sich die Umsetzung in VARCHAR(x) an, bei x > 2000 LONG VARCHAR.

In beiden letzteren Fällen ist als Randbedingung zu ergänzen, daß Zeichen kürzerer Länge mit Leerzeichen nach rechts aufgefüllt werden müssen. In den meisten Fällen wird aber x wohl kleiner oder gleich 255 sein.

VARZEICHEN

VARZEICHEN(x) wird zu VARCHAR(x), wenn x ≤ 2000, sonst LONG VARCHAR.

DEZIMAL

DEZIMAL(p, q) kann direkt in DECIMAL(p, q) oder NUMBER(p, q) umgesetzt werden.

GANZZAHL

GANZZAHL kann direkt in INTEGER oder NUMBER(*, 0) umgesetzt werden.

GLEIT-KOMMA GLEITKOMMA kann direkt in DOUBLE PRECISION oder NUMBER umgesetzt werden.

ZAHL ZAHL(x) kann direkt in NUMBER(x) umgesetzt werden.

DATUM/UHRZEIT DATUM/UHRZEIT kann direkt in DATE umgesetzt werden.

BYTES BYTES wird in RAW umgesetzt, wenn die Maximallänge kleiner als 256 ist. Ansonsten muß der Typ LONG RAW verwendet werden.

Ein Beispiel für die Verwendung und Umsetzung der Standard-Typen ist die Definition der folgenden ORACLE-Tabelle (Wertebereichs-Definition im Kommentar nach '--'):

```
create table MAIN.KUNDE
( KUNDENNR    integer not null,
              -- GANZZAHL, Muß-Feld
  VORNAME     varchar(25),
              -- VARZEICHEN(25), Kann-Feld
  NACHNAME    varchar(30) not null,
              -- VARZEICHEN(30), Muß-Feld
  KUNDE_SEIT  date not null,
              -- DATUM/UHRZEIT, Muß-Feld
  KONTOSTAND  decimal(10,2) not null,
              -- DEZIMAL( 10, 2 ), Muß-Feld
  ...
)
```

Bei den folgenden Standard-Wertebereichen gibt es keine direkte Entsprechung:

JA/NEIN ORACLE kennt keinen Typ für Wahrheitswerte oder Boolean's. Als Vorgehensweise ist anzuraten, den Typ JA/NEIN stets auf dieselbe Art und Weise umzusetzen. Vorschlag: Aus JA/NEIN wird ein CHAR(1) mit den möglichen Werten 'J' oder 'N'. Die Einschränkung auf diese beiden Werte ist als Randbedingung zu spezifizieren.

Mit Hilfe der CHECK-Klausel kann die Einhaltung der Randbedingung von ORACLE überprüft werden:

```
STAMMKUNDE  char(1) check( STAMMKUNDE in('J','N') ),
             -- JA/NEIN, Kann-Feld
```

Mit dieser Integritätsregel ist sichergestellt, daß das Feld nur drei mögliche Zustände besitzt: Es enthält 'J', 'N' oder keinen Wert. Da die Einhaltung dieser Regel vom Datenbanksystem überprüft wird, können Anwender oder Anwendungsprogramme keine anderen Werte in dieses Feld schreiben.

Für die Abfrage von Tabellen ist es besonders von Vorteil, eine standardisierte Umsetzung des JA/NEIN-Typs vorzunehmen. Ist die 'J'/'N'-Umsetzung allgemein bekannt, führt eine Abfrageklausel analog zum folgenden Beispiel zum korrekten Ergebnis:

```
-- Abfrage aller Stammkunden
select * from MAIN.KUNDE
  where STAMMKUNDE = 'J'
```

TAGES-DATUM

Im Datentyp DATE wird stets die Uhrzeit mitgespeichert. Der Wertebereichstyp TAGESDATUM kann in einen DATE-Typ umgesetzt werden, wenn als Randbedingung spezifiziert wird, daß der Uhrzeit-Teil immer auf 0:00:00 Uhr gesetzt wird. Auch diese Bedingung kann als Check-Regel programmiert werden:

```
LETZTER_BESUCH  date
 check( to_char(LETZTER_BESUCH,'HH24:MI:SS')='00:00:00'),
                -- TAGESDATUM, Kann-Feld
```

Wird diese Randbedingung nicht beachtet (also z.B. die obige Check-Regel nicht programmiert), so kann es bei der Anwendungsprogrammierung zu Schwierigkeiten kommen. Die folgende Abfrage liefert nur dann ein korrektes Ergebnis, wenn das Uhrzeit-Feld auf 0:00 Uhr gesetzt wird:[13]

```
-- Abfrage aller Kunden, die zuletzt am 17.1.96 zu
-- Besuch waren:
select * from MAIN.KUNDE
where LETZTER_BESUCH = '17.1.1996'
```

Der Uhrzeit-Teil des Vergleichswerts '17.1.1996' wird auf 0:00 gesetzt. Ist im Feld selbst jetzt eine andere Uhrzeit gespeichert, so wird der entsprechende Kunde nicht zurückgeliefert.

Diese Problematik besteht übrigens allgemein für den DATUM/UHRZEIT-Typ. Um z.B. alle Kunden zurückzuerhalten, die am 7.1.1996 Kunde geworden sind, müßte man die Abfrage wie folgt formulieren:

[13] Anmerkungen zur Schreibweise der Tagesdaten (hier: '17.1.1996') finden sich am Ende dieses Kapitels.

```
-- Abfrage aller Kunden, die (egal zu welcher Uhrzeit) am
-- 7.1.96 Kunde geworden sind:
select * from MAIN.KUNDE
where trunc(KUNDE_SEIT) = '7.1.1996'
```

Die Funktion TRUNC schneidet die Uhrzeit auf 0:00 Uhr ab.

UHRZEIT

Soll nur eine Uhrzeit gespeichert werden, so gibt es mehrere Alternativen für den Datentyp, in den UHRZEIT umgesetzt werden kann:

- Als DATE: Die Uhrzeit wird als DATE mit einem möglichst feststehenden Tagesdatum abgelegt. 15:02 Uhr und 10 Sekunden entspricht z.B. dem 1.1.1000, 15:02:10 Uhr.
- Als CHAR(8): Die Uhrzeit wird im Format HH:MI:SS in 8 Zeichen gespeichert, dabei stehen HH für die Stunde, MI für die Minute und SS für die Sekunde. 15:02 Uhr und 10 Sekunden wird z.B. als '15:02:10' abgelegt.
- Als INTEGER: Die Uhrzeit wird als Zahlenwert gespeichert, der die Sekunden seit 0:00:00 Uhr darstellt. 15:02 Uhr und 10 Sekunden entspricht also der Zahl 15 x 3600 + 2 x 60 + 10 = 54.130.

Von der Speicherung in mehreren Tabellenspalten (z.B. jeweils eine Spalte für Stunde, Minute und Sekunde) sollte man absehen, da Wartungsprobleme wahrscheinlich sind.

Alle drei Alternativen haben Vor- und Nachteile:

	DATE	CHAR	INTEGER
Check-Regel	einfach	komplex	einfach
Einfügen neuer Werte	relativ einfach	einfach	relativ einfach
Uhrzeitarithmetik	einfach	komplex	einfach
Ausgabeformatierung	einfach	einfach	komplex
Speicherung von Millisekunden	nicht möglich	möglich	möglich

An der Tabelle erkennt man, daß keine der drei Lösungen grundsätzlich zu favorisieren ist, sondern daß es insbesondere auf den Einsatz des UHRZEIT-Typs ankommt.

Details an einem Beispiel: Das Attribut STARTZEIT soll eine Uhrzeit speichern. Die Spaltendefinition des CREATE TABLE sieht bei den drei Alternativen wie folgt aus:

DATE

```
STARTZEIT date
check( trunc(STARTZEIT)=to_date('01.01.1000','dd.mm.yyyy'))
```

CHAR

```
STARTZEIT char(8)
check( substr(STARTZEIT, 3, 1) =':' and
       to_number(substr(STARTZEIT,1,2),'00') < 24 and
       substr(STARTZEIT, 6, 1) =':' and
       to_number(substr(STARTZEIT,4,2),'00') < 60 and
       to_number(substr(STARTZEIT,7,2),'00') < 60     )
```

INTEGER

```
STARTZEIT integer
check( STARTZEIT >= 0 and STARTZEIT < 86400 )
```

Besonders bei der CHAR-Alternative wird die Eingabeprüfung relativ viel Zeit in Anspruch nehmen, was sich in einer schlechten Performance zeigen kann. Außerdem können bei dieser Alternative unterschiedliche Fehlermeldungen bei Verstoß ('Check-Regel verletzt' oder 'ungültige Zahl') den Anwender bzw. Entwickler verwirren.

Beim Einfügen oder Ändern von Zeilen müssen für das STARTZEIT-Feld in den drei Alternativen die folgenden Ausdrücke angegeben werden (gewünschte Uhrzeit ist 15:02 Uhr und 10 Sekunden):

DATE

```
to_date( '01.01.1000/15:02:10' , 'dd.mm.yyyy/hh24:mi:ss' )
```

CHAR

```
'15:02:10'
```

INTEGER

```
15*3600 + 2*60 + 10
```

Das Rechnen mit der Uhrzeit (z.B. um eine Differenz zwischen Start- und Stopzeit zu erhalten) ist mit der DATE- und INTEGER-Lösung relativ einfach (DATE: ORACLE-Funktionen, INTEGER: normale Arithmetik). Bei der CHAR-Umsetzung muß eine aufwendige Zeichenkettenverarbeitung analog zur Check-Regel durchgeführt werden, um danach in Zahlen arbeiten zu können.

Auf der anderen Seite ist es für die INTEGER-Umsetzung relativ aufwendig, eine sinnvolle Darstellung der Uhrzeit zu selektieren. In SQL könnte man wie folgt vorgehen:

```
select to_char( STARTZEIT/3600, '00' )            || ':' ||
       to_char( mod(STARTZEIT,3600)/60, '00' ) || ':' ||
       to_char( mod(mod(STARTZEIT,3600),60), '00' )
from ...
```

Diese Ausdrücke sind relativ aufwendig zu programmieren. Wird die Uhrzeit hauptsächlich von Anwendungsprogrammen abgefragt und angezeigt, so sollte man die Umwandlung in eine 'sprechende' Uhrzeit in den Anwendungsprogrammen durchführen, um den Server zu entlasten.

Zusammengefaßt sollte man Stärken und Schwächen der drei Alternativen im gegebenen Anwendungsfall miteinander vergleichen, um sich für eine optimale Umsetzung des UHRZEIT-Typs zu entscheiden. Dabei fällt die DATE-Lösung dann aus, wenn echte Zeitstempel mit einer Genauigkeit bis auf den Milli- oder gar Mikrosekundenbereich gefordert sind.

3.1.2 Spezielle Wertebereichstypen

Die oben dargestellten Wertebereichstypen repräsentieren eine gewisse Standardmenge. Es ist relativ wahrscheinlich, daß daneben im Fachkonzept Wertebereiche definiert wurden, die nicht in diese einfachen Schemata passen.

Aufzählungstypen

Als Beispiel sei der Wertebereich für Spielerpositionen eines Bundesligamodells aus Kapitel 2 aufgegriffen. Es handelt sich dabei um einen sogenannten *Aufzählungstyp*. In dieser Art von Typ werden die gültigen Werte des Typs aufgezählt. Für die Spielposition sind dies die Werte:

Torwart	Abwehrspieler	Libero
Mittelfeldspieler	Stürmer	

Für diesen Aufzählungstyp bieten sich die folgenden technischen Umsetzungen an:

- Als VARCHAR: In der Tabelle werden die o.a. Werte als Originaltexte im Typ VARCHAR(17) abgelegt.
- Als CHAR(1): Für die obigen Werte wird einmalig ein Abkürzungsbuchstabe festgelegt, z.B. die Werte 'T', 'A', 'L', 'M', 'S' im Beispiel.
- Als INTEGER: Ähnlich wie bei der CHAR(1)-Umsetzung werden Zahlen für die Kodierung der möglichen Werte verwendet, im Beispiel die Zahlen 1 bis 5. Dies entspricht einer Durchnumerierung der möglichen Werte.

Die Spaltendefinitionen bei der Umsetzung in ORACLE sehen wie folgt aus:

VARCHAR

```
STAMMPOSITION  varchar(17)
          check( STAMMPOSITION in('Torwart',
                                  'Abwehrspieler',
                                  'Libero',
                                  'Mittelfeldspieler',
                                  'Stürmer')          )
```

CHAR(1)

```
STAMMPOSITION  char(1)
          check( STAMMPOSITION in('T','A','L','M','S') )
```

INTEGER

```
STAMMPOSITION  integer
          check( STAMMPOSITION BETWEEN 1 AND 5 )
```

Für die VARCHAR-Lösung spricht, daß bei einer direkten Abfrage über SQL sinnvolle Texte zurückgeliefert werden. Auf der anderen Seite werden unnötig viele Zeichen gespeichert, was sich in einiger Hinsicht negativ auf die Performance auswirken kann.

Die CHAR(1)- und die INTEGER-Speicherung benötigen signifikant weniger Speicher, liefern bei einem SELECT allerdings lediglich die Kodierung zurück. Diesen Nachteil kann man durch die DECODE-Funktion neutralisieren. So liefert der folgende SELECT die Originalbezeichnungen zurück (hier für die CHAR-Kodierung, für die INTEGER-Lösung ist das DECODE analog umzuformulieren):

```
SELECT ..., DECODE( SPIELERPOSITION,
                    'T', 'Torwart',
                    'A', 'Abwehrspieler',
                    'L', 'Libero',
                    'M', 'Mittelfeldspieler',
                    'S', 'Stürmer'            )
FROM LIGA.SPIELER
...
```

Legt man eine Sicht auf die Spielertabelle an, die dieses SELECT verwendet (Thema folgt noch), so erhält ein Endbenutzer beim Arbeiten mit dieser Sicht grundsätzlich die Originaltexte.

Kein Vorteil ohne Nachteil: Das Einfügen neuer bzw. das Ändern bestehender Zeilen setzt die korrekte Kodierung voraus. Hierfür müssen entsprechende Programme zusätzlich Aufwand betreiben und vor allem korrekt arbeiten.

Die grobe Design-Entscheidung ist also die Wahl zwischen Speicherung der Originaltexte und Kodierung durch CHAR bzw. INTEGER. Entscheidet man sich für die Kodierung, so sollte man dann zur INTEGER Kodierung tendierten, wenn die Anzahl unterschiedlicher Werte relativ groß ist (mehr als 5 bis 10); für die Programmierung ist die Kodierung durch ganze Zahlen einfacher, weil dafür z.B. entsprechend indizierte Arrays benutzt werden können.

Aggregatstypen

Ein weiterer Fall von besonderen Wertebereichstypen liegt vor, wenn sich der Typ aus mehreren Teilkomponenten zusammensetzt. Ein derartiger Typ wird auch *Aggregatstyp* genannt.

Ein Aggregat ist z.B. der Typ PUNKT, der für die Speicherung grafischer Informationen wie folgt festgelegt sein könnte:

Abb. 3-2

```
WERTEBEREICHSTYP-DEFINITION

NAME            PUNKT

BESCHREIBUNG
Der Wertebereichstyp Punkt besteht aus zwei Koordinaten: X- und Y-
Koordinate.

WERTEVORRAT
X- und Y-Koordinaten werden als ganze Zahlen abgelegt.
Bereich für die X-Koordinate: Minimum 0, Maximum 1000.
Bereich für die Y-Koordinate: Minimum -1000, Maximum 1000.
```

Eine mögliche Umsetzung liegt relativ nahe: Der eine Wertebereichstyp PUNKT wird in zwei Datentypen INTEGER umgesetzt. Befindet sich in einer fachlichen Konzeption z.B. ein Entity-Attribut 'Startpunkt' mit dem o.a. Wertebereich, so sieht bei dieser Umsetzung die Spaltendefinition der Tabelle wie folgt aus:

```
STARTPUNKT_X  integer
              check( STARTPUNKT_X between 0 and 1000),
STARTPUNKT_Y  integer
              check( STARTPUNKT_Y between -1000 and 1000)
```

Andere Umsetzungen, z.B. eine Kodierung in <u>einem</u> Datentyp, dürften sich als nicht praktikabel erweisen. Es ist relativ wahrscheinlich, daß bei der Verarbeitung auf X- bzw. Y-Koordinate getrennt zugegriffen wird und daß mit beiden Spalten arithmetische Operationen durchgeführt werden. Aus Performance-Gesichtspunkten sollten also beide Elemente als Zahl direkt zur Verfügung stehen.

Wichtig bei der Umsetzung in mehrere Tabellenspalten ist die Tatsache, daß mehrere Spalten für ein (konzeptionelles) Attribut stehen und nicht völlig getrennt voneinander verarbeitet werden dürfen. Es wäre z.B. ein Fehler, wenn beim Nullsetzen des Startpunkts nur eine Koordinate auf Null gesetzt würde.

Rein dokumentatorisch erkennt man die Zusammengehörigkeit im Beispiel an der (empfehlenswerten) Namensgebung: Alle beteiligten Spalten erhalten einen identischen Namenspräfix.

Daß eine Umsetzung in mehrere Tabellenspalten nicht immer die günstigste Form für einen Aggregatstyp ist, erkennt man am folgenden Beispiel:[14]

Abb. 3-3

```
WERTEBEREICHSTYP-DEFINITION

NAME            ISBN

BESCHREIBUNG
Eine ISBN ist eine Zeichenkette mit 13 Stellen mit dem folgenden Aufbau:
                a-bcd-efghi-p     z.B. 3-528-15210-9
Dabei sind a bis i Dezimalziffern. Die Einzelkomponenten stehen für die
folgenden Informationen:
a               steht für das Land
bcd             steht für den Verlag
efghi           steht für eine vom Verlag vergebene Nummer der Publika-
                tion
Die letzte Stelle, p, ist eine Prüfziffer, die nach modulo 11 Verfahren
gebildet wird, also
p = (a + 2b + 3c + 4d + 5e + 6f + 7g + 8h + 9i) modulo 11
Ist p 10, so erhält p den Wert 'X'.
```

Die Komponenten dieses Typs bilden zusammen eine Nummer, die durch eine Prüfziffer ergänzt wird. Dieser Fall kommt relativ häufig vor, schützt eine Prüfziffer doch recht gut vor Eingabefehlern.

Die Entscheidung für die technische Realisierung ist nicht einfach und hängt vom Einsatzbereich dieses Wertebereichstyps ab. Grob betrachtet ergeben sich zunächst zwei Realisierungsalternativen:

- *Umsetzung in einer Spalte*

  Die ISBN wird in einer Spalte als CHAR(13) abgelegt.
- *Umsetzung in n Spalten*

  Für jede Komponente wird eine eigene Spalte definiert.

Beide Alternativen haben Vor- und Nachteile.

eine Spalte

```
BUCHNUMMER CHAR(13)
```

[14] In Wirklichkeit ist die Regel für die Bildung der ISBN etwas komplexer.

So einfach die obige Umsetzung aussieht, um so mehr wird man im praktischen Einsatz die CHECK-Klausel vermissen, die bei den vorigen Spaltendeklarationen kodiert wurde. Nicht daß sie nicht kodierbar wäre; die Klausel würde nur einen zwei- bis dreifachen Umfang der entsprechenden Klausel im Uhrzeit-Beispiel einnehmen (s.o.) und wäre unpraktikabel.

Die Integritätssicherung muß also entweder fallengelassen werden (das ist durchaus legitim, wenn der ISBN keine allzu wichtige Rolle zufällt) oder grundsätzlich durch die Programme gewährleistet werden, die Änderungen in der Datenbank vornehmen.

Ein zweiter Nachteil tritt dann auf, wenn in demjenigen Entity, in dem ein Attribut des Typs ISBN aufgenommen wird, der entsprechende Verlag als weitere Information benötigt wird. Dieser kann als weiteres beschreibendes Attribut im oder als Beziehung zum Entity modelliert werden. In beiden Fällen ist die Komponente 'Verlagsnummer' in der ISBN problematisch. Entweder sie verursacht einen Verstoß gegen die 2NF (weil der Verlag eindeutig aus der Verlagsnummer folgt) oder sie ist redundant (weil die Beziehung zum Verlag diesen bereits festlegt). Analoge Überlegungen kann man übrigens zur Landes- bzw. Publikationsnummer anstellen.

n Spalten

```
BUCHNUMMER_LAND            number(1,0)
  check( BUCHNUMMER_LAND >= 0 ),
BUCHNUMMER_VERLAG          number(3,0)
  check( BUCHNUMMER_VERLAG > 0 ),
BUCHNUMMER_PUBLIKATION  number(5,0)
  check( BUCHNUMMER_PUBLIKATION > 0 )
```

In diesem technischen Entwurf sind die drei ersten Komponenten der ISBN als eigenständige Spalten aufgenommen worden. Dies entspricht der Umsetzung des ersten Aggregatsbeispiels PUNKT. Es fällt auf, daß die Prüfziffer nicht aufgenommen wurde. Die Prüfziffer ist ein berechnetes abgeleitetes Attribut (darüber wurde in Kapitel 2 bereits diskutiert). Außer ihr ist die gesamte ISBN ein weiteres abgeleitetes Attribut. Mit der Verfahrensweise für diese Attributsart werden wir uns später gesondert beschäftigen.

Bei diesem Tabellenaufbau kann auf jede Komponente einzeln zugegriffen werden. Wird eine Beziehung zum Verlag benötigt, so kann 'BUCHNUMMER_LAND' zusammen mit 'BUCHNUMMER_VERLAG' als Fremdschlüssel benutzt werden, sofern sich der bisher modellierte Primärschlüssel von 'Verlag' aus der ISBN-Festlegung ableitete. Eventuell ist es sogar nötig, im nachhinein das Fachkonzept zu überarbeiten und diese beiden Attribute zum Primärschlüssel werden zu lassen.

Als Nachteil gegenüber der Lösung mit einer Spalte ergibt sich der zusätzlich benötigte Aufwand, um die Original-ISBN aus den drei Tabellenspalten abzufragen. Für Queries ist dafür zusätzliche Programmiertätigkeit vorzusehen.

Welche dieser beiden Realisierungsalternativen ist die bessere? Die Beantwortung dieser Frage hängt von der Verwendung des Wertebereichstyps ab. Wird das Aggregat nur als beschreibendes Element mit untergeordneter Bedeutung benötigt, wird auf die Teilkomponenten selten oder gar nicht einzeln zugegriffen und bestehen keine Entity-Typen für die Teilkomponenten (wie 'Verlag' beim ISBN-Beispiel), so spricht vieles für die Umsetzung in einer Spalte (insbesondere der Performance-Aspekt). Ansonsten ist eine Umsetzung in n Spalten vorzunehmen.

3.1.3 Prinzipien für die Umsetzung der Attributstypen

- **Dokumentieren**

  Alle nicht-trivialen Umsetzungen von fachlichen Wertebereichstypen in ORACLE-Spaltentypen müssen vollständig dokumentiert werden. Diese Dokumentation ist Bestandteil des technischen Entwurfs.

- **Stringent umsetzen**

  Die Umsetzung eines Wertebereichstyps muß an allen Stellen des gesamten technischen Datenmodells auf dieselbe Art und Weise erfolgen. Ein Uhrzeit-Typ darf z.B. nicht in einer Tabelle als CHAR und in einer anderen als DATE umgesetzt werden. Dies verhindert den direkten Vergleich beider Tabellen in Abfragen und führt zu Wartungsproblemen.

- **Aggregate kennzeichnen**

  Aus Wartbarkeitsgründen sind Aggregatstypen mit n Spalten durch einen gemeinsamen Namenspräfix zu kennzeichnen.

- **Abgeleitete Attribute dokumentieren**

  Die Bestimmung abgeleiteter Attribute ist auch im technischen Konzept zu dokumentieren. An dieser Stelle kann bereits die Berechungsformel in PL/SQL formuliert werden. Damit kann jederzeit entschieden werden, ob abgeleitete Attribute aufgenommen werden oder nicht.

- **Integritätsregeln dokumentieren**

  Alle Integritätsregeln sind technisch umgesetzt zu dokumentieren. Für die Attributs- und Zeilenregeln ist die entsprechende CHECK-Klausel festzuhalten, wenn sie formulierbar ist. Ansonsten ist die entsprechende Regel in PL/SQL umzusetzen. Ist auch dies nicht möglich, so ist die Regel als Prosatext festzuhalten.

- **Performance berücksichtigen**

  Beim technischen Entwurf kommt es besonders auf die Leistungsfähigkeit der Lösung an. Ziehen Sie insbesondere die Performance-Unterschiede bei Alternativen in Betracht.

3.1.4 Primärschlüssel

Die Definition von Primärschlüsseln ist elementarer Bestandteil des konzeptionellen Datenmodells. ORACLE unterstützt die Definition von Primärschlüsseln für Tabellen. Bei jeder Manipulation wird überprüft, ob diese die Primärschlüsselintegrität verletzt. Ist dies der Fall, wird die entsprechende Operation mit Fehlermeldung abgelehnt.

Folgende Einschränkungen gelten für die Definition von Primärschlüsseln:

- Ein Primärschlüssel darf aus maximal 16 Spalten bestehen.
- Jede Primärschlüsselspalte muß ein Muß-Feld sein.
- Eine Primärschlüsselspalte darf nicht vom Typ LONG oder LONG RAW sein.
- Ein Primärschlüssel darf weder als Alternativ- noch als Cluster-Schlüssel definiert werden (Vorgriff).

Führt das Fachkonzept zu einem Verstoß gegen einen dieser Punkte, so sollte es möglichst überarbeitet werden. Ein in diesem Punkt konformes konzeptionelles Datenmodell ist für die Wartbarkeit ungemein wichtig.

Deklaration

Primärschlüssel werden beim Tabellenaufbau (oder im nachhinein mit der ALTER TABLE-Anweisung) durch die PRIMARY KEY-Klausel definiert. Die Relation 'Mannschaft' aus Abb. 2-48 kann wie folgt in eine Tabelle überführt werden:

```
create table LIGA.MANNSCHAFT
( VEREINS_KUERZEL   varchar(6) not null,
  MANNSCHAFTSNUMMER integer    not null,
  NAME              varchar(40),
  KAPITAEN          varchar(8),
  primary key( VEREINS_KUERZEL, MANNSCHAFTSNUMMER ),
  -- weitere Integritaetsregeln
  ...
)
```

In diesem Fall besteht der Primärschlüssel aus zwei Spalten.

Die Definition eines Primärschlüssels führt intern zu den folgenden Aktionen:

- Der Integritätsregel (Primärschlüssel sind Integritätsregeln) wird ein eindeutiger Name vergeben.[15] Dieser Name wird *Constraint-Name* genannt und erscheint bei Fehlermeldungen.
- Für den Primärschlüssel wird ein Index angelegt, mit dem ORACLE schnell auf die gespeicherten Primärschlüsselwerte zugreifen kann.

Je mehr Bytes der Primärschlüssel bei der Speicherung benötigt, um so langsamer wird der entsprechende Index, mit dem ORACLE intern arbeitet. So führt eine Primärschlüsselbreite von z.B. 300 Bytes bei sehr großen Tabellen sicher zu Performance-Einbußen.

Schlüsselkandidaten

Bezüglich des konzeptionellen Datenmodells wurde bereits die Festlegung von Schlüsselkanditaten diskutiert. Schlüsselkandidaten sind wie Primärschlüssel eindeutige Attributsmengen, die zur Identifizierung benutzt werden können. In dieser Festlegung steckt bereits eine weitere Integritätsregel: Werte eines Schlüsselkandidaten dürfen in Tabellen nicht mehrfach vorkommen.

Alternativschlüssel, also Schlüsselkandidaten, die nicht als Primärschlüssel ausgewählt wurden, können in ORACLE zur Integritätssicherung angegeben werden. Beispiel:

```
create table AAB.MITARBEITER
( PERSONALNR  number(8,0)  not null,
  VORNAME     varchar(20)  not null,
  NACHNAME    varchar(35)  not null,
  SOZ_VERS_NR varchar(25),
  ...
  primary key( PERSONALNR ),
  unique( SOZ_VERS_NR ),
  ...
)
```

In diesem Fall ist die Sozialversicherungsnummer als Alternativschlüssel definiert worden. Jeder Versuch, der dazu führen würde, daß zwei identische Sozialversicherungsnummern abgelegt würden, wird von ORACLE mit einer Fehlermeldung abgelehnt. Korrekterweise muß angefügt werden, daß die Nummer im produktiven Einsatz den Anforderungen eines Alternativschlüssels nicht ganz genügen kann: Sie ist als

[15] Alternativ kann man den Namen selbst vergeben. Im obigen Beispiel könnte die PRIMARY KEY-Klausel z.B. wie folgt kodiert werden:

constraint PK_MANNSCHAFT primary key(VEREINS_KUERZEL,
MANNSCHAFTSNUMMER)

Kann-Feld definiert (fehlendes 'not null') und kann für mehrere Mitarbeiter leer sein. Dies führt nicht zu einem Verstoß gegen die 'unique'-Regel (wie bei anderen Datenbanksystemen).

Concurrency

Kommen wir auf den Primärschlüssel des Mitarbeiter-Beispiels zurück: Er ist als Nummer definiert und muß im praktischen Einsatz für neue Mitarbeiter als noch nicht vorhandene Nummer vergeben werden. Ein Programm, mit dem neue Mitarbeiter angelegt werden, muß also zunächst eine noch nicht vorhandene Nummer bestimmen und danach mit dieser Nummer einen INSERT-Befehl absetzen.

Dies kann zum folgenden Problem führen: Wenn zwei Programme gleichzeitig nach einer noch nicht vorhandenen Nummer suchen, so werden sie wahrscheinlich die gleiche Nummer bestimmen. Danach werden beide Programme einen INSERT auf die MITARBEITER-Tabelle absetzen, der den gleichen Primärschlüssel setzt. Folge: Eines der beiden Programme ist 'Verlierer' und bekommt die Fehlermeldung zurück, daß der Primärschlüsselwert bereits existiert.

Sequence

Diesem Konkurrenz-Problem (engl. *concurrency problem*) kann man unter ORACLE aus dem Weg gehen, wenn sich der Primärschlüssel aus einem INTEGER bildet. Für diesen Fall bietet ORACLE die Möglichkeit an, eine sogenannte *Sequenz* anzulegen (engl. *sequence*). Eine Sequenz ist ein INTEGER-Lieferant, der zwei unterschiedlichen Anwendungen sicher unterschiedliche 'neue' Zahlen zurückliefert, auch wenn diese die Zahl quasi gleichzeitig anfordern.

Gesetzt der Fall, es soll eine Sequenz für die Mitarbeiter-Tabelle angelegt werden. Die kleinste Nummer soll '10000000' sein, und es soll mit dieser Nummer begonnen werden. Die Sequenz kann wie folgt angelegt werden:

```
create sequence AAB.PERSONALNUMMER_SEQ
  increment by 1
  start with 10000000
  maxvalue   99999999
```

Die nächste Nummer wird durch den Ausdruck *sequenz.NEXTVAL* abgefragt. Diese Nummer ist auf jeden Fall im Gesamtsystem eindeutig. Will ein Anwendungsprogramm diese Nummer abfragen und anzeigen, so liefert der folgende SELECT den entsprechenden Wert:

```
select AAB.PERSONALNUMMER_SEQ.nextval from dual
```

Die Nummer kann aber auch (alternativ!) direkt beim INSERT eingesetzt werden:

```
insert into AAB.MITARBEITER
       values( AAB.PERSONALNUMMER_SEQ.nextval,
               'Heinz',
               'Müller',
               ...                              )
```

Die zuletzt zurückgelieferte ('aktuelle') Nummer kann übrigens mit dem Ausdruck *sequence.CURRVAL* abgefragt werden.

Man beachte, daß Sequenzen keinen direkten Bezug zu normalen Tabellen besitzen. Sie sind lediglich ein Nummernlieferant, ohne sich darum zu kümmern, wozu die Nummern verwendet werden. So kann man eine Sequenz als Lieferant für beliebig viele Tabellen verwenden, wenn Lücken im Nummernkreis einer Tabelle nicht stören.

ROWID

ORACLE selbst arbeitet intern mit einem weiteren, rein technischen Primärschlüssel für jede Tabelle. Dies ist für das Datenbanksystem vor allem deshalb notwendig, weil man auch Tabellen ohne Primärschlüssel anlegen kann. Dieses virtuelle Feld wird *Row-Id* (Zeilen-Id) genannt.

Dem Anwender wird die Row-Id durch die Festlegung zur Verfügung gestellt, daß jede ORACLE-Tabelle ein virtuelles Feld ROWID erhält, das selektiert werden kann. Mit dem folgenden SELECT kann so z.B. die Row-Id und der Primärschlüssel aus der Mitarbeiter-Tabelle selektiert werden:

```
select rowid, PERSONALNUMMER
  from AAB.MITARBEITER


ROWID              PERSONALNUMMER
------------------ --------------
00000021.0000.0006       10000007
00000021.0001.0006       10000018
00000021.0002.0006       10000024
00000021.0003.0006       10000040
00000021.0004.0006       10000077
00000021.0005.0006       10000078
00000021.0006.0006       10000094
00000021.0013.0006       10009999
...
```

Die Row-Id ist vom Typ ROWID, das Schlüsselwort wird also (leider) in zwei Kontexten verwendet (als Feldname und als Typbezeichner). Der Aufbau der Row-Id spiegelt die physikalische Speicheradresse wider, sie besteht aus Dateinummer, Blocknummer innerhalb der Datei und

Zeilennummer innerhalb des Blocks in der Reihenfolge Block, Zeile und Datei.

Ist man auf der Suche nach einem möglichst performanten Primärschlüssel, so könnte man vielleicht der Idee verfallen, die Row-Id direkt auch als Primärschlüssel zu verwenden. Diese Idee sollte man schnell fallen lassen. Die Row-Id beinhaltet die physikalische Speicheradresse, ändert also ihren Wert z.B. nach einer Reorganisation. Und einen Primärschlüssel, der seinen Wert 'automatisch' ändert, kann man nicht als solchen verwenden.

Trotzdem ist die Row-Id praktisch und sinnvoll. Schreibt man z.B. eine Validierungsroutine, die Zeilen mit falschem Inhalt in eine Verstoßtabelle schreiben soll, so kann sie die Row-Id einer verstoßenden Zeile als eindeutigen Identifikator verwenden. Mit dieser Row-Id kann die echte Zeile bestimmt werden. In der Tat arbeiten die Prüfroutinen für das Aktivieren von Integritätsregeln unter ORACLE nach diesem Muster.

Mit der Umsetzung der Attributstypen und der Festlegung des Primärschlüssels ist die 1:1-Umsetzung von konzeptionellen Relationen in ORACLE-Tabellen zum größten Teil beschrieben. Es fehlen allerdings noch zwei Bereiche, mit denen man sich befassen muß. Zum einen fehlt noch eine möglichst korrekte Umsetzung der Fremdschlüsselbeziehungen, darauf wird beim Thema 'Integritätsregeln' eingegangen. Zum anderen bereiten Sub- und Supertypen Probleme bei der Umsetzung, weil dieses Vererbungskonzept nicht von relationalen Datenbanken unterstützt wird.

3.1.5 Sub- und Supertypen

In Kapitel 2 wurden Sub- und Supertypen als sinnvolles und teilweise sogar notwendiges Modellierungsinstrument vorgestellt.

Im Beispiel in Abb. 3-4 finden sich drei Entity-Typen, die eine Objekthierarchie bilden. 'Dienstleitung' und 'Artikel' sind aus dem Objekt 'Leistung' abgeleitet, weil sie gemeinsame Attribute und eine gemeinsame Beziehung besitzen. Eine zu fakturierende Leistung ist entweder eine Dienstleistung oder ein gelieferter Artikel. Ein Artikel wird von maximal einem Lieferanten geliefert, der auch mehrere Artikel liefern kann.

Abb. 3-4

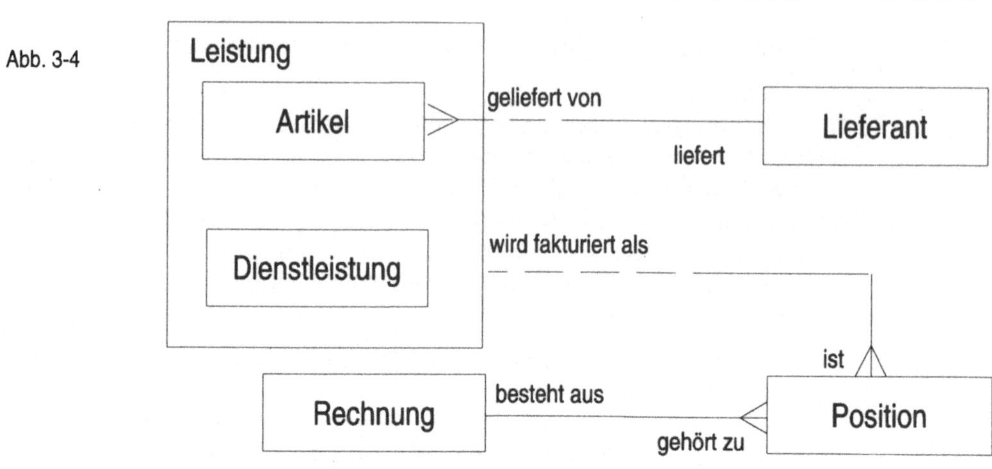

Die Entity-Typen, die an der Vererbung beteiligt sind, besitzen die folgenden Attribute (verkürzte Dokumentation):

Abb. 3-5

```
ENTITY-DEFINITION

NAME             Leistung                         Subtyp von ./.
ATTRIBUTE
Leistungsnummer ZAHL(8),          Muß-Feld, Primärschlüssel
Bezeichnung      VARZEICHEN(40), Muß-Feld
Preis            DEZIMAL(6,2),    Kann-Feld
Einheit          VARZEICHEN(4),   Muß-Feld
Mindestmenge     GANZZAHL,        Kann-Feld

NAME             Artikel                          Subtyp von Leistung
ATTRIBUTE
(Leistungsnummer)
(Bezeichnung)
(Preis)
(Mindestmenge)
Einkaufspreis    DEZIMAL(6,2),    Muß-Feld
Lagermenge       GANZZAHL,        Kann-Feld
```

```
NAME               Dienstleistung              Subtyp von Leistung
ATTRIBUTE
(Leistungsnummer)
(Bezeichnung)
(Preis)
(Mindestmenge)
Tätigkeitsfeld     VARZEICHEN(40), Kann-Feld
Aufwandsgrad       steht für den „Aufwand" der Dienstleistung, Bereich „1"
                   für „anspruchslos" bis „10" für „äußerst aufwendig",
                   Muß-Feld
```

Um eine Hierarchie von Super- und n Subtypen in flache Relationen umzusetzen, gibt es drei Alternativen:

I. Alle Entity-Typen werden in eine Relation überführt.

II. Die Subtypen werden in n Relationen überführt, die die Eigenschaften des Supertyps aufnehmen.

III. Der Supertyp wird in eine eigene Relation überführt, die Subtypen in insgesamt n Relationen.

Im Detail:

Eine Relation

Bei der Umsetzung in eine Relation werden alle Attribute des Supertyps und alle Attribute aller Subtypen einer Gesamtrelation zugeordnet.

Im Beispiel sieht eine Tabellendefinition wie folgt aus (auf die entsprechenden CHECK-Klauseln wird aus Übersichtlichkeitsgründen hier verzichtet):

```
create table AAB.LEISTUNG
( LEISTUNGSNUMMER number(8,0)  not null,
  BEZEICHNUNG     varchar(40)  not null,
  PREIS           DECIMAL(6,2),
  EINHEIT         varchar(4)   not null,
  MINDESTMENGE    INTEGER,
  SUBTYP          CHAR(1)      not null,
  -- für SUBTYP='A', also ARTIKEL
  EINKAUFSPREIS   DECIMAL(6,2), -- not null
  LAGERMENGE      INTEGER,
  -- für SUBTYP='D', also DIENSTLEISTUNG
  TAET_FELD       VARCHAR(40),
  AUFWANDS_GRAD   INTEGER,      -- not null
  --
  primary key(LEISTUNGSNUMMER)
)
```

Die Unterscheidung, von welchem Subtyp eine Zeile der Tabelle ist, wird durch einen Identifikator gesteuert. Dieser Identifikator, im Beispiel 'SUBTYP', kodiert mit festgelegten Werten die unterschiedlichen Subtyp-Bezeichner. Wird eine neue Zeile in der Tabelle angelegt, so werden alle Supertyp-Attribute und die Attribute desjenigen Subtyps gefüllt, von dem die Zeile ist. Zusätzlich wird der Identifikator auf den entsprechenden Kode gesetzt.

In Abfragen wird ebenfalls der Identifikator verwendet. Um z.B. alle relevanten Attribute aller Artikel zu selektieren, arbeitet man mit der folgenden SELECT-Anweisung:

```
select LEISTUNGSNUMMER, BEZEICHNUNG, PREIS, EINHEIT,
       MINDESTMENGE, EINKAUFSPREIS, LAGERMENGE
from AAB.LEISTUNG
where SUBTYP='A'
```

Da eine Leistung im Beispiel immer ein Artikel oder eine Dienstleistung ist, ist der Subtyp-Identifikator als Muß-Feld mit 'NOT NULL' definiert worden. Bei Supertypen, die auch Objekte zulassen, die keine Subtyp-Spezialisierung besitzen, wird dieses Feld zum Kann-Feld.

Es fällt auf, daß für die Subtyp-Attribute ein Muß-Feld nicht mehr einfach mit 'NOT NULL' definiert werden kann. Wäre z.B. der Einkaufspreis als Muß-Feld definiert, so könnten keine Dienstleistungen aufgenommen werden. In ihnen fehlt ein Einkaufspreis. Da man nicht auf eine Integritätsprüfung verzichten sollte, muß man die 'Muß'-Regel als CHECK-Klausel umformulieren. Für den Einkaufspreis im Beispiel sieht eine Lösung wie folgt aus:

```
create table AAB.LEISTUNG
( ...
  EINKAUFSPREIS  DECIMAL(6,2)
     check( SUBTYP<>'A' or EINKAUFSPREIS is not null),[16]
  ...
)
```

Diese Regel ist analog für 'Aufwandsgrad' einer Dienstleistung zu kodieren.

n Relationen

Bei der Umsetzung einer Super-/Subtyp-Modellierung in n Relationen entsteht eine Tabelle pro Subtyp. Jede dieser Tabellen erhält die Attribute des Supertyps.

Im Beispiel:

---

[16] Wäre SUBTYP ein kann-Feld, so müßte die Klausel lauten:
check(SUBTYP is null or SUBTYP<>'A' or EINKAUFSPREIS is not null)

```
create table AAB.ARTIKEL
( LEISTUNGSNUMMER number(8,0)  not null,
  BEZEICHNUNG     varchar(40)  not null,
  PREIS           DECIMAL(6,2),
  EINHEIT         varchar(4)   not null,
  MINDESTMENGE    INTEGER,
  --
  EINKAUFSPREIS   DECIMAL(6,2) not null,
  LAGERMENGE      INTEGER,
  primary key(LEISTUNGSNUMMER)
)
create table AAB.DIENSTLEISTUNG
( LEISTUNGSNUMMER number(8,0)  not null,
  BEZEICHNUNG     varchar(40)  not null,
  PREIS           DECIMAL(6,2),
  EINHEIT         varchar(4)   not null,
  MINDESTMENGE    INTEGER,
  --
  TAET_FELD       VARCHAR(40),
  AUFWANDS_GRAD   INTEGER      not null,
  primary key(LEISTUNGSNUMMER)
)
```

Beim Einfügen muß eine Zeile in diejenige Tabelle wandern, deren Typ sie entspricht. Problematisch ist dabei die Vergabe des Primärschlüssels. Ohne Programmierung kann die ORACLE-Datenbank nicht prüfen, ob eine Leistungsnummer sowohl in der Artikel- als auch in der Dienstleistungstabelle vorkommt. Dieser Fall ist aber ein Verstoß gegen die Integrität der Datenbank.

Eine Abfrage z.B. aller Artikel ist bei dieser Umsetzung trivial:

```
select * from AAB.ARTIKEL
```

Auch bereiten die Attributsregeln wie 'NOT NULL' keine außergewöhnlichen Schwierigkeiten.

n+1-Relationen

Die Umsetzung in n+1-Relationen entspricht der Standard-Vorgehensweise in Kapitel 2. Sowohl aus dem Supertyp als auch aus den Subtypen wird jeweils eine eigene Tabelle.

Auch hier das Beispiel:

```
create table AAB.LEISTUNG
( LEISTUNGSNUMMER number(8,0)  not null,
  BEZEICHNUNG     varchar(40)  not null,
  PREIS           DECIMAL(6,2),
  EINHEIT         varchar(4)   not null,
  MINDESTMENGE    INTEGER,
  primary key(LEISTUNGSNUMMER)
)
create table AAB.ARTIKEL
( LEISTUNGSNUMMER number(8,0)  not null,
  EINKAUFSPREIS   DECIMAL(6,2) not null,
  LAGERMENGE      INTEGER,
  primary key(LEISTUNGSNUMMER),
  foreign key(LEISTUNGSNUMMER)
          references AAB.LEISTUNG on delete cascade
)
create table AAB.DIENSTLEISTUNG
( LEISTUNGSNUMMER number(8,0)  not null,
  TAET_FELD       VARCHAR(40),
  AUFWANDS_GRAD   INTEGER      not null,
  primary key(LEISTUNGSNUMMER),
  foreign key(LEISTUNGSNUMMER)
          references AAB.LEISTUNG on delete cascade
)
```

Die 'FOREIGN KEY'-Klausel der Subtyp-Tabellen legt eine 1:1-Beziehung zur Supertyp-Tabelle fest, die von ORACLE geprüft wird. Dabei ist das kaskadierende Löschen als Regel verankert: Wird eine Leistung aus der Leistungstabelle gelöscht, so wird der zugehörige Eintrag in der entsprechenden Subtyp-Tabelle automatisch mitgelöscht.

Ein Anlegen einer neuen Leistung bedeutet bei diesem Entwurf, zwei INSERT-Anweisungen durchzuführen. Zunächst muß der allgemeine Teil als Leistungszeile, danach die spezialisierten Attribute in der korrekten Subtyp-Tabelle angelegt werden. Dabei ist auf einen identischen Primärschlüssel zu achten.

Abfragen werden leider auch etwas aufwendiger. Um alle Attribute eines Subtyps zu erhalten, muß die entsprechende Tabelle mit der Supertyp-Tabelle gekreuzt werden:

```
select LEISTUNG.LEISTUNGSNUMMER, BEZEICHNUNG, PREIS,
       EINHEIT, MINDESTMENGE, EINKAUFSPREIS, LAGERMENGE
from AAB.LEISTUNG, AAB.ARTIKEL
where LEISTUNG.LEISTUNGSNUMMER = ARTIKEL.LEISTUNGSNUMMER
```

(Kleiner Vorgriff: Man sollte darauf achten, daß wie im Beispiel die kleinere Subtyp-Tabelle in der FROM-Klausel hinten steht, damit die Abfrage auch beim regelbasierten Optimizer möglichst performant ist.)

Vergleich

Bei Alternativen stellt sich wie immer die Frage nach der günstigsten Möglichkeit. Auch bei der Umsetzung von Typ-Hierarchien kann diese Frage nicht allgemein beantwortet werden. Die drei gezeigten Alternativen haben eigene Vor- und Nachteile, die man mit dem Einsatzumfeld abgleichen muß, um eine Entwurfsentscheidung zu treffen.

Um Eckpunkte für eine derartige Entscheidung zur Verfügung zu stellen, werden die Realisierungsalternativen in der folgenden Tabelle kurz verglichen:

	eine Relation	*n Relationen*	*n+1 Relationen*
häufige Abfragen	leichter Systemaufwand durch Auswertung des Typ-Identifikators (eventuell indizieren)	am günstigsten	relativ hoher Systemaufwand durch das Kreuzen der Tabellen
häufiges Einfügen	geringer Systemaufwand, eventuell kosten CHECK-Klauseln Performance	am günstigsten, wenn die Primärschlüssel-Integrität über alle Tabellen nicht geprüft wird, sonst relativ aufwendig	mehrere INSERT-Anweisungen für ein Objekt notwendig, kostet eventuell Nachrichten-Overhead im Netz, sonst unkritisch
Plattenspeicher	die vielen Leerfelder kosten Längenbytes	optimal	Primärschlüssel kosten Daten- und vor allem Indexplatz
Supertyp allein	speicherbar (Identifikator = NULL)	nicht speicherbar	speicherbar (in Supertyp-Tabelle)
mehrere Subtypen gleichzeitig[17]	führt zu extrem hohem Programmieraufwand, geht zu Lasten der Integrität	speicherbar, allerdings hohe Redundanz und damit Integritätsprobleme!	speicherbar (in Super- und mehreren Sub-Tabellen unter gleichem Primärschlüssel)

[17] wenn z.B. gemäß konzeptionellem Datenmodell erlaubt ist, daß eine Person (Supertyp) sowohl Mitarbeiter (Subtyp 1) als auch Kunde (Subtyp 2) sein darf

	eine Relation	*n Relationen*	*n+1 Relationen*
Integritäts-sicherung	Attributsregeln können unhandlich werden	Primärschlüssel-Integrität schwer zu definieren	optimal
fremde Beziehungen zum Subtyp	nicht korrekt definierbar	definierbar	definierbar
fremde Beziehungen zum Supertyp	definierbar	nicht definierbar	definierbar
Komplexität	gering (eine Tabelle)	relativ hoch (die Tabellen gehören zusammen)	hoch (die Tabellen gehören zusammen und bilden eine Hierarchie)
Kompliziertheit	hoch (Subtyp-Feld steuert gültige Attribute)	gering (klare Umsetzung)	gering (klare Umsetzung)

Zusammenfassend läßt sich festhalten, daß die n+1-Umsetzung für alle Konstellationen die beste Integritätssicherung bietet, aber eine im Vergleich schlechte Performance mit sich bringt, vor allem, wenn viele Abfragen über die Datenbank laufen. Besitzt der Supertyp keine eigenen Ausprägungen und ist er für keine Beziehung das Eltern-Objekt, so ist wahrscheinlich die n-Umsetzung optimal. Die Umsetzung in einer Relation kommt schließlich vor allem dann in Frage, wenn für das Objekt der Supertyp im Vordergrund steht, also die Subtypen weder komplexe Beziehungen eingehen noch spezielle Attributsregeln verlangen.

3.2 ORACLE-Objekte

Mit der Version 6 hat die Firma ORACLE vor allem Ordnung in die Struktur des Datenbanksystems gebracht. Wie bei Konkurrenzprodukten auch, begann man, dieses System als wohldefiniertes Geflecht einiger zentraler Objekttypen aufzubauen, die man auch in der aktuellen Version wiederfindet.

Profitiert hat davon insbesondere die Datenbankadministration, für die Aufbau und Wartung eines ORACLE-Systems eine relativ angenehme

Aufgabe ist (wenn man das entsprechende Wissen erlernt hat, versteht sich). Nicht, daß es sich bei ORACLE um eine 'plug and play'-Datenbank handeln würde (um einen sehr beliebten Ausdruck zu verwenden). Das ist ORACLE mit Sicherheit nicht, und das ist auch gut so. Die ORACLE-Software bietet viele 'Schräubchen', an denen ein gut ausgebildeter Spezialist drehen kann, um ein optimales System auf die Beine zu stellen. Diese Schräubchen befinden sich an den Objekten.

Faszinierend ist, wie gut sich ORACLE-Datenbanksysteme für ein gegebenes Einsatzfeld anpassen lassen, obwohl die Software zu den portabelsten Plattformen gehört. Es gibt fast kein ernstzunehmendes Betriebssystem, für das keine ORACLE-Version verfügbar ist. Und nicht nur das, mit Version 7 bietet ORACLE die Möglichkeit, neben der Client-/Server-Architektur vor allem verteilte Datenbanken einzusetzen, d.h. unterschiedliche ORA7-Server miteinander sinnvoll zu verbinden.

Genug des Lobes.

3.2.1 Überblick

Die Abstrahierung des Datenbanksystems in Objekten verfolgt verschiedene Ziele. Zunächst einmal strukturieren die Objekte das System und reduzieren somit die Kompliziertheit. Die an dieser Stelle vorgestellten Objekte bilden eine Hierarchie, die in Abb. 3-6 dargestellt ist.

Abb. 3-6

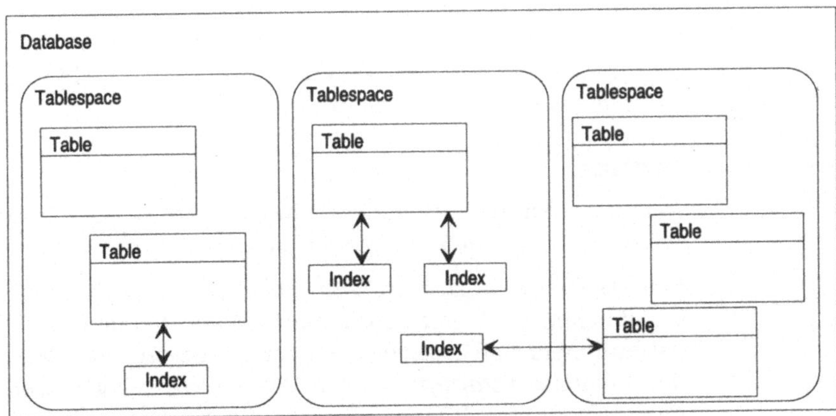

Eine *Database* besteht aus unterschiedlichen *Tablespaces.* In jedem Tablespace können (unter anderem) *Tabellen* und *Indizes* angelegt werden. Jeder Index verweist auf genau eine Tabelle.

Diese Objekte stehen auf jeder Server-Plattform mit nahezu identischer Funktionalität zur Verfügung. Das Ziel, das damit erreicht wird, ist die

Abkopplung von Betriebssystemeigenschaften. So steht ein Tablespace für eine Betriebssystem-Datei und verhält sich nach dem Anlegen gleich, egal, ob es sich dabei um z.B. eine UNIX- oder OS/2-Datei handelt.[18]

Durch die vereinheitlichte Abstraktion in einer Objekthierarchie wird eine Granulation erreicht, die von der Datenbankadministration als Instrument benutzt wird. Sie kann z.B. eine einzelne Tabelle kopieren, einen kompletten Tablespace oder die gesamte Database sichern. Auch kann bei Problemen ein einzelner Tablespace oder die gesamte Database außer Betrieb genommen werden.

DDL

Die einzelnen Objekte werden mit Hilfe einer Datenbeschreibungssprache (*data description language*, DDL) angelegt, strukturell geändert oder gelöscht. Bei ORACLE ist, wie bei anderen Produkten auch, die DDL in SQL integriert. Man kann also Objekte über jedes Werkzeug verwalten, das eine SQL-Schnittstelle zur Verfügung stellt. In einer ORACLE-Umgebung wird vor allem mit den Programmen SQL*DBA und SQL*Plus gearbeitet.

Die entsprechenden Befehle lauten:

- CREATE für das Anlegen eines neuen Objekts
- ALTER für das Ändern von Objekteigenschaften
- DROP für das Löschen eines bestehenden Objekts

Seltene Ausnahmen bestätigen die Regel: So werden z.B. einige Database-Eigenschaften nicht mit der SQL-Anweisung ALTER, sondern über eine Initialisierungsdatei gesteuert, die beim Hochfahren der Datenbank interpretiert wird ('init.ora').

3.2.2 Database

Der umfassendste Zusammenschluß von ORACLE-Objekten ist die *Database*[19]. Zu jedem Server gehört mindestens eine Database.

Eine Database organisiert den Betrieb von zusammengehörigen Anwendungen, sie bietet den administrativen Rahmen. Jede Database erhält auf dem Server eigene Software-Prozesse. Mit dem Herauffahren der Database (*Startup*) werden diese Prozesse gestartet. Die Anwendungsprogramme können danach mit der Database arbeiten. Um die Database außer Betrieb zu nehmen, wird ein sogenannter *Shutdown* durchgeführt.

---

[18] Ein Tablespace kann auch für mehrere Dateien stehen, s.u..

[19] Database ist zunächst bewußt in Englisch belassen, um zwischen dem allgemeinen Begriff einer Datenbank und dem ORACLE-Objekt zu unterscheiden.

Von der Speicherungssicht her gehören zu einer Datenbank die zugewiesenen Tablespaces (s.u.) sowie *Redo-Log-Dateien* und *Control-Dateien.* In den Redo-Log's werden Datenbankänderungen mitprotokolliert, um eine Wiederherstellung durchführen zu können. Die Control Dateien beinhalten Grundinformationen, die die Database-Software für das System benötigt.

DDB Existieren mehrere Databases, auf die der Benutzer zugreifen kann, so spricht man von verteilten Datenbanken (*distributed databases*, DDB). Hierbei gibt es viele unterschiedliche Möglichkeiten. Zunächst einmal können verschiedene Databases gleichzeitig auf einem Server gefahren werden, z.B. eine Test-DB für die Anwendungsentwicklung (mit Testdaten) und eine Produktiv-DB für den echten Einsatz. Mit dieser Konfiguration können Programmerweiterungen und Tuningmaßnahmen getestet werden, ohne den laufenden Betrieb zu stören.

Eine weitere Möglichkeit ist, verschiedene ORACLE7-Server in einem Netz miteinander zu verbinden, auf die ein Anwender nach Bedarf zugreift. Das Konzept der Abteilungsrechner verwendet diese Technik, indem für einzelne organisatorische Einheiten ein eigener Datenbank-Server zur Verfügung steht. Trotzdem kann von jedem Arbeitsplatz aus auf andere Server zugegriffen werden.

Schließlich können auch Fremd-Datenbanken in die Verteilung einbezogen werden. Mit Installation der entsprechenden Umsetzungs-Software, z.B. *ORACLE Transparent Gateway*, kann auf andere relationale Datenbanken (z.B. DB2) wie auf ORA7-Server zugegriffen werden.

Man sollte sich zunächst aber auf die Betrachtung genau einer Database beschränken.

3.2.3 Tablespace

Der Tablespace abstrahiert Betriebssystem-Dateien innerhalb von ORACLE. Er stellt Platz für Tabellen, Indizes und weitere Objekte auf Speichermedien zur Verfügung.

Ein Tablespace (TS) besteht aus einer Datei oder mehreren Dateien. Eine Datei kann nur zu einem TS gehören. Jeder TS ist eindeutig einer Database zugeordnet. Jede Database besteht aus einem TS mit dem Namen SYSTEM und beliebig vielen weiteren TS.

Im SYSTEM-Tablespace ist vor allem das Data-Dictionary abgelegt. Hierunter versteht man (System-)Tabellen, in denen Meta-Informationen abgelegt sind, also Informationen über die Datenbank selbst.

Abb. 3-7

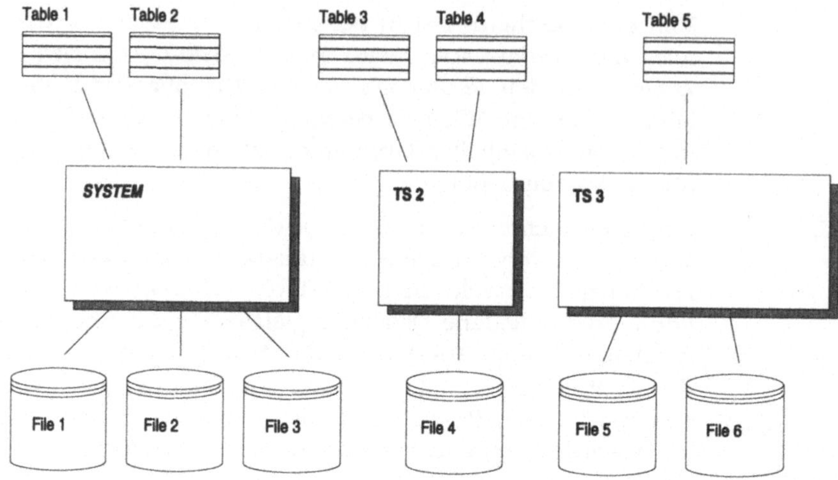

Für die DB-Administration bieten Tablespaces unter anderem die folgenden Charakteristika:

- Tablespaces unterstützen die bedarfsabhängige Speicherung von Daten (*Migration*) auf unterschiedlichen Datenträgern. Sie sind damit ein Instrument für Tuningmaßnahmen.
- TS bilden eine Stufe der Ressourcen-Berechtigung für Benutzer. Jeder Benutzer erhält einen Standard-TS, in dem neue Objekte des Benutzers normalerweise angelegt werden. Für die Nutzung eines TS als Speicherlieferant für Objekte benötigt der Benutzer eine entsprechend zuzuteilende *Quote* auf dem gewünschten TS, die auf eine bestimme Kilo- oder Megabyteanzahl beschränkt werden kann.
- Jeder TS besitzt eine Standardklausel, die die Größe neuer Objekte und das Verhalten bei Wachstum der Objekte festlegt, sofern für ein Objekt keine eigene Klausel angegeben wird. Diese Klausel steuert folglich die Speichervergabe innerhalb des TS. So kann z.B. ein TS für kleine Test-Tabellen festgelegt werden, dessen Klausel für neue Tabellen zunächst einmal 50Kb im Tablespace vergibt, die um jeweils 100Kb erweitert werden, wenn dies notwendig ist.
- TS organisieren den Betrieb innerhalb einer Database. Einzelne TS können hoch- oder runtergefahren werden (*online/offline*). Außerdem sind TS die Einheit für Datensicherungen, die im laufenden Betrieb der Database gezogen werden.

Tablespaces werden mit der CREATE TABLESPACE-Anweisung angelegt. Dazu ist eine entsprechende Berechtigung notwendig, die man vorsichtig vergeben sollte.

Eigenschaften der TS seien an einigen Beispielen erklärt:

```
create tablespace WORK
        datafile 'data.ts' size 200M
```

Erste Beurteilung: klein, schlicht, schlecht. Die Anweisung wird zwar einen TS anlegen, der 200 Megabytes zur Verfügung stellt, aber der Dateiname ist unqualifiziert angegeben, d.h. die Pfadangabe fehlt. Damit wandert der TS in ein Standardverzeichnis, und das ist nur bei Kleinst-Datenbanken eine gute Lösung.

OFA

Das Problem aus Sicht der Wartbarkeit ist eine saubere Architektur der Betriebssystem-Dateien in Form ihrer Lokation und ihrer Namensgebung. Aus diesem Grund hat sich ein Standard etabliert, dem man unbedingt folgen sollte: *Optimal Flexible Architecture* oder kurz OFA, entworfen von Cary V. Millsap. OFA legt für viele Bereiche der Datenbankadministration Standards fest, an denen sich ein ORACLE-Administrator orientieren sollte. Dazu gehören Installationsprinzipien, Regeln zu den Home Directories von Benutzern und viele weitere gute Ideen. Die Darstellung der gesamten OFA würde nicht ganz dem Ziel dieses Buches entsprechen, aber bezüglich der Dateinamen sei sie aufgegriffen.

Die Namensgebung sei am Beispiel des Betriebssystems UNIX dargestellt. Dieses Beispiel läßt sich auf die meisten anderen Betriebssysteme übertragen. Daten-Dateien für eine Database sind im folgenden Format zu vergeben:

pm/q/d/`control.ctl`	für Control Dateien
pm/q/d/`redo`*n*`.log`	für Redo-Log Dateien
pm/q/d/tn`.dbf`	für Daten-Dateien

Dabei steht *pm* für den Mount Point Namen, also den Datenträger, *q* ist eine Zeichenkette, die ORACLE-Daten von anderen unterscheidet (z.B. 'oradata'). In *d* wird der Database-Name kodiert. Für eine Durchnumerierung mehrerer Dateien wird *n* verwendet, dabei ist eine zweistellige Ziffer Usus ([0-9][0-9]).[20] Da mehrere Control-Dateien einer Database immer Kopien voneinander sind, zwingt die obige Namensgebung dazu, diese auf unterschiedliche Datenträger zu verteilen. Schließlich ist *t* eine Kodierung des Tablespace-Namens.

Mit diesem Wissen kann das erste Beispiel überarbeitet werden:

```
create tablespace WORK
        datafile 'u02/oradata/prod/work01.dbf' size 200M
```

---

[20] Sollten die damit kodierbaren 100 Dateien nicht ausreichen (sehr unwahrscheinlich), so kann man den Ausdruck auf [0-9a-z][0-9a-z] erweitern.

Mit dieser Angabe wird die Datei auf dem Mount Point 'u02', sagen wir auf der zweiten Platte, im Verzeichnis 'oradata/prod' angelegt. Damit sind die gewünschten 200 Megabytes auch sofort reserviert.

Reicht der Platz im Beispiel-TS einmal nicht mehr aus, so kann der TS um eine weitere Datei erweitert werden:

```
alter tablespace WORK
      add datafile 'u02/oradata/prod/work02.dbf' size 250M
```

Die OFA-Namensgebung unterstützt die Wartbarkeit des Systems enorm. So kann man z.B. mit den folgenden Patterns schnell einen Überblick über Betriebssystem-Dateien erhalten:

`/*/oradata`	alle Datenbank-Verzeichnisse
`/*/oradata/prod/`	alle Dateien der Database 'PROD'
`/*/oradata/prod/work*`	alle Dateien des TS 'WORK' in der Database 'PROD'

Ein weiteres Beispiel:

```
create tablespace OLDDATA
datafile 'u03/oradata/prod/olddata01.dbf' size 50M reuse,
         'u03/oradata/prod/olddata02.dbf' size 50M
default storage( initial 100K next 100K
                 minextents 1 maxextents 255
                 pctincrease 70
               )
offline
```

Für OLDDATA sind zunächst einmal zwei Dateien verlangt worden, wobei die erste Datei auf Betriebssystemebene bereits vorhanden sein muß (REUSE). Wenn nicht, wird die obige Anweisung mit Fehlermeldung abgelehnt.

Eine weitere Neuerung ist die DEFAULT STORAGE-Klausel. Sie steuert die Speichervergabe für Objekte des TS, denen keine eigene Speicherklausel mitgegeben wird. Diese Objekte erhalten im TS zunächst 100 Kilobytes (INITIAL). Sind diese aufgebraucht, werden weitere 100 KB zugeordnet (NEXT). Diese Zuordnungsbereiche werden *Extents* genannt. Es überrascht nicht, daß die MAXEXTENTS-Angabe für die maximale Anzahl Extents steht.

Eine gefährliche Angabe ist schließlich PCTINCREASE. Dazu muß man einfach Kevin Loney zitieren: „Der PCTINCREASE Parameter steht für Benutzer zur Verfügung, die keine Ahnung davon haben, wieviel Platz sie benötigen (auch bekannt als 'Anwendungsentwickler')." Mit dieser

Angabe wird ein geometrisches Wachstum der NEXT-Menge verlangt. Der dritte Extent des obigen Beispiels ist also nicht mehr 100 KB groß, sondern 170 KB, weil ein 70 prozentiges Wachstum verlangt wurde. Der vierte Extent wird mit 289 KB angelegt, usw.. Nach 10 weiteren Schritten hat man bereits eine Extent-Größe von fast 57 MB.

Ein Wachstumsfaktor ungleich Null bedeutet, daß die Extents 'explodieren' und damit im Laufe der Zeit TS-Platz verschwendet wird. Außerdem sind die Extents unterschiedlich groß, und das führt zu einer Fragmentierung des TS. Auch hier die Folge: Platzverschwendung. Man sollte darauf achten, den korrekten Platzbedarf pro Objekt zu bestimmen und im initialen Extent anzugeben (beim CREATE TABLE). Ein vollständiges konzeptionelles Datenmodell beinhaltet die Wachstumsrate eines Entity, mit der man eine passende Folgemenge festlegen kann. PCTINCREASE sollte möglichst mit Null angegeben werden. Als Standardangabe eines TS auf jeden Fall!

Der letzte Parameter des obigen Beispiels muß noch erklärt werden. Mit dem Schlüsselwort OFFLINE wird der TS zwar angelegt, er steht aber noch nicht zur Verfügung. Hochgefahren wird der TS mit:

```
alter tablespace OLDDATA online
```

Abschließend ein letztes Beispiel für einen TS, der gelegentlichen Anwendern zur Verfügung gestellt werden könnte:

```
create tablespace SPIELWIESE
datafile 'u09/oradata/prod/spielwiese01.dbf' size 10M
default storage ( initial 50K next 100K
                  minextents 1 maxextents 4
                  pctincrease 0            )
```

Ein Tablespace wird mit der DROP TABLESPACE-Anweisung gelöscht.

3.2.4 Table

Die Tabelle ist das zentrale Objekt relationaler Datenbanken. Auf der Basis von Tabellen findet die eigentliche Datenverarbeitung statt, sie sind die Grundlage für Anweisungen der Datenmanipulationssprache (*data manipulation language*, DML).

Mit DML-Anweisungen werden Zeilen in Tabellen neu abgelegt (INSERT), bestehende Zeilen geändert (UPDATE) oder gelöscht (DELETE) sowie Abfragen durchgeführt (SELECT).

Tabellen gehören immer zu einem *Schema*. Das Schema ist die logische Gruppierung aller Tabellen einer Database, die sich im vollständigen (voll qualifizierten) Tabellennamen manifestiert. Dieser Name besteht aus dem Schemanamen und dem Tabellennamen, beide durch einen Punkt getrennt. Jeder Benutzer, der sich unter ORACLE anmeldet, besitzt ein eigenes Schema (Schemaname = Benutzername). Legt ein Benutzer 'OTTO' eine Tabelle an, z.B. mit

```
create table ADRESSEN (...),
```

so lautet der vollständige Tabellenname 'OTTO.ADRESSEN'. Mit dieser Festlegung ist gewährleistet, daß jeder Benutzer eigene Objekte anlegen kann (sofern er die Berechtigung dazu hat), deren Name nicht mit Namen fremder Objekte in Konflikt gerät. Für ad-hoc-Benutzer vereinfacht dies die Nutzung der Datenbank.

Neben den privaten Objekten eines Benutzers sind aber vor allem Objekte notwendig, die Anwendungssystemen zur Verfügung gestellt werden. Für solche Systeme werden die entsprechenden Tabellen und zugehörigen Objekte unter einem eigenen Schemanamen zusammengefaßt. Für die Bundesligaverwaltung könnte ein solcher Name 'LIGA' lauten, für eine Auftragsverwaltung 'AAB', für ein Mailingsystem 'POST' und so weiter. Das Anlegen einer Tabelle erfolgt dann entweder durch Anmelden mit dem Schemanamen oder volle Qualifizierung des Tabellennamens. Mit entsprechender Berechtigung können die folgenden Anweisungen auch von User 'OTTO' durchgeführt werden:

```
create table LIGA.SPIELER (...)
create table AAB.AUFTRAG (...)
create table POST.DOKUMENT (...)
```

Um auf Tabellen fremder Schemata zuzugreifen, wird in DML-Anweisungen ebenfalls ein voll qualifizierter Tabellenname angegeben. Die Datenschutzkomponente prüft dabei, ob eine entsprechende Zugriffsberechtigung auf das Objekt existiert.

CREATE TABLE

In Kapitel 3.1 sind bereits einige Beispiele für das Anlegen von Tabellen vorgestellt worden. Eine erste Erweiterung ist die Angabe des Tablespaces, in dem die Tabelle angelegt werden soll (ansonsten wird die Tabelle im dem User zugeordneten Standard-TS angelegt):

```
create table AAB.MITARBEITER
( PERSONALNR          number(8,0) not null,
  ...
)
tablespace WORK
```

Die nächste wichtige Ergänzung ist die Angabe einer Speicherklausel für die Tabelle. Für alle produktiven Tabellen sollten die Extentgrößen bestimmt, angegeben und laufend überwacht werden. Läßt sich aus dem Fachkonzept z.B. eine Initialgröße von 500KB errechnen und ist das jährliche Wachstum der Tabelle sehr gering, so könnte die Tabelle wie folgt definiert werden:

```
create table AAB.MITARBEITER
( PERSONALNR          number(8,0) not null,
  ...
)
tablespace WORK
storage( initial 500K next 10K
         minextents 1 maxextents 20 pctincrease 0 )
```

Die einzelnen Angaben sind bereits beim Thema 'Tablespace' vorgestellt worden.

Größenberechnung

Die Schlüsselfrage lautet aber: Wie berechnet man den Platzbedarf einer Tabelle? Dazu muß die physikalische Speicherung von Tabellen kurz skizziert werden. Tabellenzeilen werden in *Blöcken* gespeichert.

Abb. 3-8

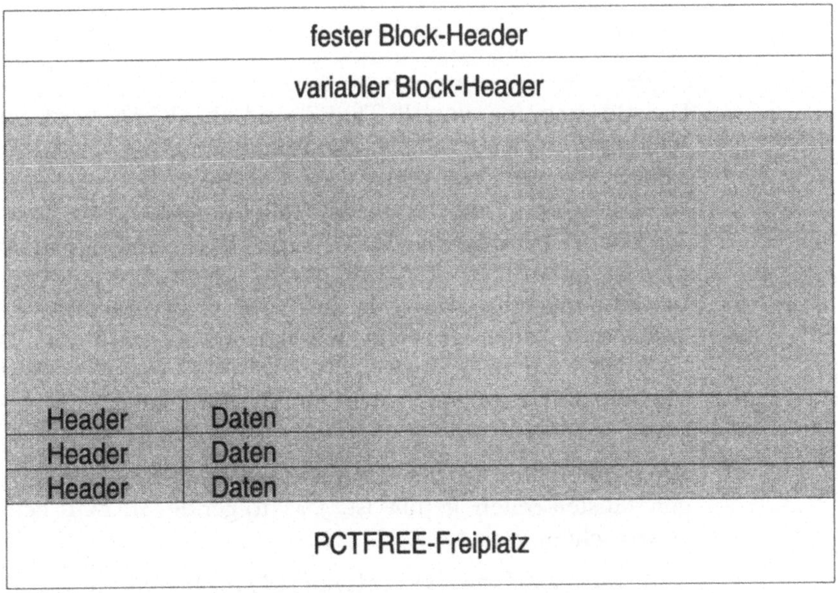

fester Block-Header

variabler Block-Header

Header Daten

Header Daten

Header Daten

PCTFREE-Freiplatz

Ein Block ist die Einheit, in der Daten zwischen Datenträger und Hauptspeicher transportiert werden. Die Blockgröße wird beim Anlegen einer Database festgelegt und beträgt 1, 2 oder 4KB. Falls unbekannt, kann die Blockgröße in der Parameterdatei der Database ('init.ora') oder mit Hilfe des Werkzeugs SQL*DBA bestimmt werden.[21]

Jeder Block eines Tabellenextents hat den folgenden Aufbau gemäß Abb. 3-8. Um zu bestimmen, wieviele Zeilen in einen Block passen, müssen also die Verwaltungsinformationen und der Freiplatz abgezogen werden. Ausgangspunkt sind die folgenden Informationen:

Variable	*Bedeutung*	*Beispiel-Wert*
`blksize`	Blockgröße	2048 Bytes
`pctfree`	Freiplatz im Block	20%
`initrans`	Transaktionen pro Block	1
`avglen`	Durchschnittliche Länge einer Zeile	25 Bytes
`colno1`	Anzahl Spalten mit möglicher Länge <= 255	3
`colno2`	Anzahl Spalten mit möglicher Länge > 255	0

Die Bestimmung von PCTFREE und INITRANS wird uns später beschäftigen, bleibt AVGLEN. Zur Bestimmung der durchschnittlichen Anzahl Bytes pro Zeile gibt es zwei Wege. Zunächst kann man, ausgehend von den Datentypen der Tabellenspalten, die Byteanzahl schätzen. Dabei benötigt der DATE-Typ 7 Bytes und ein CHAR(n) n Bytes. Für die NUMBER, VARCHAR, LONG und (LONG) RAW-Typen ist die Bestimmung schwieriger, da die Werte dieser Typen nur in der aktuell benötigten Länge abgelegt werden. Dabei wird pro Zeichen eines VARCHAR ein Byte gespeichert, NUMBER benötigen ein Byte für Vorzeichen und Exponent sowie ein Byte für jeweils zwei Mantissenstellen.

Ein zweiter Weg ist die Interpretation einer Test-Tabelle, die mit einigen Muster-Zeilen gefüllt ist. Das folgende SELECT liefert dann den gewünschten Wert für AVGLEN:

```
select avg( nvl(vsize(spalte1),0)) +
       avg( nvl(vsize(spalte2),0)) +
       avg( nvl(vsize(spalte3),0)) +
       ...
from tabelle
```

Nun kann gerechnet werden:

[21] In SQL*DBA mit dem Befehl 'show parameters db_block_size'.

Variable	*Formel*	*im Beispiel*
header	3 + colnol + 3 colno2	6
rowlen	avglen + header	31
fixheader	57 + 23 initrans	80
blkvar	blksize - fixheader	1968
R	(blkvar*(1-pctfree)-4 - 2 R) / rowlen	R = (1574-2 R) / 31 31 R = 1574 - 2 R 33 R = 1574 R = 47
blkanz	zeilen / R	20000 / 47 = 426
initial	blkanz * blksize	852 K

Mit R wird die Anzahl der Zeilen bestimmt, die durchschnittlich in einen Block passen. Daraus läßt sich leicht der benötigte INITIAL-Wert bestimmen. Im Beispiel wird von 20.000 Zeilen ausgegangen, für die man nach Berechnung 852KB benötigt.

PCTFREE

Der PCTFREE-Parameter steuert den Freiplatz im Block, der für UPDATE Anweisungen zur Verfügung steht. Wird aus einem Nachnamen 'Meier' z.B. 'Meier-Schultzendoerffer', so verlängert sich die entsprechende Zeile im Block. Ist für diese Verlängerung nicht genügend Freiplatz vorhanden, so muß ein neuer Block angelegt werden. Das kostet vor allem Zeit. Es lohnt sich nicht, den Freiplatz im voraus zu berechnen. Vielmehr ist es sinnvoll, die Anzahl der Zeilen pro Block im laufenden Betrieb mit den folgenden Anweisungen periodisch zu überprüfen:

```
analyze table tabelle compute statistics;
select NUM_ROWS/BLOCKS from ALL_TABLES
        where OWNER      = 'schema' and
               TABLE_NAME = 'tabelle';
```

Die SELECT-Abfrage liefert die durchschnittliche Anzahl von Zeilen pro Block zurück. Schwankt diese Zahl stark, so ist dies ein deutliches Indiz für das Umkopieren von Zeilen in neue Blöcke. In diesem Fall ist der Freiplatz zu erhöhen, z.B. mit:

```
alter table LIGA.SPIELER pctfree 20
```

In diesem Beispiel wird der Freiplatz pro Block auf 20% gesetzt. Zuviel Freiplatz kostet selbstverständlich Plattenplatz und damit auch Geschwindigkeit. Einen Indikator für einen zu hohen Wert liefert ebenfalls die ANALYZE-Anweisung mit dem folgenden SELECT:

```
select AVG_SPACE from ALL_TABLES
      where OWNER      = 'schema' and
            TABLE_NAME = 'tabelle'
```

Ist der durchschnittliche Freiplatz pro Block gemäß dieser Abfrage grundsätzlich hoch, so kann PCTFREE verringert werden.

INITRANS

Mit dem INITRANS-Parameter, der standardmäßig den Wert 1 besitzt, wird angegeben, für wieviele parallel ändernde Programme (Transaktionen) im vorhinein Verwaltungsinformationen angelegt werden. Ändern mehr als in diesem Parameter angegebene Transaktionen innerhalb eines Blockes, so werden die benötigten Verwaltungsinformationen zur Laufzeit erweitert (bis zu einem MAXTRANS-Wert, dem man nicht ändern sollte). Bei sehr vielen parallel ändernden Programmen kann eine Erhöhung dieses Wertes leichte Performance-Vorteile bringen. Allerdings kostet jeder Eintrag 23 Bytes pro Block-Header.

3.2.5 View

Durch Views wird das Konzept der Benutzersichten realisiert. In der Theorie werden diese Sichten auch *Subschemata* oder *logische Teilsichten* genannt. Sie sind uns im Kapitel 2 bereits begegnet: Benutzersichten entsprechen der obersten Ebene des 3-Schichten-Modells gemäß ANSI/SPARC und werden bei der kanonischen Synthese als Methode für die fachliche Modellierung verwendet.

Für die technische Realisierung sind die Views extrem wichtig. Eine View liefert dem Anwender resp. Anwendungsprogramm einen Ausschnitt einer Tabelle bzw. mehrerer Tabellen. Dieser Ausschnitt repräsentiert sich wie eine eigene Tabelle. Aber Vorsicht: Views sind keine 'Kopien' von Tabellen, sondern in der Tat lediglich Übersetzungsvorschriften. Beispiel: Das folgende SELECT liefert, auf eine echte Tabelle angesetzt, eine Tabelle als Ergebnis:

```
select PERSONALNR, VORNAME, NACHNAME, TEL_NUMMER, ABTEILUNG
from INTERN.MITARBEITER
where ABTEILUNG = 'DV'
```

Dieses Ergebnis kann als View definiert werden:

```
create view INTERN.DV_MITARBEITER as
select PERSONALNR, VORNAME, NACHNAME, TEL_NUMMER, ABTEILUNG
  from INTERN.MITARBEITER
  where ABTEILUNG = 'DV'
```

Nach dem Anlegen der View steht das definierte SELECT im Data-Dictionary, es gibt <u>keine</u> neue Tabelle. Greift nun ein Anwendungsprogramm auf die View zu, so wird das entsprechende SELECT wie für einen Tabellenzugriff formuliert:

```
select *
  from INTERN.DV_MITARBEITER
  where NACHNAME = 'Meier'
```

ORACLE interpretiert diese Anweisung und führt in Wirklichkeit das folgende SELECT aus:

```
select PERSONALNR, VORNAME, NACHNAME, TEL_NUMMER, ABTEILUNG
  from INTERN.MITARBEITER
  where ABTEILUNG = 'DV' and
        NACHNAME = 'Meier'
```

Die View hat also in diesem Fall die Spaltenselektion und die Formulierung der Zeilenbedingung vereinfacht.

Views bieten die folgenden erheblichen Vorteile:

- **Vereinfachung**

  Technische Datenmodelle sind schnell sehr komplex, weil sie in der Regel für viele Anwendungen bzw. Anwendungsteile entworfen werden.

  Durch Views können für Teilsysteme relevante Teilsichten in der jeweils benötigten Form definiert werden. Dies vereinfacht die Nutzung der Datenbank.

- **Datenunabhängigkeit**

  Arbeiten Anwendungen direkt mit Tabellen, so können strukturelle Änderungen in den Tabellen eine Änderung der nutzenden Programme nach sich ziehen.

  Wird beispielsweise eine Tabelle aus Performance- oder Verteilungsgründen in zwei Tabellen mit 1:1-Beziehung umstrukturiert, so fehlen Spalten beim Direktzugriff. Arbeitet eine Applikation mit einer View, so kann die View umdefiniert werden: Anstelle auf die Spalten der alten Tabelle zuzugreifen, wird in der Viewdefinition ein Join über die beiden neuen Tabellen durchgeführt. Das Ergebnis bleibt identisch, das Programm selbst braucht also nicht geändert zu werden. (Problem allerdings: Mit der neuen View kann nur noch abgefragt werden.)

- **Datenintegrität**

  Werden Views nach Integritätsgesichtspunkten zusammengestellt, so führt die Nutzung der Views zu zusätzlichen Integritätsprüfungen, die die Qualität des Gesamtsystems erhöhen.

  Arbeitet ein Programm, das ausschließlich DV-Mitarbeiter verarbeiten soll, z.B. mit der obigen View, so können keine anderen Mitarbeiter fälschlicherweise selektiert werden.

- **Datenschutz**

  Da Rechte auf Views getrennt von den Rechten auf Tabellen vergeben werden, kann man mit Hilfe der Views die Zugriffe auf bestimmte Spalten und/oder Zeilen begrenzen. Nicht in der View befindliche Daten sind also unbekannt und können nicht abgefragt werden.

  Stehen in der Mitarbeiter-Tabelle z.B. sensible Daten wie Gehälter oder Beurteilungstexte, so filtert die obige View diese Spalten heraus. Ein Anwender, der lediglich Zugriff auf die DV_MITARBEITER View besitzt, kann also nicht auf diese Daten zugreifen.

Zusammenfassend kann konstatiert werden, daß die Nutzung von Views die Wartbarkeit und Integrität der Anwendungssysteme erhöht, ohne nennenswerte Performance-Einbußen mit sich zu bringen. Was will man mehr?

Einschränkungen

Views können abhängig von ihrer Definition Einschränkungen mit sich bringen: Mit einer View kann nur selektiert werden (*'Read-Only View'*), wenn sie über mehrere Tabellen definiert ist (per Join) oder die Sprachelemente DISTINCT, GROUP BY, START WITH bzw. CONNECT BY benutzt. Sie ist auch Read-Only, wenn Ausdrücke (z.B. GEHALT minus ABZUEGE) oder virtuelle Felder (ROWID, ROWNUM) selektiert werden.

Ein INSERT ist mit einer View darüber hinaus nur dann möglich, wenn in der View alle Muß-Felder vorkommen.

Für eine View müssen neue Spaltennamen vergeben werden, wenn Audrücke selektiert werden oder Spaltennamen nicht eindeutig sind, letzterer Fall kann beim Kreuzen von Tabellen auftreten. Neue Spaltennamen werden durch eine Namensliste vergeben. Beispiel:

```
create view INTERN.MITARBEITER_ANSCHRIFT
  ( PERSONALNUMMER, NAME, STRASSE, ORT ) as
  select PERSONALNUMMER, VORNAME || ' ' || NACHNAME,
         STRASSE, PLZ || ' ' || ORT
    from INTERN.MITARBEITER
```

Die Vergabe der Spaltenbezeichner für die View ist hierbei notwendig, weil Ausdrücke für das Verketten des Vor- und Nachnamens sowie das Verketten von Postleitzahl und Ort verwendet werden.

CHECK OPTION

Zurück zum DV_MITARBEITER-Beispiel. Besitzt ein Anwender das Recht, in diese View einzufügen (und fehlen keine Muß-Felder in der View), so könnte er die folgende Anweisung mit Erfolg durchführen lassen:

```
insert into INTERN.DV_MITARBEITER
  values( 4712, 'Hans', 'Meier', 13778, 'ORGA' )
```

Da bei der Übersetzung der Anweisung lediglich die Spaltennamen und der echte Tabellenname eingesetzt werden, wird ein neuer Mitarbeiter der Abteilung 'ORGA' gespeichert. Dies widerspricht aber der View-Definition: Hans Meier ist kein Mitarbeiter der DV-Abteilung. Man kann ihn nach dem INSERT nicht einmal mit der View selektieren.

Was fehlt, ist eine Integritätsregel, die bedeuten soll: 'Wann immer mit der View manipuliert wird, achte darauf, daß die Änderung nicht der View-Definition widerspricht.' Einfacher:

```
create view INTERN.DV_MITARBEITER as
select PERSONALNR, VORNAME, NACHNAME, TEL_NUMMER, ABTEILUNG
  from INTERN.MITARBEITER
  where ABTEILUNG = 'DV'
with check option
```

Damit würde die obige INSERT-Anweisung abgelehnt.

Ganz praktisch sind noch die Klauseln FORCE und OR REPLACE. Mit 'CREATE FORCE VIEW' wird eine View auch dann angelegt, wenn sie (noch) ungültig ist, weil z.B. die Tabelle, auf der sie basiert, noch nicht existiert. Mit 'CREATE OR REPLACE' wird eine gleichnamige View, wenn vorhanden, durch die angegebene Definition ersetzt. Dies erspart den Aufwand, zunächst ein 'DROP VIEW' abzusetzen.

3.2.6 Index

Bei der Speicherung von Tabellenzeilen werden diese in einer nicht näher beeinflußbaren Reihenfolge in die Blöcke der Tabelle geschrieben. Werden in Abfragen bestimmte Tabellenzeilen gesucht, so muß die ORACLE-Software für alle Zeilen prüfen, ob sie der Suchbedingung genügen.

Wird z.B. ein bestimmter Kundenname in einer Kundentabelle gesucht, so ist ORACLE dazu gezwungen, alle Zeilen der Tabelle zu lesen, um den gespeicherten Wert mit dem Suchwert zu vergleichen.

Sind z.B. 200.000 Kunden in 7.000 Datenblöcken gespeichert, so kann das ein Weilchen dauern: Alle 7.000 Blöcke müssen vom Datenträger gelesen werden. Dieses sequentielle Lesen der Datenblöcke (auch *full table scan* genannt) kann schnell inakzeptabel werden. Ein Auskunftssystem, daß nach Eingabe eines Namens erst einmal 10 Minuten steht, wird sicher nicht eingesetzt.

Relationale Datenbanken bieten als Ausweg das Tuning-Objekt *Index* an. Der Index ist bei ORACLE ein (B-)Baum, in dem die unterschiedlichen Schlüsselwerte sortiert gespeichert sind. Der Indexschlüssel kann aus bis zu 16 Spalten einer Tabelle bestehen, allerdings sind LONG-Felder im Index nicht möglich. Der Baum wird mit Anlegen des Indexes generiert und ist stets aktuell. Durch die innere Sortierung kann die Server-Software erstens schnell nach einem Wert suchen und zweitens bei einer gewünschten Sortierung des Ergebnisses nach den beteiligten Spalten diese Sortierung direkt liefern.

Gerade die Suchzeit in einer großen Tabelle reduziert sich so auf einen Bruchteil der Table-Scan-Zeit - Sekunden statt Minuten. Indizes sind aber nicht ohne Nachteil: Manipulationen (Ändern, Einfügen, Löschen) kosten zusätzlichen Overhead, weil alle Indizes aktualisiert werden müssen, die von der Operation betroffen sind. Bei Tabellen, die eine hohe Update-Frequenz haben, können sich Indizes sogar insgesamt nachteilig auf die Performance auswirken.

Über die Verwendung eines Indexes bei der Suche entscheidet ORACLE. Er bleibt transparent für die Anwendung. Das heißt, die Formulierung einer Abfrage ist unabhängig von der Existenz von Indizes. Diese sehr wichtige Eigenschaft ermöglicht es, im laufenden Betrieb Indizes zu erstellen und deren Auswirkung auf die Performance zu testen. Man kann z.B. bei schlechtem Antwortzeitverhalten abends einen neuen Index anlegen und am nächsten Tag das System beobachten. Stellt sich der Index als vorteilhaft heraus, so kann man ihn im System belassen. Ansonsten wird er wieder gelöscht.

Ein Index wird mit CREATE INDEX angelegt. Beispiel:

```
create index AAB.KDIX_NAME
          on AAB.KUNDE
             (NACHNAME, VORNAME)
```

In diesem Beispiel wird der Index über zwei Spalten gelegt. Er kann intern benutzt werden, wenn nach bestimmten Nach- und Vornamen oder Nachnamen allein gesucht wird. Für die Suche nach Vornamen allein wird der Index nicht benutzt.

Die Aufnahme des Vornamens bläht den Index auf: er benötigt mehr Datenblöcke, als wenn er nur aus der Nachnamens-Spalte gebildet worden wäre. Dadurch wird der Zugriff auf das Indexsystem entsprechend langsamer. Wird nur relativ selten nach Nach- und Vornamen gesucht, so sollte man den Vornamen nicht in den Index aufnehmen.

Tablespace

Eine entscheidende Frage für die Performance eines Indexes ist die Wahl des richtigen Tablespaces bzw. Datenträgers. Oberste Regel: Index-Segment und Daten-Segment sollten auf unterschiedlichen Datenträgern gespeichert sein. Warum? Greift ORACLE über einen Index auf mehrere Tabellenzeilen zu, so ergibt sicht eine stetige Folge Indexzugriff-Datenzugriff-Indexzugriff-Datenzugriff. Stehen die Index- und Tabellendaten auf einer Festplatte, so bedeutet dies physikalisch ein städiges Hin- und Herschwenken des Zugriffsarms. Aber gerade die Armpositionierung kostet bei Festplattensystemen die meiste Zeit, weil der Arm jeweils feinjustiert werden muß. Stehen Index und Tabelle auf unterschiedlichen Datenträgern, so reduzieren sich die Armbewegungen enorm. Nur durch die Verteilung auf unterschiedliche Datenträger kann die Suchzeit um weit über 50% verbessert werden.

Ist ein Tablespace für Indizes auf einem eigenen Datenträger angelegt worden, so muß das Beispiel dringend verbessert werden (der Vorname wird nach den obigen Überlegungen fallengelassen):

```
create index AAB.KDIX_NAME
          on    AAB.KUNDE (NACHNAME)
          tablespace INDEXPOOL
```

STORAGE

Noch unbefriedigend ist die fehlende STORAGE-Klausel; sie existiert analog zur entsprechenden Klausel für Tabellen. Richtig: Wir müssen rechnen. Als Eingangswerte werden benötigt:

Variable	*Bedeutung*	*Beispiel-Wert*
`blksize`	Blockgröße	2048 Bytes
`pctfree`	Freiplatz im Block	5%
`initrans`	Transaktionen pro Block	2
`avglen`	durchschnittliche Länge eines Index-Werts	20 Bytes
`colno1`	Anzahl Spalten mit möglicher Länge <=127	2
`colno2`	Anzahl Spalten mit möglicher Länge > 127	0

Die durchschnittliche Länge wird analog zur Bestimmung von Zeilenlängen einer Tabelle durchgeführt. Bei INITTRANS ist zu beachten, daß der Standardwert für Indizes 2 ist. PCTFREE sollte grundsätzlich klein gehalten werden.

Somit lassen sich errechnen:

Variable	*Formel*	*im Beispiel*
L	3 + colnol + 3 colno2	5
entrylen	avglen + header	25
fixheader	113 + 23 initrans	113 + 23*2 = 159
blkvar	blksize - fixheader	1889
avail	blkvar * (1-pctfree)	1795
R	avail / (1,05 * entrylen)	68
blkanz	eintraege / R	50.000 / 68 = 736
initial	blkanz * blksize	736 * 2048 = 1472 K

Im Beispiel benötigt man folglich eine Initialgröße von 1.472 Kilobytes.

```
create index AAB.KDIX_NAME
        on    AAB.KUNDE (NACHNAME)
        tablespace INDEXPOOL
        storage ( initial 1472K next 148K
                  pctincrease 0           )
        pctfree  5
        initrans 2
```

Genau wie bei den anderen Objekten auch ist es notwendig, Indizes im laufenden Betrieb periodisch zu überwachen. Die ANALYZE-Anweisung liefert dafür wertvolle Informationen, die aus dem Data-Dictionary abgeholt werden können.

PRIMARY KEY / UNIQUE

In zwei Fällen wird von ORACLE automatisch ein Index angelegt. Bei der Definition von Primär- oder Alternativschlüsseln mit PRIMARY KEY bzw. UNIQUE-Klausel werden die angegebenen Spalten indiziert. Dieser Index ist absolut notwendig, da Verstöße gegen die Schlüsselintegrität nur durch eine interne Suche nach den Schlüsselwerten erkannt werden können. Ohne entsprechenden Index müßte eine INSERT- oder UPDATE-Anweisung (letztere, wenn Schlüsselfelder geändert werden) zu einem Table-Scan führen.

Der Indexname ist der entsprechende Constraint-Name, der den Klauseln vergeben werden kann oder von ORACLE selbst vergeben wird. Zusätzlich können die o.a. Index-Parameter definiert werden.

```
create table INTERN.MITARBEIER
( PERSONALNR  number(8,0)  not null,
  VORNAME     varchar(20)  not null,
  NACHNAME    varchar(35)  not null,
  SOZ_VERS_NR varchar(25),
  ...
  constraint PK_MITARBEITER
     primary key( PERSONALNR )
     using index
           tablespace INDEX_POOL
           storage( initial 122K next 10K pctincrease 0 )
           pctfree 5,
  constraint AK_MITARBEITER_01
     unique( SOZ_VERS_NR )
     using index
           tablespace INDEX_POOL
           storage( initial 233K next 20K pctincrease 0 )
           pctfree 2
  ...
)
```

Im obigen Beispiel wird der Index PK_MITARBEITER für den Primärschlüssel und der Index AK_MITARBEITER_01 für den Alternativschlüssel vom System angelegt. Die zusätzlichen Parameter werden in der USING INDEX-Klausel vergeben. So sind beide Indizes im Tablespace INDEX_POOL mit der jeweiligen Speicherklausel und dem jeweils angegebenen Freiplatz erzeugt worden.

Auch wenn die obige Formulierung um einiges umfangreicher als im analogen Beispiel in 3.1.4 ist - die Angabe der Index-Klauseln ist für produktive Tabellen schlicht notwendig, um die Performance zu optimieren.

Abschließend eine Tabelle, die bei der Entscheidung helfen soll, ob ein Index für in Frage kommende Spalten zu definieren ist oder nicht.

*spricht **für** Index*	*spricht **gegen** Index*
häufiges SELECT mit Indexspalten als Suchbedingung	häufiges Update in der Tabelle
Sortierung nach Indexspalten wird häufig benötigt	
	Abfragen mit Indexspalten liefern in der Regel mehr als 15% der Tabellenzeilen zurück
Tabelle ist relativ groß	Tabellengröße < 80KB
viele unterschiedliche Werte in den Indexspalten	es existieren nur wenig unterschiedliche Werte für die Indexspalten
Spaltenwerte sind relativ gut gestreut	einige Spaltenwerte treten extrem gehäuft auf
Durchschnittslänge eines Indexwertes relativ klein	Durchschnittslänge relativ groß
wichtige Programme laufen ohne Index nicht akzeptabel	wichtige Programme laufen mit Index nicht akzeptabel

In Abwandlung eines Prinzips, das man unter keinen Umständen gelten lassen sollte, empfiehlt sich hier: Probieren und Studieren. Die Server-Software, die Hardwareausstattung und die Dynamik der Datenbank-Nutzung gehen ein derart komplexes Geflecht miteinander ein, daß man das ein oder andere Mal von der Realität überrascht wird. Indizes, von denen man sich viel versprochen hat, erweisen sich als unnötiger Ballast, Zeilengrößen weichen in der Praxis von allen errechneten Werten ab und so weiter.

Der praktische Einsatz einer ORACLE-Datenbank bietet immer wieder Anlaß, die angebotenen Monitoring-Instrumente anzuwenden und deren Ergebnisse zu interpretieren. Basis ist die Anlayse der Objekte und die Auswertung des Data-Dictionaries, auf das noch näher eingegangen wird. Zusätzlich kann sich der Einsatz von Werkzeugen lohnen, die in vielfältiger Art von Fremdherstellern angeboten werden und die Systemüberwachung zu einer einfachen, sogar höchst motivierenden Aufgabe machen können.

3.2.7 Weitere Objekte

Mit den hier aufgezählten Objekttypen ist die Liste noch längst nicht vollständig. So existieren Sequenzen (siehe 3.1), mit denen Primärschlüsselwerte generiert werden können sowie Control- und Log-Dateien, die für den Betrieb der Datenbank benötigt werden (s.o.). Link-Objekte werden für die Verbindung zu entfernten Datenbanken benötigt. Das Cluster-Objekt wird beim Thema 'technisches Tuning' noch eine Rolle spielen.

Weitere Objektarten sind außerdem für die reine Datenbankadministration von Bedeutung. In Rollback-Segmenten speichert das ORACLE-System beispielsweise die Information, die für den Abbruch einer Transaktion benötigt wird. Temporäre Segmente speichern Daten, die für die Bearbeitung einer Anweisung intern benötigt werden, usw..

Synonyme

In den hier dargestellten Zusammenhang passen noch die Synonyme, die als textueller Ersatz von Tabellennamen gemäß ANSI-Norm gefordert sind. Greift der Benutzer 'OTTO' z.B. häufig auf die Tabelle oder View 'INTERN.MITARBEITER_DV' zu, so kann er mit der folgenden Anweisung künftig Schreibarbeit sparen:

```
create synonym MIT_DV for INTERN.MITARBEITER_DV
```

Im folgenden kann der Benutzer anstelle des echten Namens das Synonym verwenden. Ein Synonym, das als PUBLIC von DBA-Seite aus definiert wird, kann sogar von allen Benutzern verwendet werden. Mit

```
create public synonym PERSONAL for INTERN.MITARBEITER
```

können alle Anwender auf die Mitarbeitertabelle über den unqualifizierten Synonymnamen zugreifen (sofern sie die Berechtigung haben).

Aus administrativen Gesichtspunkten ist in der Regel eine View vorteilhafter als ein Synonym, da man für eine View Zugriffsrechte definieren und sie auf Spalten und/oder Zeilen einer Tabelle beschränken kann.

Es existieren Vorschläge, Testläufe von Programmen über Synonyme zu steuern, die man nach Bedarf auf produktive oder Testdaten legt. Diesen Vorschlägen sollte man nicht folgen, sondern aus den oben angeführten Gründen vielmehr mit Benutzersichten arbeiten.

3.3 Integritätsregeln

In der fachlichen Definitionsphase eines Projekts, dem Gegenstand von Kapitel 2, stehen Wartbarkeit und Integrität im Mittelpunkt aller Überlegungen. Der Integritätsgedanke führt dabei zur Formulierung von einer strukturierten Menge von Regeln, die für einzelne Attributstypen, jede Entity-Ausprägung, die Menge aller Entities eines Typs sowie aller Entity-Mengen gelten müssen, damit die zu speichernden Daten vollständig, korrekt und widerspruchsfrei sind. Dementsprechend spricht man von Attributs-, Zeilen-, Tabellen- und Datenbankregeln.

Im technischen Entwurf wird man vor das Problem gestellt, diese Regeln in die Praxis umzusetzen. Es stellt sich die Frage, wie die Einhaltung der Regeln im produktiven Einsatz gewährleistet wird und welche Software-Komponente einer Gesamtlösung dafür verantwortlich ist. Ausgangspunkt sind Manipulationsanforderungen, die durch einen Benutzer ausgelöst werden. Ein Benutzer will beispielsweise einen neuen Auftrag, den er in einer Bildschirmmaske erfaßt hat in der Datenbank abspeichern. Verstößt dieser Auftrag gegen irgendeine Integritätsregel, so muß das Speichern abgelehnt werden.

Abb. 3-9

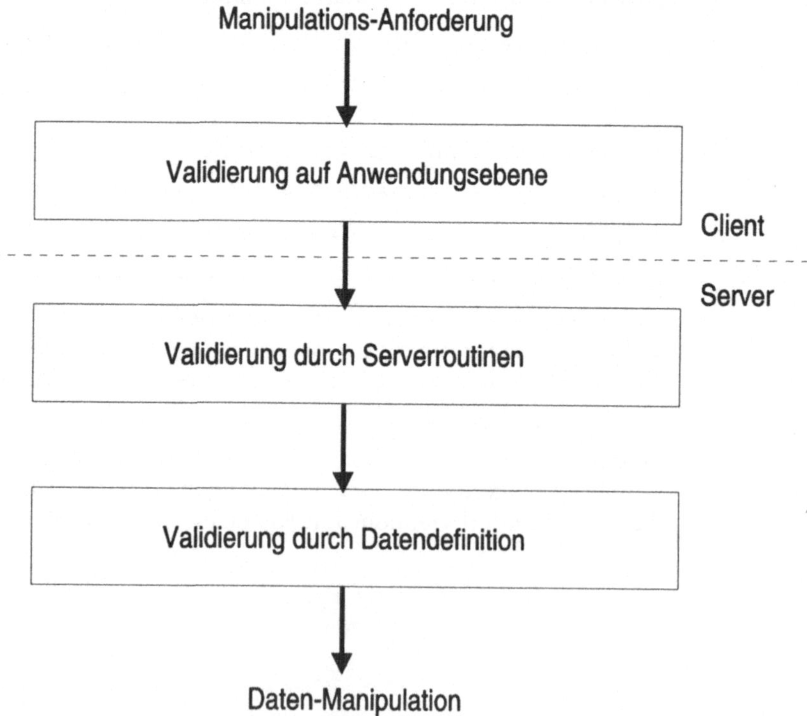

Für die Formulierung von Validierungs-Instanzen gibt es aus technischer Sicht die folgenden Möglichkeiten:

I. Das Anwendungsprogramm prüft für die Datenbank-Manipulation alle relevanten Regeln und zeigt dem Benutzer bei Verstoß eine Fehlermeldung an. Die Manipulationsanforderung wird gar nicht erst an den Server geschickt.

II. Der Server erhält eine Manipulationsanforderung und führt zunächst ein dafür definiertes PL/SQL-Programm aus, das die Validierung durchführt. Bei Verstoß wird dem anfordernden Client eine Datenbank-Fehlermeldung geschickt, und die Manipulation wird nicht durchgeführt.

III. Der Server prüft bei einer Manipulationsanforderung alle zum beteiligten Objekt definierten technischen Integritätsregeln. Wird gegen eine dieser Regeln verstoßen, wird die Manipulation mit Fehlermeldung abgelehnt.

Hierbei handelt es sich nicht um Alternativen, vielmehr stellt sich die Frage nach einem sinnvollen Mix. Vergessen wir vor einer Diskussion eine weitere Alternative nicht:

IV. Eine Randbedingung wird überhaupt nicht geprüft.

Dabei handelt es sich nicht um einen Scherz - dies ist eine echte Alternative.

Man vergleiche die Validierungsstufen:

Stufe	*Vorteile*	*Nachteile*
I. Endanwendung	direkter Feedback zum Anwender, keine Netzbelastung bei Verstoß, keine Serverbelastung bei Verstoß	Validierungsregeln sind dezentral implementiert, daraus folgen Organisations- und Wartungsprobleme, direkte SQL-Schnittstellen können die Validierung umgehen, alle Anwendungen müssen aufeinander abgestimmt werden, zusätzlicher Programmieraufwand, fehlerhafte Implementierungen sind relativ wahrscheinlich

Stufe	*Vorteile*	*Nachteile*
II. Serverroutinen (Trigger)	Regeln werden zentral und damit für alle Anwender und Anwendungen geprüft	kein direktes Feedback, Fehlermeldungen müssen von den Anwendungen interpretiert werden (für sinnvolle Reaktion), Netzbelastung, da die Anforderung and den Server geschickt werden muß, Serverbelastung, da die Ausführung von PL/SQL-Server-Ressourcen kostet, automatisch gesetzte Sperren können eskalieren und den Durchsatz extrem verschlechtern
III. klassische Integritätsregeln	Regeln werden zentral und damit für alle Anwender und Anwendungen geprüft	kein direktes Feedback, Interpretation der Fehlermeldungen, s.o., Netzbelastung, s.o.
IV. keine Prüfung	Performance	Integritäts-Lücken

Einige Nachteile lassen sich mit entsprechendem Aufwand beseitigen, wenn man die Prüfstufen miteinander kombiniert. So ist die 'Muß-Feld'-Regel als Spaltenregel für eine Tabelle mit NOT NULL definierbar. Zusätzlich sollten Anwendungsprogramme eine Prüfung der entsprechenden Eingabefelder einer Bildschirmmaske durchführen. Die Spaltenregel wird also durch Stufe I <u>und</u> III geprüft. Damit hat ein Anwender den direkten Feedback. Außerdem entfällt bei korrekter Programmierung der Overhead für die Fehlermeldung über das Netz, da die ins Netz geschickten Daten korrekt sind. Wird auf der anderen Seite ein Programm benutzt, in dem die Prüfung schlicht vergessen wurde, oder wird direkt mit SQL gearbeitet, so erkennt der Server trotzdem als letzte Instanz einen Integritätsverstoß und läßt verletzende Operationen nicht zu.

Nicht alle Regeln sind in jeder Stufe prüfbar. Gerade Stufe II, die Programmierung von Datenbank-Triggern, bietet sich dann an, wenn eine Regel nicht als ORACLE-Integritätsregel definierbar ist. Aber auch Datenbank-Trigger unterliegen Einschränkungen, auf die noch näher eingegangen wird.

Vor einer groben Empfehlungsliste sei angemerkt, daß eine Datenbank nie vollständig integer sein kann. Dazu müßte sie wissen, wie die reale

Welt wirklich aussieht. Ob der Name 'Meier18' wirklich ein gültiger Nachname der realen Welt ist, kann die Datenbank schlecht prüfen. Wissen wir es?

Damit zur Stufe IV, keiner Prüfung: Es kann absolut sinnvoll sein, eine im Fachkonzept definierte Randbedingung überhaupt nicht umzusetzen. Diese Entscheidung muß allerdings spezifiziert, d.h. schriftlich festgehalten und begründet werden. Es kann in diesem Fall auch eventuell sinnvoll sein, Prüfprogramme zu schreiben, die die Datenbank bezüglich der ausgelassenen Regeln analysieren und ein Verstoßprotokoll erzeugen, mit dem die Daten manuell korrigiert werden können.

	Prüfung durch		
	Anwendung	*Trigger*	*Integritätsregel*
Allgemein			
Spaltenregel	sinnvoll	wenn Integritätsregel nicht möglich	sinnvoll, wenn möglich
Zeilenregel	sinnvoll	wenn Integritätsregel nicht möglich	sinnvoll, wenn möglich
Primärschlüssel-Regel	sinnvoll, Server- bzw. Netzbelastung reduzieren, z.B. durch Verhindern von Schlüsseländerungen	(nicht nötig)	sinnvoll
Alternativ-schlüssel-Regel	sinnvoll, wenn Eindeutigkeit wichtig ist	(nicht nötig)	sinnvoll, wenn Eindeutigkeit wichtig ist
sonstige Tabellenregel	sinnvoll	wenn Server-Belastung nicht zu groß wird	(nicht möglich)
Fremdschlüssel-Regel	sinnvoll, wenn nachgeschlagen wird, sonst Netz- / Serverbelastung berücksichtigen	(nicht nötig)	sinnvoll
sonstige Datenbankregel	als Alternative zum Trigger	wenn Server-Belastung nicht zu groß wird	(nicht möglich)

	Prüfung durch		
	Anwendung	*Trigger*	*Integritätsregel*
Entscheidungsparameter			
Regel ist unwichtig	nein	nein	nein
Tabelle wird nur von einigen wenigen Anwendungen manipuliert	ja	nein	ja
Regelverstoß schadet relativ wenig, und Regel ist aufwendig zu prüfen	ja	nein	nein
Endbenutzer haben vollen SQL-Zugriff	(entfällt)	ja, alternativ	ja, alternativ
Entwicklung erfolgt mit ORACLE-Werkzeugen wie Forms	ja, in Kombination, automatisch generierbar	ja, alternativ	ja, alternativ
viele Transaktionen manipulieren gleichzeitig die betroffenen Objekte	ja	vermeiden	ja

Da Trigger sollten nur in dem Fall eingesetzt werden, in dem die normalen ORACLE-Integritätsregeln nicht anwendbar sind.

Constraints

Diese Regeln werden auch Constraints (*'Zwänge'*) genannt. Wie bereits angesprochen, kann man einem Constraint einen Namen vergeben, indem die Regel mit der Klausel 'CONSTRAINT name' angeführt wird. Fehlt diese Klausel, so wird ein eindeutiger Name vom System generiert. Der Name wird unter anderem benötigt, um ein Constraint zu deaktivieren, zu aktivieren oder zu löschen. Beispiele:

```
alter table TESTTABELLE disable constraint REGEL_1;
alter table TESTTABELLE enable constraint REGEL_1;
alter table TESTTABELLE drop constraint REGEL_1;
```

Das Aktivieren einer Regel durch ALTER TABLE führt dazu, daß alle bisherigen Zeilen einer Tabelle bezüglich der Regel überprüft werden. Verstößt mindestens eine Zeile gegen die Regel, so wird die Regel nicht akzeptiert. Mit der 'EXCEPTIONS INTO'-Klausel können die verstoßenden Zeilen in eine Protokolltabelle geschrieben werden.

3.3.1 Spalten- und Zeilenintegrität

Einige von ORACLE prüfbare Regeln sind bereits benutzt worden:

- Der Datentyp (z.B. NUMBER) prüft den korrekten Wertebereichstyp eines Attributs.
- Die Grenzen eines Datentyps (z.B. (8,0) bei NUMBER(8,0)) prüfen die Obergrenzen des Wertebereichs.
- Eine Muß-Spalte wird mit NOT NULL definiert. Diese Regel führt dazu, daß ein fehlender Wert in der entsprechenden Spalte erkannt und eine Fehlernachricht an die Anwendung zurückgeliefert wird. Kann-Felder werden durch fehlendes NOT NULL definiert.

DEFAULT

Zusätzlich kann einem Feld ein Standardwert mitgegeben werden. Wird beim Einfügen neuer Zeilen das entsprechende Feld nicht versorgt, so schreibt ORACLE den Standardwert hinein. Beispiel:

```
create table MESSUNG
( MESS_NUMMER   integer not null,
  MESS_DATUM    date default sysdate,
  INFOTEXT      varchar(80)            )
```

Mit der folgenden Anweisung wird eine neue Messung angelegt und das aktuelle Tagesdatum in der zweiten Spalte gespeichert. Die dritte Spalte bleibt leer.

```
insert into MESSUNG ( MESS_NUMMER )
       values       ( 1331774     )
```

Man beachte, daß MESS_DATUM trotzdem eine Kann-Spalte ist. Mit dem folgenden Insert wird in dieser Spalte nichts gespeichert, der Standardwert wird nicht gesetzt:

```
insert into MESSUNG values ( 1331775, null, null )
```

CHECK

Mit Hilfe der CHECK-Klausel werden Spalten- oder Zeilenregeln definiert. In der Klausel wird eine Gültigkeitsbedingung angegeben. ORACLE akzeptiert eine Datenmanipulation nur dann, wenn diese Bedingung wahr oder nicht auswertbar ist. Letzterer Fall tritt dann ein, wenn eine an der Bedingung beteiligte Spalte leer (NULL) ist.

Bespiele dazu finden sich in Kapitel 3.1.2, unter anderem:

```
create table LIGA.SPIELER
( ...
  STAMMPOSITION char(1)
     check( STAMMPOSITION in ('T','A','L','M','S') ),
  ...
)
```

In diesem Fall handelt es sich um eine Spaltenregel, die direkt bei der Spaltendefinition angegeben wurde. Eine Zeilenregel wird eigenständig geführt:

```
create table AAB.AUFTRAG
( AUFTRAGSNUMMER   integer not null,
  EINGANGS_DATUM   date default sysdate not null,
  AUSGANGS_DATUM   date,
  ...
  primary key( auftragsnummer ) ...,
  check( AUSGANGS_DATUM >= EINGANGS_DATUM )
)
```

Die Manipulation einer Auftragszeile wird im Beispiel nur dann durchgeführt, wenn das Ausgangsdatum entweder leer ist oder größer oder gleich dem Eingangsdatum.

Folgende Punkte sind beim Entwurf der CHECK-Regeln zu beachten:

- Tabellenregeln lassen sich nicht mit CHECK formulieren, da kein Bezug zu anderen Tabellenzeilen genommen werden kann.
- Datenbankregeln lassen sich ebenfalls nicht mit CHECK formulieren, da kein Bezug zu anderen Tabellen erlaubt ist.
- Die Formulierung einer Bedingung beschränkt sich auf die Möglichkeiten einer WHERE-Klausel. Dabei gilt die zusätzliche Einschränkung, daß die Funktionen SYSDATE, UID, USER und USERENV nicht verwendet werden dürfen.
- Pseudospalten wie NEXTVAL dürfen ebenfalls nicht verwendet werden.

Die Reduzierung der Regel auf eine Bool'sche Bedingung schränkt die Verwendung der CHECK-Klausel ein. So ist z.B. eine Validierung der Prüfziffer einer ISBN mit Hilfe der CHECK-Klausel äußerst kompliziert. Eine solche Prüfung sollte (wenn überhaupt) durch einen Trigger erfolgen.

3.3.2 Tabellenregeln

Die einzigen Tabellenregeln, die ORACLE in Form von Constraints unterstützt, sind die Primär- und Alternativschlüsselregeln. Die entsprechenden PRIMARY KEY- und UNIQUE-Klauseln sind bereits vorgestellt worden.

Andersartige Regeln können wiederum nur durch die Anwendungsprogramme und/oder Datenbank-Trigger realisiert werden.

3.3.3 Referentielle Integrität

Unter ORACLE können Beziehungen zwischen Relationen mit Einschränkungen direkt umgesetzt werden. Beziehungen zwischen Entity-Typen werden bei Relationen durch Primär-/Fremdschlüsselbeziehungen realisiert. Dabei wird jeder Beziehungstyp des ER-Modells zu einem Fremdschlüssel der abhängigen Tabelle. In diese Tabelle wandern zusätzlich die Attribute des Beziehungstyps (vgl. Kapitel 2).

Damit ORACLE die referentielle Integrität für eine Beziehung prüft, wird der Fremdschlüssel über eine FOREIGN KEY-Klausel bekanntgegeben. Dabei ist zu beachten, daß der Primärschlüssel der Elterntabelle bereits definiert sein muß und die Spaltenanzahl sowie Typ und Genauigkeit der Spalten übereinstimmen müssen.[22]

```
create table AAB.KUNDE
( KUNDENNUMMER number(10,0) not null,
  ...
  primary key( KUNDENNUMMER ) ...
);
create table AAB.AUFTRAG
( AUFTRAGSNUMMER integer not null,
  ...
  AUFTRAGGEBER   number(10,0),
  primary key( AUFTRAGSNUMMER ) ...,
  foreign key( AUFTRAGGEBER ) references AAB.KUNDE
);
```

Ist der Primärschlüssel der Elterntabelle (noch) nicht definiert, so kann man das Constraint definieren und deaktivieren, indem die Klausel mit dem Schlüsselwort DISABLE abgeschlossen wird. Alternativ kann man die Fremdschlüsseldefinition ganz auslassen. Steht der Primärschlüssel der Elterntabelle später zur Verfügung, so wird die referentielle Integrität mit Aktivierung oder Definition des Constraints eingeschaltet. Folgende Anweisung fügt z.B. eine neue Fremdschlüssel-Regel hinzu:

```
alter table AAB.AUFTRAG
  add ( foreign key( AUFTRAGGEBER ) references AAB.KUNDE )
```

Bezüglich der in Kapitel 2 dargestellten Änder- und Löschregeln muß beachtet werden, daß nur restriktives Ändern und restriktives oder kaskadierendes Löschen unterstützt werden. Das kaskadierende Löschen wird durch 'ON DELETE CASCADE' im Constraint angegeben.

---

22 Es ist auch möglich, eine referentielle Beziehung zu einem Alternativschlüssel (UNIQUE) aufzubauen. Interessant, aber bleiben wir bei den Primärschlüsseln.

Ein Beispiel aus Kapitel 2 sei aufgegriffen:

Abb. 3-10

Eine erste Umsetzung liefert die folgenden Anweisungen.

```
create table SPIELER
( NAMENS_KUERZEL  varchar(10) not null,
  VORNAME         varchar(20) not null,
  NACHNAME        varchar(35) not null,
  GEBURTSDATUM    date,
  STAMMPOSITION   char(1),
  MANNSCHAFTS_KRZ varchar(10) not null,
  MANNSCHAFTS_NR  number(2,0) not null,
  --- INTEGRITAETSREGELN ---
  primary key( NAMENS_KUERZEL ),
  --  foreign key( MANNSCHAFTS_KRZ, MANNSCHAFTS_NR )
  --  references MANNSCHAFT,
  check( STAMMPOSITION in ('T','A','L','M','V' ) )
);
create table MANNSCHAFT
( VEREINS_KUERZEL   varchar(10) not null,
  MANNSCHAFTSNUMMER number(2,0) not null,
  NAME              varchar(40),
  KAPITAEN          varchar(10) not null,
  --- INTEGRITAETSREGELN ---
  primary key( VEREINS_KUERZEL, MANNSCHAFTSNUMMER ),
  foreign key( KAPITAEN ) references SPIELER
);
alter table SPIELER
  add( foreign key( MANNSCHAFTS_KRZ, MANNSCHAFTS_NR )
       references MANNSCHAFT                        );
```

```
create table SPIEL
( SPIELTAG          date         not null,
  SPIELNUMMER       number(2,0) not null,
  HEIM_KRZ          varchar(10) not null,
  HEIM_NR           number(2,0) not null,
  GAST_KRZ          varchar(10) not null,
  GAST_NR           number(2,0) not null,
  HEIM_TORE         integer,
  GAST_TORE         integer,
  --- INTEGRITAETSREGELN ---
  primary key( SPIELTAG, SPIELNUMMER ),
  foreign key( HEIM_KRZ, HEIM_NR ) references MANNSCHAFT,
  foreign key( GAST_KRZ, GAST_NR ) references MANNSCHAFT,
  check( HEIM_TORE >= 0 ),
  check( GAST_TORE >= 0 )
);[23]
```

Die Umsetzung des Modells birgt einige Fallstricke. Zunächst einmal sind die Beziehungen zwischen Spieler und Mannschaft *kreuzreferentiell*, d.h. beide Tabellen beziehen sich aufeinander. Aus diesem Grund muß man eine der beiden Beziehungen im nachhinein definieren, wie durch das ALTER TABLE geschehen.

Ein zweites Problem ergibt sich aus der Kardinalität der Beziehungen heraus. Eine Mannschaft muß einen Kapitän haben, deshalb ist der Fremdschlüssel als NOT NULL deklariert. Ein Spieler muß zu einer Mannschaft gehören, auch hier wird der Fremdschlüssel mit NOT NULL angegeben. Es ergibt sich das Problem mit der Henne und dem Ei:

```
insert into MANNSCHAFT
  values( 'CTC09', 1, 'erste Mannschaft', 'WAGNER' );
ORA-02291: integrity constraint (LIGA.SYS_C00664)
           violated - parent key not found

insert into SPIELER
  values( 'WAGNER', 'Franz', 'Wagner', '31.10.1967', 'L',
          'CTC09', 1 );
ORA-02291: integrity constraint (LIGA.SYS_C00665)
           violated - parent key not found
```

[23] In den Beispielen wird teilweise auf die USING INDEX-Klausel verzichtet, um die Übersichtlichkeit zu erhöhen. Fehlt der Schemaname, wird davon ausgegangen, daß der Ersteller sich unter dem gewünschten Schemanamen anmeldet.

Das Modell ist also wunderschön, nur kann mit den Tabellen nicht gearbeitet werden, weil man keine Zeilen einfügen kann.

Einziger Ausweg: Entgegen den Festlegungen des fachlichen Modells erhält eine der beiden Beziehungen eine Minimum-Kardinalität von 0. So kann z.B. KAPITAEN als Kann-Feld deklariert werden, um zunächst eine Mannschaft und danach ihren Kapitän einzufügen.

Das nächste Beispiel aus Kapitel 2 basiert auf dem folgenden ER-Modell:

Abb. 3-11

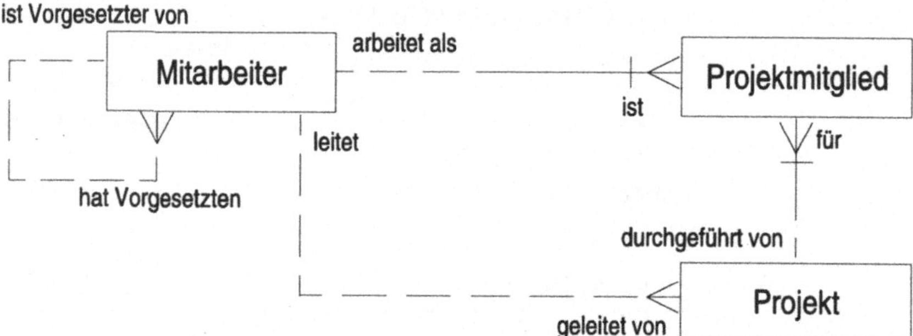

Hierfür waren die folgenden Änder- und Löschregeln festgelegt worden:

Beziehung	*Löschregel*	*Änderregel*
Projektleitung	restriktiv	restriktiv
Vorgesetzter	restriktiv	restriktiv
Mitgliedsperson	kaskadierend	restriktiv
Mitgliedsprojekt	kaskadierend	kaskadierend

Die Löschregeln können direkt umgesetzt werden, weil kein trennendes Löschen vorkommt:

```
create table MITARBEITER
( PERSONALNR     number(8,0) not null,
  ...,
  VORGESETZTER   number(8,0),
  primary key( PERSONALNR ),
  foreign key( VORGESETZTER ) references MITARBEITER
          -- on delete restrict
);
```

```
create table PROJEKT
( PROJEKTNR      varchar(10) not null,
  ...,
  PROJEKTLEITER number(8,0),
  primary key( PROJEKTNR ),
  foreign key( PROJEKTLEITER ) references MITARBEITER
          -- on delete restrict
);
create table PROJEKTMITGLIED
( MITGL_PERSON   number(8,0) not null,
  MITGL_PROJEKT  varchar(10) not null,
  ...
  primary key( MITGL_PERSON, MITGL_PROJEKT ),
  foreign key( MITGL_PERSON ) references MITARBEITER
          on delete cascade,
  foreign key( MITGL_PROJEKT ) references PROJEKT
          on delete cascade
);
```

Das kaskadierende Löschen wird durch diese Definition durch das Datenbanksystem selbst durchgeführt. Das kaskadierende Ändern in der Beziehung zwischen Projekt und Projektmitglied muß hingegen noch durch einen Trigger oder eine zu programmierende Funktion des Anwendungssystems realisiert werden. Direkt nach dieser Definition hält sich ORACLE an die grundsätzlich geltende restriktive Änderregel.

Allgemein gibt es die folgenden Einschränkungen beim Entwurf von ORACLE-Tabellen und deren Beziehungen:

- Trennendes Löschen ist nicht direkt möglich ('ON DELETE SET NULL' existiert nicht).
- Kaskadierendes Ändern ist nicht direkt möglich ('ON UPDATE CASCADE' existiert nicht).
- Trennendes Ändern ist nicht direkt möglich ('ON UPDATE SET NULL' existiert nicht).
- Bei Beziehungsschleifen dürfen keine Muß-Zyklen entstehen (siehe Beispiel Kapitän/Mannschaft).
- Ein Muß-Ende einer Beziehung bei der Eltern-Tabelle kann nicht direkt geprüft werden. Im Liga-Beispiel: Daß eine Mannschaft mindestens einen Spieler besitzen muß, wird nicht von ORACLE geprüft.

3.4 Datenbank-Trigger

ORACLE-Datenbanksysteme bieten die Möglichkeit, Programm-Module zu definieren, die in bestimmten Situationen automatisch vom Server aufgerufen und ausgeführt werden. Basis für diese *Trigger* ist die Programmiersprache PL/SQL, die eine prozedurale Erweiterung von SQL ist und auf dem Server und in vielen ORACLE-Werkzeugen zur Verfügung steht (z.B. in ORACLE*Forms, -Reports und -Graphics).

PL/SQL

PL/SQL schließt die gängigen Konzepte von Sprachen der dritten Generation (3GL) ein:

- Es können Variablen verwendet werden. Die Sichtbarkeit der Variablen kann durch Blöcke gesteuert werden, die das Lokalitäts- und Information-Hiding Prinzip verwirklichen.
- Die klassischen Kontrollanweisungen für Verzweigung (IF ... THEN ... ELSE) und Schleifen (WHILE/FOR/LOOP) stehen zur Verfügung.
- Unterprogramme unterstützen die Modularisierung von PL/SQL-Systemen. Dabei können formale Parameter übergeben werden. PL/SQL kennt Prozeduren und Funktionen.
- Die Modularisierung wird weiterhin durch das Paketkonzept unterstützt. Zusammengehörige Funktionen und Prozeduren können in einem *Package* realisiert werden. Das Package verbessert das Ausführungsmanagement und strukturiert die Einzelkomponenten.

Einige Spezialitäten ergänzen diese Standard-Eigenschaften:

- Die Fehlerbehandlung erfolgt durch eine Ausnahme-Behandlung im *Exception-Teil* eines Blockes (ähnlich wie z.B. in PL/I oder C++).
- Durch die enge Bindung an ORACLE-Datenbanken fließen enge Kopplungen zu ORACLE-Objekten in die Sprache ein (wie z.B. die Typreferenz einer Variablen auf eine Tabellenspalte oder -zeile).

PL/SQL wird interpretiert. Der Interpreter, auch PL/SQL-Prozessor oder PL/SQL-Engine genannt, steht auf Server-Seite zur Verfügung. Zusätzlich kann ein Prozessor auf Client-Seite existieren. Module, die auf dem Server ausgeführt werden sollen, können in der Datenbank abgelegt werden. Module können desweiteren in einer lokalen oder globalen Bibliothek des Clients stehen, wenn sie auf dem Client-Prozessor ausgeführt werden sollen (vgl. Abb. 3-12).

Trigger

Ein Trigger ist auf der Server-Datenbank gespeichert, genauer gesagt im Data-Dictionary. Er entspricht einem Unterprogramm (einer Prozedur), das vom Server selbst in vordefinierten Situationen aufgerufen wird.

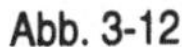

Abb. 3-12

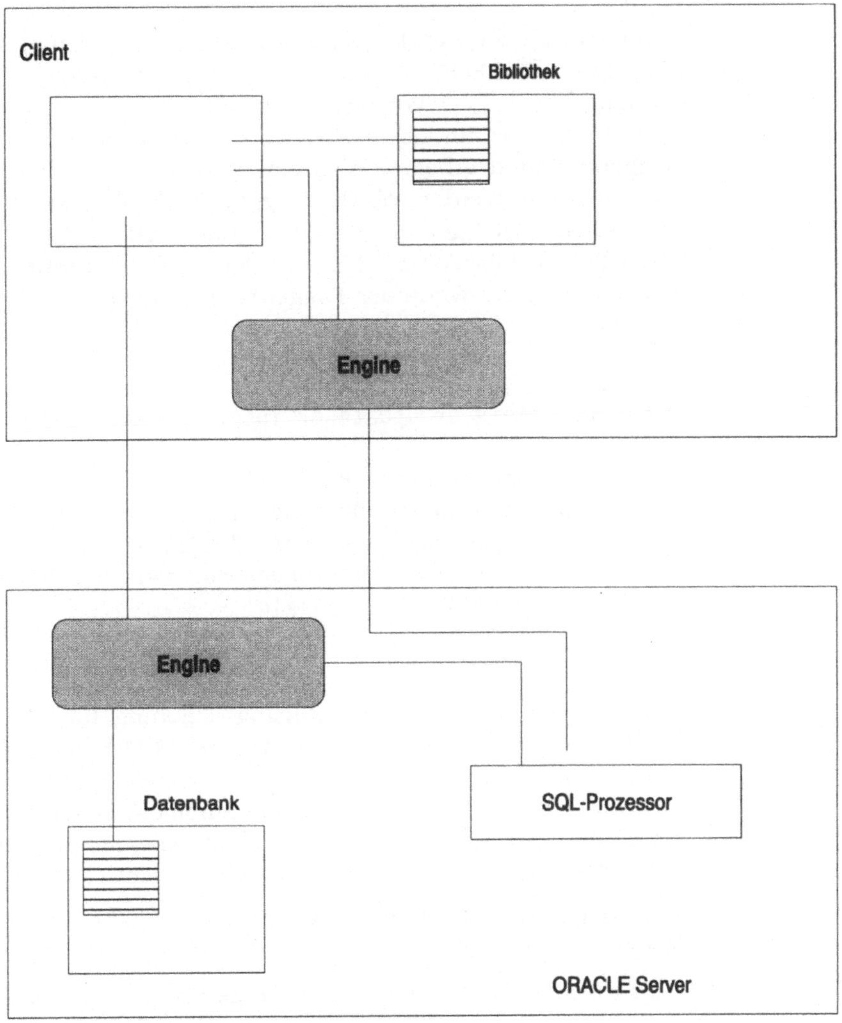

3.4.1 Aufbau und Wirkungsweise

Trigger-Definitionen besitzen den folgenden Aufbau:

```
create trigger triggername
zeitpunkt ereignis
ausführungshäufigkeit
einschränkung
declare...begin
  rumpf
end;
```

Ereignisse, an die ein Trigger gekoppelt werden kann, sind INSERT-, UPDATE- und DELETE-Operationen auf einer definierten Tabelle. Dabei kann der Trigger vor oder nach der Operation ausgeführt werden (Zeitpunkt: BEFORE oder AFTER). Da die auslösenden Operationen mengenorientiert arbeiten, also eine Menge von Zeilen manipulieren, kann bestimmt werden, ob der Trigger für die Operation oder für jede manipulierte Zeile gefeuert wird (Ausführungshäufigkeit: leer oder FOR EACH ROW). Eine WHEN()-Klausel kann die Ausführung an eine Bedingung knüpfen, wenn der Trigger für jede Zeile feuert.

Beispiel:

```
create trigger LEISTUNG_B
before delete or update or insert on LEISTUNG
begin
  if to_char(sysdate,'HH24:MI')
     not between '08:00' and '17:00' then
    raise_application_error( -20001,
          'Datenbankänderungen nur zwischen 8:00 und' ||
          '17:00 Uhr zulässig'                        );
  end if;
end;
```

Dieser Trigger realisiert eine Zugangssicherung für die Tabelle LEISTUNG. Bei Manipulationen, die zwischen 17:01 und 7:59 Uhr angefordert werden, erhält der Anwender die Fehlermeldung, die in der IF-Anweisung angegeben wurde (Fehlernummern müssen zwischen minus 20000 und 20999 liegen). Damit ist eine Randbedingung implementiert worden, die z.B. dem Datenschutz dient.

Ablauf

Sind Trigger und Constraints definiert, so arbeitet ORACLE diese in der folgenden Reihenfolge ab:

I. Es werden alle benötigten Sperren gesetzt.

II. Befehlsorientierte BEFORE-Trigger werden ausgeführt.

III. Für jede Zeile:

a) Die zeilenorientierten BEFORE-Trigger werden ausgeführt.

b) Die Manipulation wird anhand der definierten Constraints überprüft und durchgeführt, wenn die Constraints eingehalten werden.

c) Die zeilenorientierten AFTER-Trigger werden ausgeführt.

IV. Befehlsorientierte AFTER-Trigger werden ausgeführt.

V. Es erfolgt eine abschließende Prüfung, und nicht mehr benötigte Sperren werden zurückgenommen.

Tritt in diesem Ablauf an einer beliebigen Stelle ein Fehler auf, so wird die Ablaufkette abgebrochen. Damit werden die „bisherigen" Änderungen der Kette zurückgenommen.

MT Syndrom

Ein spezielles Problem, daß bei der Trigger-Programmierung auftritt, ist das *Mutating Table Syndrom*. Dieses Verhalten hängt mit den in Schritt I gesetzten Tabellen(!)-Sperren zusammen.

Eine Tabelle ist als *mutierende* Tabelle gesperrt, wenn sie von Manipulationen betroffen ist oder durch kaskadierendes Löschen betroffen sein könnte. Eine Tabelle ist als *Constraint*-Tabelle gesperrt, wenn sie durch die den Trigger auslösenden Befehl von ORACLE gelesen werden muß (z.B. wegen einer Primary / Foreign Key-Beziehung).

Aus Gründen der internen Integrität existieren die folgenden Einschränkungen:

- Eine mutierende Tabelle darf in einem zeilenorientierten Trigger weder gelesen noch verändert werden.
- Eine Constraint-Tabelle darf in einem zeilenorientierten Trigger nicht in ihren Primär-, Alternativ- oder Fremdschlüsselspalten geändert werden.

Diese Einschränkungen führen bei der Triggerentwicklung zu ernsthaften Problemen. Besonders ärgerlich: Ein trennendes Löschen oder Ändern (ON DELETE SET NULL, ON UPDATE SET NULL) ist nicht durch Trigger programmierbar, wenn eine Primär-/Fremdschlüssel-Beziehung definiert ist.

Zur Lösung dieses Problems gibt es eine vielleicht überraschende Strategie: die referentielle Integrität über FOREIGN KEY wird ausgeschaltet. Stattdessen wird diese Integritätsregel über Trigger nachprogrammiert. Damit ist die an einer Beziehung beteiligte Tabelle nicht mehr mutierend oder eine Constraint-Tabelle.

3.4.2 Referentielle Integrität über Trigger

Zur Einhaltung der referentiellen Integrität unter Umgehung der 'deklarativen' Regel sind zwei Schritte notwendig:

- Für die abhängige Tabelle ist ein Trigger zu programmieren, der die Fremdschlüsselintegrität überwacht.
- Für die Eltern-Tabelle sind Trigger zu enwerfen, die die gewünschten Änder- und Löschregeln implementieren.

Schritt 1 ist relativ einfach gemäß dem folgenden Standard-Rahmen zu realisieren. Dabei wird bei jedem INSERT bzw. UPDATE in der Eltern-Tabelle nachgeschlagen, ob der angegebene Fremdschlüssel existiert.

Damit der Rahmen für beliebige Beziehungen übertragbar ist, werden die Tabellen 'PARENT' bzw. 'CHILD' genannt. Die Attribute erhalten die Namen 'PK_PARENT' bzw. 'FK_CHILD'.

```
create trigger CHILD_BIUR
  before insert or update of FK_CHILD on CHILD
  for each row when (FK_CHILD is not null)
declare
  dummy          char;         /* zur Cursor-Verarbeitung */
  FK_VERSTOSS    exception;
  MUTATING       exception;    /* fängt MT-Syndrom ab */
  pragma exception_init( MUTATING, -4091 );
  cursor DUMMY_CURSOR is       /* sucht den Primärschlüssel*/
    select null from PARENT
      where PK_PARENT = :new.FK_CHILD
      for update of PK_PARENT;
begin
  /* Der Primärschlüssel wird gesucht. Dabei wird ein
     Cursor verwendet, der durch FOR UPDATE direkt eine
     Sperre setzt, damit die Integrität bei parallel
     laufenden Transaktionen gewahrt bleibt.
     Das SELECT liefert nichts zurück, es geht ja nur
     darum, die Existenz des Primärschlüssels in der
     Eltern-Tabelle festzustellen.                       */
  open DUMMY_CURSOR;
  fetch DUMMY_CURSOR into DUMMY;
  /* Nicht gefundener Schlüssel führt zu einem Fehler-
     zustand, der unten behandelt wird.                  */
  if DUMMY_CURSOR%notfound then
     raise FK_VERSTOSS;
  end if;
  close DUMMY_CURSOR;
exception
  when FK_VERSTOSS then
     raise_application_error( -20001,
           'Eltern-Schlüssel nicht gefunden.' );
     close DUMMY_CURSOR;
  when MUTATING then
     null;
end;
```

Insbesondere ist bei diesem Trigger darauf zu achten, daß der Lesevorgang durch einen Update-Cursor geschieht, der einen referenzierten Eltern-Satz löscht. Auch das Abfangen des MT-Syndroms ist notwendig, wenn trennendes oder kaskadierendes Ändern im folgenden realisiert werden sollen.

Mit diesem Trigger ist die Integrität nur halb gewährleistet. Es fehlt die Realisierung der passenden Trigger für die Eltern-Tabelle. Diese Trigger müssen bei Änderungen oder Löschen ansetzen. Hierfür sind im konzeptionellen Datenmodell entsprechende Regeln festgehalten, die den Trigger festlegen.

3.4.3 Restriktives Ändern und Löschen

Wird eine Zeile der Eltern-Tabelle im Primärschlüssel geändert oder ganz gelöscht, kann diese Operation zu einem Integritätsverstoß führen, wenn abhängige Zeilen existieren.

Der folgende Trigger überwacht die Integrität nach der Regel 'restriktives Ändern'. Für das restriktive Löschen wird er analog (mit AFTER DELETE) kodiert.

```
create trigger PARENT_AUR
  after update of PK_PARENT on PARENT
  for each row
declare
  DUMMY        char;
  PK_VERSTOSS  exception;
  cursor DUMMY_CURSOR is
    select null from CHILD
      where FK_CHILD = :old.PK_PARENT;
begin
  /* Auch hier wird mit Cursor gearbeitet. Er wird benö-
     tigt, um die Existenz mindestens einer abhängigen
     Zeile zu überprüfen.                           */
  open DUMMY_CURSOR;
  fetch DUMMY_CURSOR into DUMMY;
  /* Gefundene abhängige Zeilen führen zum Fehler. */
  if DUMMY_CURSOR%found then
     raise PK_VERSTOSS;
  close DUMMY_CURSOR;
exception
  when PK_VERSTOSS then
     raise_application_error( -20002,
          'Es existieren abhängige Zeilen' );
     close DUMMY_CURSOR;
end;
```

3.4.4 Trennendes Ändern oder Löschen

Beim trennenden Ändern oder Löschen wird der Fremdschlüsselwert der abhängigen Tabelle auf nichts (NULL) gesetzt. Dies setzt selbstverständlich voraus, daß es sich beim Fremdschlüssel um ein Kann-Attribut handelt. Auch hier das Beispiel für das trennende Ändern; das trennende Löschen wird analog realisiert.

```
create trigger PARENT_AUR
  after UPDATE of PK_PARENT on PARENT
  for each row
begin
  if :old.PK_PARENT <> :new.PK_PARENT then
     update CHILD
       set FK_CHILD = NULL
       where FK_CHILD = :old.PK_PARENT;
  end if;
end;
```

3.4.5 Kaskadierendes Löschen

Das kaskadierende Löschen ist relativ einfach umzusetzen:

```
create trigger PARENT_ADR
  after delete on PARENT
  for each row
begin
  delete from CHILD
    where FK_CHILD = :old.PK_PARENT;
end;
```

3.4.6 Kaskadierendes Ändern

Man ist zunächst versucht, das kaskadierende Ändern analog zum obigen Beispiel umzusetzen. Der entsprechende Trigger wird an dieser Stelle gar nicht erst komplett vorgestellt, weil er zu einem katastrophalen Datenbank-Zustand führen kann! Warum?

Man stelle sich das kaskadierende Ändern am Beispiel Kunde und Auftrag vor: Ändert sich eine Kundennummer von 4712 auf 4713, so sollten die Fremdschlüssel-Werte in der Auftrags-Tabelle analog geändert werden:

Abb. 3-13

KUNDE	
4707	...
4712	...
4717	...

AUFTRAG		
10007	...	4712
10008	...	4717
10009	...	4707
10010	...	4712

KUNDE	
4707	...
4713	...
4717	...

AUFTRAG		
10007	...	4713
10008	...	4717
10009	...	4707
10010	...	4713

Die Idee der Realisierung ist die folgende: Für jeden Update auf Kunde Parent wird für die Auftragstabelle die folgende Anweisung durch einen Trigger durchgeführt:

```
update AUFTRAG set AUFTRAGGEBER = :new.KUNDEN_NR
  where AUFTRAGGEBER = :old.KUNDEN_NR
```

Im obigen Beispiel würde der Trigger korrekt laufen. Im praktischen Einsatz kann aber eine mehr als unangenehme Situation eintreffen. Die Tabellen sind wie folgt gefüllt:

Abb. 3-14

KUNDE	
4707	...
4712	...
4713	...

AUFTRAG		
10007	...	4712
10008	...	4713
10009	...	4707
10010	...	4712

Ein Anwendungsprogramm setzt nun den folgenden Befehl ab:

```
update KUNDE set KUNDEN_NR = KUNDEN_NR + 1
```

Der fehlerhafte Trigger schlägt zu: Zunächst wird 4707 auf 4708, dann 4712 auf 4713 geändert. Bis jetzt noch keine Probleme, nur ist der Wert 4713 in der Auftrags-Tabelle nun dreimal vorhanden. Richtig: Die Änderung von 4713 auf 4714 führt nun zu folgendem End-Zustand:

Abb. 3-15

KUNDE	
4708	...
4713	...
4714	...

AUFTRAG		
10007	...	4714
10008	...	4714
10009	...	4708
10010	...	4714

Der Trigger hat damit die Beziehungen verfälscht!

Man kann sich einige weitere Gedanken über dieses Thema machen. Ausführungen dazu hat z.B. Carl Dudley veröffentlicht, aber das Problem bleibt in bestimmten Konstellationen bestehen.

Der mögliche Ausweg ist aufwendig, sehr aufwendig. Zunächst einmal muß die abhängige Tabelle um ein Feld erweitert werden, das in einem BEFORE UPDATE-Trigger durch einen eindeutigen Schalterwert gekennzeichnet wird. Dieses Feld wird im folgenden 'UPDATE_ID' genannt.

Zur Verwaltung der benötigten ID kann man ein Package erstellen, das den nächsten ID-Wert speichert. Außerdem ist eine Sequenz erforderlich:

```
create package INTEGRITAET as
  UPDATE_SEQ_NR number;
end INTEGRITAET;
create package body INTEGRITAET as
  /* im Body ist nichts,aber man braucht halt die Nummer */
end INTEGRITAET;
create sequence UPDATE_SEQUENCE
  /* zyklisch von 1 bis 5000 */
  increment by 1 maxvalue 5000 cycle;
```

Als nächstes wird ein BEFORE-Trigger benötigt, der vor jedem einzelnen Update eine eindeutige Nummer bestimmt und diese im Package speichert:

```
create trigger KUNDE_BUR
  before update of KUNDEN_NR on KUNDE
declare
  NAECHSTE_ID  NUMBER;
begin
  select UPDATE_SEQUENCE.nextval into NAECHSTE_ID
    from dual;
  INTEGRITAET.UPDATE_SEQ_NR := NAECHSTE_ID;
end;
```

Mit diesem Trigger ist vor dem Ändern einer einzelnen Kundennummer dieser Änderung eine ID vergeben worden, die nach erfolgreichem Update in das Flag-Feld geschrieben wird. Dieses Flag-Feld bestimmt gleichzeitig, welche abhängigen Zeilen durch die auslösende Manipulation noch nicht berührt wurden:

```
create trigger KUNDE_AUR
  after update of KUNDEN_NR on KUNDE
  for each row
begin
  update AUFTRAG
    set AUFTRAGGEBER = :new.KUNDEN_NR,
        UPDATE_ID    = INTEGRITAET.UPDATE_SEQ_NR
    where AUFTRAGGEBER = :old.KUNDEN_NR and
          UPDATE_ID is null;
end;
```

Schließlich müssen die gesetzten Flag-Felder am Ende der gesamten Operation wieder auf leer gesetzt werden:

```
create trigger KUNDE_AU
  after update of KUNDEN_NR on KUNDE
begin
  update AUFTRAG
    set  UPDATE_ID = NULL
    where UPDATE_ID = INTEGRITAET.UPDATE_SEQ_NR;
end;
```

3.4.7 Andere Datenbank-Regeln

Neben den hier näher ausgeführten referentiellen Regeln können Trigger weitere Datenbank-Regeln realisieren, da sie einen Zugriff auf andere Tabellen ermöglichen.

Bereiche nachschlagen

Zum Nachschlagen von gültigen Wertebereichen kann z.B. eine Bereichstabelle mit Maximal- und Minimalwert aufgebaut werden. Als Primärschlüssel dieser Validierungstabelle wird eine Spalte definiert, die den gültigen Wertebereich festlegt. Beispiel: In der Kundentabelle ist ein Attribut 'Bonitätsstatus' definiert (Zahl von 1 bis 10), der den möglichen Kreditrahmen steuert. Daneben ist der aktuelle Kreditrahmen ein weiteres Attribut. Eine Bonität von 3 bedeutet z.B. eine Rahmen von zur Zeit 2.000 bis 5.000 DM. Ein aktueller Kredit von z.B. 4.500 DM ist im Rahmen, ein Kredit von 6.000 DM muß abgelehnt werden. Die Unter- und Obergrenzen werden in einer eigene Tabelle gespeichert. So kann der Rahmen unter anderem an die Inflation angepaßt werden. Trigger führen nun die Überprüfung der Integritätsregel durch: Wird ein Kredit eines Kunden geändert, so wird in der Bonitätstabelle die entsprechende Bonitätszahl gesucht und der dort gespeicherte Bereich mit der angeforderten Änderung verglichen. Verstöße werden abgelehnt.

Darüber hinaus können entsprechende Trigger, die an der Bonitätstabelle verankert sind, bei Änderung der Grenzen diese in der Kundentabelle nachpflegen.

Berechnete Attribute

Analog kann man verfahren, wenn Attribute einer Tabelle aus anderen Tabellen errechnet werden. Beinhaltet beispielsweise eine Auftragstabelle ein Feld 'Auftragswert', das sich aus der Summe der einzelnen Positionen berechnet, so kann die korrekte Bestimmung dieses Wertes über Trigger programmiert werden (vgl. auch 2.7.3). Bei jedem INSERT, UPDATE und DELETE auf der Positionstabelle wird der Wert entsprechend erhöht oder verringert. INSERT-Beispiel:

```
create trigger POSITION_AIR
  after insert on POSITION
  for each row
begin
  update AUFTRAG
    set WERT = WERT + :new.MENGE * :new.PREIS
    where AUFTRNR = :new.AUFTRAG;
end;
```

Datenschutz-Regeln

Über entsprechende Trigger können Operationen abgelehnt werden, wenn sie nicht zu einer bestimmten Tageszeit oder an bestimmten Tagen erfolgen (siehe einführendes Trigger-Beispiel).

Trigger können genauso gut Operationen ablehnen, die nicht von einem festgelegten Benutzerkreis abgesetzt werden. Diese Art des Datenschutzes sollte aber nur dann eingesetzt werden, wenn die Standardkonzepte für den Datenschutz nicht ausreichen.

Daten normalisieren

Trigger können sicherstellen, daß einzelne Felder gemäß ihrer Wertebereichs-Definition gespeichert werden, ohne daß bei einem Verstoß unbedingt die Operation abgelehnt wird. Ist z.B. festgelegt, daß die Spalte 'Kürzel' einer Mitarbeitertabelle nur Namenskürzel in Großbuchstaben speichert, so kann der folgende Trigger eventuell angegebene Kleinbuchstaben automatisch in Großbuchstaben konvertieren, bevor das Kürzel gespeichert wird:

```
create trigger MITARBEITER_BIUR
  before insert or update of KUERZEL on MITARBEITER
  for each row
begin
  :new.KUERZEL := upper( :new.KUERZEL );
end;
```

3.4.8 Fallstricke

Das Arbeiten mit Triggern hat einige Nachteile, die bei der Entscheidung, ob Trigger eingesetzt werden sollen, berücksichtigt werden müssen. Über Alternativen zum Triggereinsatz ist bereits in 3.3 diskutiert worden.

Trigger können sich auf zwei Qualitätsmerkmale negativ auswirken, die im Mittelpunkt des Interesses stehen. Zum einen kosten Trigger nicht unerhebliche Server-Ressourcen, können also zu Lasten der Performance gehen. Dieses Verhalten muß im konkreten Anwendungsfall beobachtet werden. Wie stark sich ein Trigger auf Antwortzeiten niederschlägt, hängt vom genauen Einsatzumfeld ab.

Zweitens kann der exzessive Einsatz von Triggern die Wartbarkeit eines Datenbanksystems verschlechtern. Dem kann entgegengewirkt werden, wenn man einige Prinzipien strikt befolgt:

- **Namensrichtlinien**

  Unterstützen Sie die Wartbarkeit durch Namensregeln. Eine gängige Regel ist z.B., daß Triggernamen mit dem Tabellennamen beginnen und danach Einsatzzeitpunkt, auslösende Operation und Häufigkeit des Feuerns kodieren. Der Triggername 'MITARBEITER_BIUR' kodiert also z.B. einen Trigger auf MITARBEITER, der vor ('B') Insert oder Update ('IU') für jede Zeile ('R') feuert.

- **Dokumentation**

  Dokumentieren Sie jeden realisierten Trigger im technischen Datenmodell. Aus der Beschreibung der einzelnen Tabellen muß hervorgehen, welche Trigger zu ihnen verankert sind und welche anderen Tabellen von den einzelnen Triggern berührt werden. Sinnvoll ist u.a. eine grafische Übersicht der Trigger, die sich an Abb. 2-59 orientiert.

- **Kaskadierungen vermeiden**

  Vermeiden Sie Triggerketten, die im System ausgelöst werden, wenn Trigger 1 eine Operation veranlaßt, die Trigger 2 zur Ausführung bringt, usw.. Fehler, die aufgrund solcher Kaskaden ausgelöst werden, sind extrem schwer zu lokalisieren.

- **Widersprüche erkennen**

  Beim Entwurf eines Triggers ist genau zu prüfen, ob er in Widerspruch zu bereits definierten Integritätsregeln steht. Insbesondere ist durch Tests zu klären, ob ein implementierter Trigger überhaupt ausgeführt wird. Ein Trigger, der nach einem Update feuert und dafür sorgt, daß eine Check-Regel eingehalten wird, kommt z.B. niemals zur Ausführung. Die Check-Regel 'zieht' vor der Ausführung.

- **Rekursionen vermeiden**

  Trigger können sich derart gegenseitig auslösen, daß eine Endlosschleife auftritt. Eine direkte Rekursion ist z.B. gegeben, wenn ein Update-Trigger selbst einen Update auf die eigene Tabelle beinhaltet. Die indirekte Rekursion (Trigger A feuert in bestimmten Situationen Trigger B, Trigger B feuert Trigger A) kann sogar echten Schaden anrichten, wenn sie erst im produktiven Einsatz der Datenbank erkannt wird.

- **Vollständig einarbeiten**

  Personen, die Trigger entwerfen und implementieren, sollten alle diesbezüglichen Ausführungen der Hersteller-Literatur kennen. Insbesondere die Anmerkungen im 'Developer's Guide' sind Pflichtlektüre, dort sind z.B. alle Restriktionen aufgeführt.

3.5 Modelltuning

In der bisherigen Vorgehensweise wurde der technische Entwurf einer ORACLE-Datenbank insbesondere unter der Prämisse dargestellt, das konzeptionelle Datenmodell möglichst strukturgetreu umzusetzen. Nur so kann ein Maximum an Integrität und Wartbarkeit erreicht werden.

Wie bereits mehrfach erläutert, ist die Performance eine Qualitätsanforderung, die Integrität und Wartbarkeit eher widerspricht. Trotzdem kann man in einigen Fällen nicht auf Performance verzichten; ein zu langsames System ist nicht akzeptabel, auch wenn es wartbar und integer aufgebaut ist.

Befindet man sich in der Situation einer zu langsamen ORACLE-Datenbank, so stellt sich die Tuning-Frage: Wie kann man das System beschleunigen? Da ist zunächst einmal die Hardware des Servers zu sehen. Darüber hinaus kann eine gut ausgebildete Datenbank-Administration einiges 'aus dem System herausholen'. Man kann allerdings zu der Erkenntnis kommen, daß das technische Datenmodell selbst für langsame Antwortzeiten und schlechten Durchsatz verantwortlich ist. Entstehen z.B. durch Normalisierung Dutzende von Tabellen, die nur miteinander verwoben verwendet werden können, so ist das Datenbanksystem gezwungen, die meiste Zeit mit dem Abmischen von Tabellenzeilen zu verbringen.

In solchen Fällen muß der technische Entwurf überarbeitet werden. Die folgenden Punkte sollen aufzeigen, an welchen Stellen sinnvolles Tuning möglich ist.

Vor den Details sei allerdings eine Warnung ausgesprochen: Blindes Tuning verschlechtert die Qualität eines Datenbanksystems, ohne es zu beschleunigen. Es ist ein Fehler, Ursachen für schlechtes Performance-Verhalten mehr oder weniger intuitiv festzulegen. Performance kann und muß man messen. Ist eine Endanwendung zu langsam, so ist sie zu instrumentieren: Ist es wirklich der Datenbank-Zugriff, der für schlechte Antwortzeiten verantwortlich ist? Etliche Stunden von Profiler-Sitzungen haben gelehrt, daß in sehr vielen Fällen die echte Ursache in anderen Programm-Elementen zu finden war.

Wird wirklich der Datenbank-Zugriff als Übeltäter bestätigt, so ist als nächstes die entsprechende SQL-Anweisung zu analysieren. In vielen Fällen kann sie optimiert werden. Auch hier ist Messen Pflicht.

Sind die SQL-Zugriffe optimiert und ist die Antwortzeit immer noch inakzeptabel, so sollte man zunächst technisches Tuning betreiben (Ausführungen folgen). Sind alle anderen Tuning-Maßnahmen erfolglos, so kann über Modelltuning nachgedacht werden. Wie bei allen Tuning-Aktivitäten ist hierbei durch Instrumente nachzuweisen, ob eine Modell-Änderung wirklich Performance-Vorteile bietet.

Es sei schließlich noch angemerkt, daß ein gewünschtes Antwortzeitverhalten bzw. ein gewünschter Durchsatz möglicherweise mit einer Datenbank gar nicht erzielbar ist. Steht im Lastenhaft eines Anwendungssystems eine garantierte Anwortzeit von unter einer Sekunde für komplexeste Abfragen auf Tabellen mit zig Millionen Zeilen, so ist das Lastenheft selbst fehlerhaft: Es ist nicht realisierbar.

3.5.1 Aufnahme berechneter Felder

Im konzeptionellen Datenmodell können Attribute festgelegt werden, die sich aus anderen Attributen ableiten. Diese abgeleiteten oder berechneten Spalten bieten eine Entwurfsalternative:

I. Ein abgeleitetes Attribut wird nicht in die Tabelle aufgenommen, sondern per SQL-Ausdruck oder Anwendungsprogramm bei jeder Abfrage berechnet.

II. Das abgeleitete Attribut wird in die Tabelle aufgenommen und bei jeder das Feld betreffenden Manipulation der Basisdaten berechnet.

Beide Varianten besitzen Vor- und Nachteile. Allgemein kann festgehalten werden, daß eine hohe Leserate eher für, eine hohe Manipulationsrate eher gegen die Aufnahme eines abgeleiteten Attributs spricht.

Etwas detaillierter werden die Einflußfaktoren in der folgenden Matrix dargestellt:

Einflußgröße	*Attribut nicht aufgenommen*	*Attribut aufgenommen*
Lese-Zugriff	muß jedesmal berechnet werden	wird direkt zurückgeliefert (kaum 'Kosten')
Änderung der Basis-Attribute	kein Aufwand	berechnetes Attribut muß neu berechnet werden
Attribut leitet sich aus Attributen der selben Zeile ab	Bestimmung beim Lesen per SQL-Ausdruck kostet Server-Ressourcen, Bestimmung durch Anwendung (geringe) Client-Ressourcen	Bestimmung bei Änderungen per Trigger kostet Server-Ressourcen, Bestimmung per Anwendungsprogramm (geringe) Client-Ressourcen
Attribut leitet sich aus anderen Zeilen ab	Zugriff auf diese Zeilen beim Lesen notwendig, kostet Server-Ressourcen	Zugriff bei Änderungen notwendig, kostet Server-Ressourcen
Integrität	optimal, da keine Widersprüche auftreten können	problematisch, da ein abgeleitetes Attribut seiner Berechnungsvorschrift widersprechen kann

Als Beispiel wird das Modell der KFZ-Versuche aus Kapitel 2 aufgegriffen (vgl. Abb. 2-63). Wird dabei der Verbrauch einer Teilstrecke nicht aufgenommen, so besteht die entsprechende Tabelle lediglich aus den Basisattributen:

```
create table VM.TEILVERSUCH
( VERSUCHSNUMMER  integer not null,
  TEILVERSUCHS_NR integer not null,
  KRAFTSTOFFMENGE number(5,2) not null,
  STRECKE         integer not null,
  primary key( VERSUCHSNUMMER, TEILVERSUCHS_NR ),
  foreign key( VERSUCHSNUMMER ) references VM.VERSUCH
)
```

Bei INSERT- und UPDATE-Operationen muß der Verbrauch also nicht berechnet und mitgespeichert werden. Allerding ist die Berechnung jedesmal notwendig, wenn der Verbrauch selektiert werden soll:

```
select VERSUCHSNUMMER, TEILVERSUCHS_NR, KRAFTSTOFFMENGE,
       STRECKE, KRAFTSTOFFMENGE / STRECKE * 100 VERBRAUCH
from VM.TEILVERSUCH
where ...
```

Der Aufwand sollte aber in den meisten Fällen vertretbar sein. Damit ein Anwender bzw. eine Anwendung die Berechnung nicht immer wieder angeben muß, ist eine View über 'Teilversuch', die den obigen Ausdruck beinhaltet, anzuraten.

Ein weiteres abgeleitetes Attribut beschreibt das Modell für die Relation 'Versuch'. Im Entwurf wird entschieden, dieses Attribut aufzunehmen.

```
create table VM.VERSUCH
( VERSUCHSNUMMER integer not null,
  DATUM          date,
  KFZ            VARCHAR(20) not null,
  ANFANGSTACHO   integer,
  DURCHSCHNITT   number(6,3) default 0.000 not null,
  primary key( VERSUCHSNUMMER ),
  foreign key( KFZ ) references KRAFTFAHRZEUG
)
```

Mit jedem Einfügen, Ändern oder Löschen eines Teilversuchs muß der Durchschnitt des Gesamtversuchs neu berechnet werden. Nach einiger Überlegung kommt man zu dem Schluß, daß dieses Attribut über Trigger am günstigsten berechnet wird. Wird beispielsweise ein INSERT auf die Tabelle 'Teilversuch' abgesetzt, so muß der entsprechende Trigger für jede Zeile feuern und den Gesamt-Durchschnitt neu berechnen. Dazu müßte allerdings in diesem Trigger auf alle Teilversuche zugegriffen werden, um Summen zu bilden. Bei Massen-Insert's ist dies nicht unbedingt eine performante Lösung, außerdem sind Sperrprobleme zu erwarten. Man entschließt sich, zwei weitere Attribute in VERSUCH aufzunehmen:

```
create table VM.VERSUCH
( ...
  GESAMT_STRECKE    integer default 0 not null,
  GESAMT_KST_MENGE  number(10,3) default 0.000 not null,
  DURCHSCHNITT      number(6,3) default 0.000 not null,
  ...
)
```

Damit kann für das Einfügen der folgende Trigger entworfen werden:

```
create or replace trigger TEILVERSUCH_AIR
  after insert on TEILVERSUCH
  for each row
begin
  update VERSUCH
     set GESAMT_STRECKE = GESAMT_STRECKE + :new.STRECKE,
         GESAMT_KST_MENGE = GESAMT_KST_MENGE
                          + :new.KRAFTSTOFFMENGE
   where VERSUCHSNUMMER = :new.VERSUCHSNUMMER;
end;
```

Die Berechnung des Gesamtschnitts benötigt keinen Zugriff auf die anderen Teilversuche mehr, sondern ist eine simple Berechnung in einem weiteren Trigger:

```
create or replace trigger VERSUCH_BUR
  before update of GESAMT_STRECKE,GESAMT_KST_MENGE
  on VERSUCH
  for each row
begin
  :new.DURCHSCHNITT :=  :new.GESAMT_KST_MENGE
                      / :new.GESAMT_STRECKE
                      * 100;
end;
```

Werden jetzt noch die fehlenden Trigger für UPDATE und DELETE auf der Tabelle Teilversuch realisiert, so wird der Versuchs-Durchschnitt grundsätzlich vom Server berechnet. Die Anwendungsentwicklung bleibt von diesem Problem unberührt, und Abfragen kosten nicht den Overhead, auf alle Teilversuche zugreifen zu müssen - eine sinnvolle Lösung.

Allerdings hat sich das Modell gegenüber der Konzeption schon stark erweitert. Die neuen Spalten und die Trigger müssen dokumentiert werden, damit das System verständlich und damit wartbar bleibt.

Abschließend einige Prinzipien für die Aufnahme berechneter Felder:

- **Nutzen bestätigen**

  Ein berechnetes Attribut darf nur dann in eine Tabelle aufgenommen werden, wenn dies nachgewiesenermaßen von Vorteil für das produktive System ist.

- **Pflegeprozeduren entwerfen**

  Berechnete Felder können den Inhalten der Basisattribute widersprechen. Ist die Berechnung z.B. nicht durch Trigger, sondern durch Anwendungsprogramme realisiert, so kann eine Operation mit einem Fremdwerkzeug (oder direktem SQL) schnell zu Inkonsistenzen führen. Für diesen Fall muß eine PL/SQL-Prozedur zur Verfügung stehen, die die Datenbankadministration zur Korrektur einsetzen kann.

  Im Verbrauchs-Beispiel sollte also eine Prozedur entwickelt werden, die den Durchschnitt komplett neu durchrechnet und abspeichert. Diese Prozedur kann damit auch z.B. jede Nacht automatisiert ausgeführt werden, um die Integrität der Daten zu unterstützen.

3.5.2 Register tunen

Mit dem Begriff *Register* wird im Datenbank-Entwurf eine Relation bezeichnet, die hauptsächlich für Nachschlage-Funktionen definiert worden ist. Hauptmerkmal ist die Eigenschaft, daß diese Tabelle sich im Inhalt selten oder nie ändert.

Ist der Fall der seltenen Änderung gegeben und das Register darüber hinaus als Entity relativ unwichtig (wenige Attribute, wenige Beziehungen), so kann man Tuningmaßnahmen ansetzen:

I. Ein Register wird nicht als Tabelle, sondern als Attributs-Typ realisiert. Damit entfällt eine Beziehung zum Register, die vom Datenbanksystem durch Schlüsselabgleiche realisiert werden muß. Das Register wird '*hartkodiert*'.

II. Durch geeignete Primärschlüsselwahl wird der Zugriff auf das Register minimiert.

Im Beispiel der Verbrauchsmessung existiert z.B. ein KFZ-Typenregister, in dem die Attribute 'Typ' und 'Hersteller' modelliert wurden. Variante I könnte angewendet werden, indem auf dieses Register komplett verzichtet würde. Damit stehen pro Kraftfahrzeug lediglich die Informationen 'Seriennummer', 'Typ' und 'Zulassungsdatum' zur Verfügung. 'Typ' ist aber kein Fremdschlüssel mehr. Wie kann ein Endanwender nun den entsprechenden Hersteller angezeigt bekommen?

Eine Lösung besteht in der Anwendungsentwicklung. Man entwirft z.B. auf Client-Seite eine herkömmliche sequentielle Datei, die zu jedem KFZ-Typ die Herstellerinformation bietet. Das Programm fragt aus der Datenbank lediglich die Typ-Informationen ab und erhält z.B. 'Golf' zurück. In der lokalen Datei schlägt das Programm als nächstes nach, welcher Hersteller diesem Typ zugeordnet ist. Der Benutzer bekommt 'VW' angezeigt. Vorteil dieses Entwurfs: Der Datenbank-Server wird entlastet, und seine Leistung steigt. Auf der Nachteil-Seite finden sich: höherer Aufwand für die Anwendungsentwicklung, Integritäts- und Wartungsprobleme sowie die mangelnde Möglichkeit, bei direkter adhoc Abfrage per SQL die evtl. gewünschten Herstellerinformationen zu erhalten.

Dem letzten Punkt könnte man mit der Definition einer View entgegenwirken:

```
create view KFZ_INFO
  (SERIENNUMMER, TYP, ZULASSUNGSDATUM, HERSTELLER)
as
  select SERIENNUMMER, TYP, ZULASSUNGSDATUM,
         decode( TYP, 'Golf', 'VW',
                      '993',  'Porsche',
                      'Astra', 'Opel',
                      ...
               )
    from KRAFTFAHRZEUG
```

Allerdings geht eine DECODE-Funktion wieder zu Lasten des Servers (der die Übersetzungsliste für jede Zeile immer wieder auswerten muß), und man muß aufpassen, ob sich die gesamte Maßnahme gegenüber einer Herstellertabelle überhaupt noch lohnt.

Variante zwei: Man überlädt den Typschlüssel. Warum nicht 'VW-Golf' statt 'Golf' oder 'Porsche-993' statt '993' im KFZ-Typ speichern? In diesem speziellen Fall könnte man sogar auch auf die Register-Tabelle verzichten. Auf jeden Fall erhält der Benutzer die gewünschte Information (hier den Hersteller) durch das Attribut selbst. Es muß nicht auf eine Register-Tabelle zugegriffen werden.

Zum Schluß sei noch eine dritte Tuning-Möglichkeit aufgezeigt, die bei Verwendung von vielen Register-Tabellen das System beschleunigen kann:

III. Statt vieler kleiner Registertabellen wird eine große Tabelle realisiert.

Man stelle sich z.B. vor, daß das Datenmodell insgesamt 20 Registertabellen für die unterschiedlichsten Zwecke vorsieht. Jede dieser Tabellen benötigt im Einsatz lediglich wenige Kilobytes. Es kann sehr sinnvoll sein, diese 20 Tabellen zu einer Tabelle zusammenzuführen:

- Es werden weniger Indizes benötigt.
- Die Verwaltung der Tabelle wird für ORACLE einfacher.
- Es werden weniger System-Ressourcen des Servers benötigt.

Das Zusammenführen der Registertabellen kann also Performance-Vorteile bringen. Nachteile ergeben sich (wie fast immer) bezüglich der Integrität und Wartbarkeit, weil die einzelnen Zeilen des Gesamtregisters durch 'Schalterattribute' unterschieden werden müssen.

3.5.3 Tabellen aufsplitten

Die Idee des Aufsplittens von Tabellen resultiert aus der Tatsache, daß einige Informationen einer Tabelle sehr viel häufiger benötigt werden als andere.[24]

Bei Abfragen wird von ORACLE relativ häufig ein Table-Scan durchgeführt, also alle Daten einer Tabelle gelesen. Die Zeit für diesen Gesamtzugriff läßt sich dann verringern, wenn man die Tabelle verkleinert. Man teilt also eine große Tabelle in mehrere kleine Tabellen auf.

Spalten verteilen

Eine erste Möglichkeit besteht darin, die einzelnen Spalten einer ursprünglichen Zeile auf zwei oder mehr Tabellen zu verteilen. Im ER-Diagramm gesprochen, werden aus einem Entity mehrere Entities, die mittels 1:1-Beziehungen miteinander verbunden sind.

Beispiel: Im ER-Modell finden sich unter anderem die folgenden Entity-Typen.

Abb. 3-16

Zum Entity-Typ 'Artikel' gehören neben Nummer, Bezeichnung und Listenpreis auch Felder wie DIN-Norm, Prüfzeichen, Einkaufspreis und viele weitere Attribute, die vom Unternehmen benötigt werden.

---

24 Diesbezüglich läßt sich häufig der Pareto-Effekt feststellen: Auf 20% der Daten wird zu 80% zugegriffen.

Der Artikel bereitet Performance-Probleme. Es wird festgestellt, daß zum überwiegenden Teil lediglich Artikelnummer, -bezeichnung und Listenpreis benötigt werden. Entscheidung: Man spaltet die Tabelle auf.

Abb. 3-17

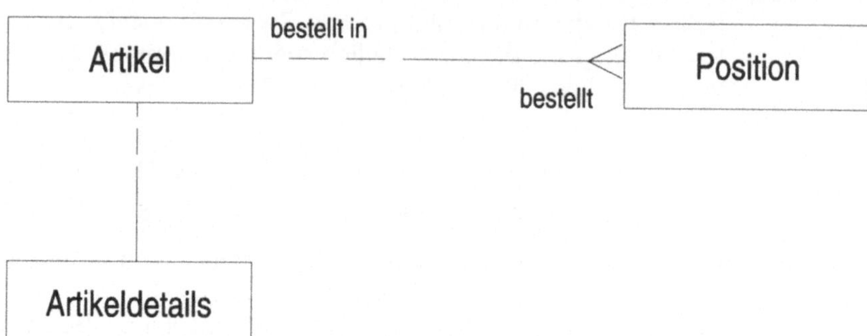

In der Tabelle 'Artikel' finden sich nur noch die häufig benötigten Attribute. Die restlichen Felder werden in einer zweiten Tabelle aufgenommen:

```
create table ARTIKEL
( ARTIKELNUMMER   varchar(20) not null,
  BEZEICHNUNG     varchar(45),
  LISTENPREIS     number(10,2) not null,
  primary key( ARTIKELNUMMER )
);

create table ARTIKEL_DETAILS
( ARTIKELNUMMER   varchar(20) not null,
  DIN_NORM        varchar(25),
  PRUEFZEICHEN    varchar(25),
  EINKAUFSPREIS   number(10,2),
  ...
  primary key( ARTIKELNUMMER ),
  foreign key( ARTIKELNUMMER ) references ARTIKEL
          on delete cascade
);
```

Werden bei Abfragen zu über 90% nur Felder aus der Tabelle 'Artikel' benötigt, so kann diese Aufteilung das System merklich beschleunigen. Kein Vorteil ohne Nachteil: INSERT-Operationen müssen nun über zwei Tabellen laufen. Außerdem wird ein Tabellen-Join benötigt, wenn Felder beider Tabellen zurückgeliefert werden sollen:

```
select ARTIKEL.ARTIKELNUMMER, BEZEICHNUNG, LISTENPREIS,
       DIN_NORM, PRUEFZEICHEN, EINKAUFSPREIS, ...
from ARTIKEL, ARTIKEL_DETAILS
where ARTIKEL.ARTIKELNUMMER = ARTIKEL_DETAILS.ARTIKELNUMMER
```

Der obige SELECT sollte übrigens als View verkapselt werden, damit ad-hoc Benutzer einfach auf alle Artikeldaten zugreifen können.

Zeilen verteilen

Der zweite Ansatz ist die Verteilung von ganzen Zeilen. Man stelle sich z.B. vor, daß Aufträge einzelnen Filialen zugeordnet sind.

```
create table AUFTRAG
( NUMMER     integer not null;
  ...
  FILIALE   varchar(5) not null;
  ...
  primary key( NUMMER )
);
```

Ein Mitarbeiter einer Filiale wird sich zum überwiegenden Teil nur für Aufträge seiner Filiale interessieren, also die eigene Filialnummer grundsätzlich in eine WHERE-Klausel einfließen lassen:

```
select * from AUFTRAG where FILIALE = 'DO' and ...
```

Geht man von einer Gleichverteilung bei 10 Filialen aus, so berühren folglich Abfragen einer Filiale immer die gleichen 10% aller Aufträge. Das Filtern bzw. Überspringen der restlichen 90% kostet Server-Zeit.

Schälen sich wirklich Performance-Probleme heraus, so kann man einen relativ radikalen Ausweg finden: Statt einer Tabelle für alle Aufträge aller 10 Filialen werden 10 Tabellen mit jeweils allen Aufträgen einer Filiale realisiert. Für jede Filiale ist also eine Tabelle anzulegen:

```
create table AUFTRAG_DO
( NUMMER     integer not null;
  ...
  primary key( NUMMER )
)
create table AUFTRAG_HH
( NUMMER     integer not null;
  ...
  primary key( NUMMER )
)
...
```

Dies hat gravierende Konsequenzen, zunächst einmal für das Datenmodell. Mit der hier aufgezeigten Splittung in mehrere Tabellen wird nämlich eine Dynamisierung vorgenommen, für die ein ER-Modell nicht ausgelegt ist: Mit einer neuen Filiale wird ein neuer Entity-Typ benötigt, mit dem Löschen einer Filiale wird ein Entity-Typ aus dem Modell entfernt. Und das zur Laufzeit! Wie kann ein solcher Sachverhalt statisch dargestellt werden?

Zunächst einmal kann man das ER-Diagramm unverändert lassen (wie in Abb. 3-18) und die Tuningmaßnahme gut dokumentieren.

Abb. 3-18

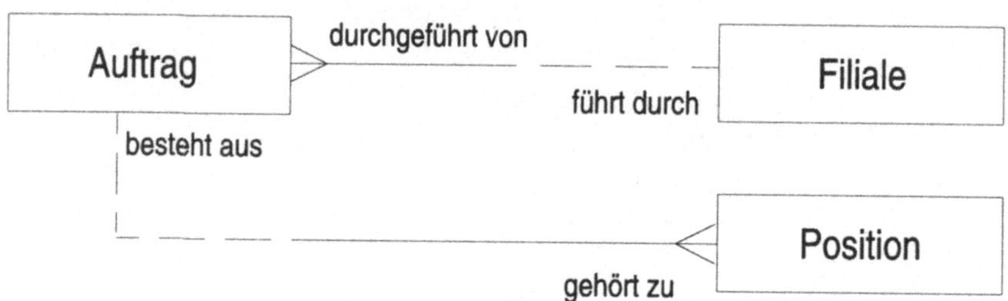

Ein alternativer Ansatz ist die Darstellung der Verteilung durch Sub- und Supertypen. Der Typ 'Auftrag' ist ja ein übergeordneter Typ, und die Typen 'FilialAuftrag' sind davon abgeleitet. Allerdings bringt die bisherige Darstellung den Verteilungs-Sachverhalt nicht unbedingt auf den Punkt. Eine erweiterte Syntax kann da helfen, so wie diejenige in der nächsten Abbildung.

Abb. 3-19

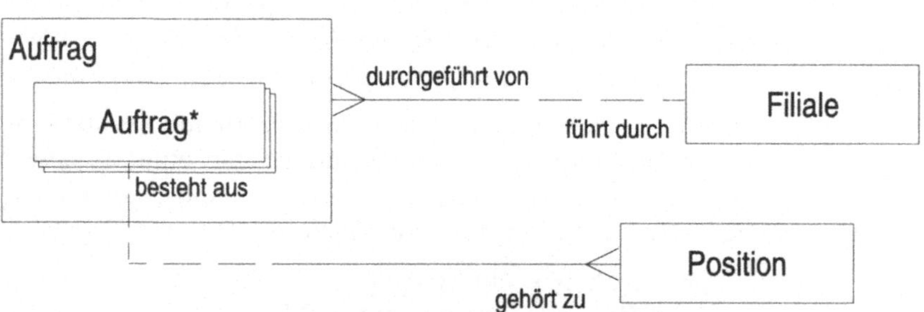

Nachteil der erweiterten Syntax: Es ist fraglich, ob Werkzeuge zur Verfügung stehen, die eine solche oder ähnliche Syntax unterstützen. Außerdem können derartige Grafiken z.B. für Endanwender zu kompliziert werden.

Eine weitere gravierende Folge einer Zeilenverteilung betrifft die Anwendungssysteme. Die Zeilenbedingung 'Welche Filiale?' wird zur Anwahl der korrekten Tabelle. Aus der Abfrage gemäß Ursprungsmodell:

```
select AUFTRAGSNUMMER, DATUM, WERT, FILIALE
  from AUFTRAG
 where DATUM = '15.3.1996' and FILIALE = 'DO'
```

wird:

```
select AUFTRAGSNUMMER, DATUM, WERT
  from AUFTRAG_DO
 where DATUM = '15.3.1996'
```

Für andere Filialen ist der Tabellenname selbst zu ersetzen, und dies bedeutet in der Regel eine völlig andere Aufbereitung der Datenmanipulationsbefehle (vom statischen zum dynamischen SQL). Hier kann man nicht mehr von einem weichen Übergang durch die Tuningmaßnahme sprechen. Vielmehr ist ein umfangreiches Redesign notwendig.

Sogar problematischer ist die Programmierung einer Anwendung, die einen Auftrag suchen muß, dessen Filiale unbekannt ist. Diese Abfrage bedeutet zunächst ein Suchen sämtlicher aktueller Filialtabellen im Data-Dictionary, um dann Tabelle für Tabelle zu durchforsten. Vereinfachen kann man eine solche Anwendung durch eine globale Auftragstabelle, in der zumindest alle Auftragsnummern mit deren Filialen gespeichert sind. Diese Tabelle muß aber wiederum aktuell gehalten werden. Die entsprechenden Trigger oder Aktualisierungen per Anwendung kosten aber Server-Ressourcen und erhöhen die Komplexität des Gesamtsystems.

Es gibt zusammenfassend eine ganze Liste von Nachteilen:

- Verteilte Zeilen wirken sich direkt auf den Programmentwurf aus und müssen dort gesondert berücksichtigt werden (s.o.).
- Bestimmte Abfragen verlangsamen sich enorm (s.o.).
- Die Integritätssicherung (z.B. eindeutiger Primärschlüssel) wird aufwendiger bis undurchführbar.
- Die Dynamisierung durch Neuanlegen und Löschen von Tabellen im produktiven Betrieb erhöht den Organisations- und Wartungsaufwand.

Man sollte meinen, diese Nachteile verböten geradezu ein Verteilen von Tabellenzeilen. Aber auf der Haben-Seite steht ein eventuell beachtlicher Performance-Gewinn, der schlichtweg notwendig sein kann.

Verteilte Datenbanken

Ist man den Weg der Zeilenverteilung bereits gegangen, so ist der nächste Schritt eine logische Konsequenz: Wird eine Tabelle nach organisatorischen Gesichtspunkten verteilt (wie im Filialbeispiel), so kann eine Filial-Auftragstabelle auch auf einem eigenen Server, also in einer eigenen Datenbank realisiert werden. Diese 'echte' Verteilung bringt den nächsten Quantensprung bei der Performance, denn jetzt werden Server-Ressourcen vervielfacht.

Es verwundert sicher nicht, daß gerade verteilte Datenbanken ein heute wichtiges Thema sind. ORACLE hat seinen Teil mit Version 7 dazu beigetragen, indem diese besondere Verteilungstechnik unterstützt wird.

Abb. 3-20

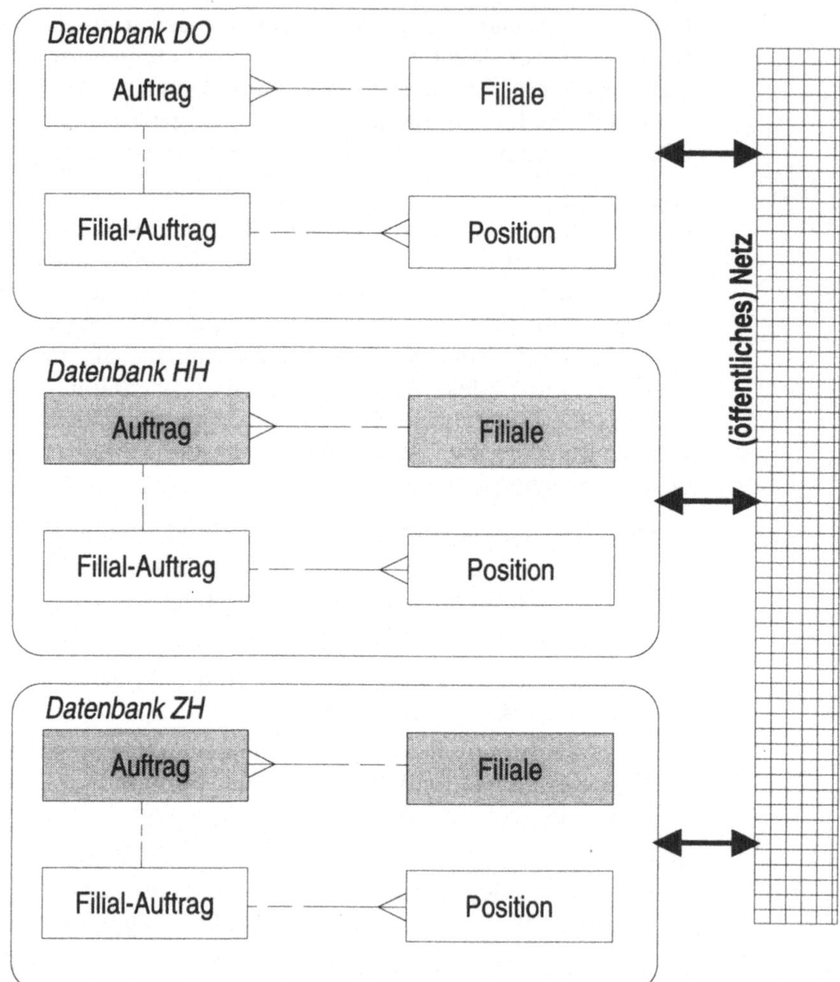

In der obigen Abbildung findet sich ein vereinfachtes Beispiel für verteilte Datenbanken wieder. Hier wird von drei Filialen ausgegangen, die jede für sich das ER-Modell in Tabellen lokal vorhalten. Jede Filiale besitzt also einen eigenen ORACLE7-Server, der (z.B.) an ein öffentliches Netz angeschlossen ist, das eine hohe Datenübertragungsrate garantiert. Bei der Verteilung der eigentlichen Auftragszeilen ist es geblieben. Darüber hinaus sind die einzelnen Positionszeilen auch verteilt (auch dort: enormer Performance-Gewinn).

Global gesehen benötigen alle Filial-Datenbanken eine identisches Auftrags- und Filialregister. Zu diesem Zweck wird die Filiale 'DO' als Träger eines Master-Satzes dieser beiden Tabellen bestimmt. Dort werden beide Tabellen gespeichert.

Wie unterstützt die ORACLE-Software die Verteilung?

entfernte Abfragen

Zunächst einmal kann ein Anwender, sofern er die Berechtigung besitzt, auf alle Daten der verteilten Datenbank zugreifen. Die Datenbankadministration vergibt für diesen Zweck sogenannte Link-Namen, die in SELECT-Anweisungen verwendet werden können. Will eine Anwendung in Dortmund z.B. auf die Auftragstabelle in Hamburg zugreifen, so lautet die Anweisung z.B.:

```
select *
  from FILIAL_AUFTRAG@HAMBURG
 where AUFTRNR = 137755
```

Bis auf die Tatsache, daß LONG-Datentypen nicht verarbeitet werden können, ergeben sich keine Einschränkungen. Die Abfrage ist *transparent.*

verteilte Transaktion

Seit Version 7 können auch INSERT-, UPDATE- und DELETE-Anweisungen auf entfernte Datenbanken abgesetzt werden. Die '*Distributed Data Option*' der ORACLE7-Software sorgt intern dafür, daß auch diese Manipulationen integer durchgeführt werden.[25]

```
insert   into AUFTRAG@DORTMUND
         ( AUFTRAGSNUMMER, DATUM, AUFTRAGGEBER, FILIALE )
  values ( 138861, '1.7.1996', 4566, 'ZH' )
```

Die obige Anweisung, auf den Servern außerhalb Dortmunds ausgeführt, fügt eine neue Auftragszeile in die Master-Tabelle ein.

Mit der Definition einer View auf jede entfernte Tabelle erspart man dem Anwender bzw. der Anwendung die Angabe des Link-Names und kann zusätzlich Datenschutzelemente einfließen lassen. Für die Nutzung einer View benötigt man die entsprechenden Zugriffsrechte auf die View.

Replikate

Zugriffe auf entfernte Daten kosten allerdings wiederum Ressourcen und verursachen Übertragungskosten. Aus diesem Grund ist man bestrebt, entfernte Zugriffe zu minimieren. Wird z.B. relativ häufig auf die Master-Tabellen von den Filialen aus zugegriffen, so liegt die Idee na-

[25] Dies wird durch den '2-Phase Commit' erzielt, auf den nicht näher eingegangen wird.

he, eine Kopie dieser Tabelle auf den anderen Servern anzulegen und zu pflegen. Damit sind wenigstens häufige Abfragen möglich, ohne über den Flaschenhals Übertragungsweg zu gehen, der darüber hinaus Kosten verursacht.

Auch Replikate werden von ORACLE unterstützt (ORACLE-Terminologie: *Snapshot*). Mit der Definition eines Snapshots wird ein lokales Abbild einer entfernten Master-Tabelle erzeugt. Ein Snapshot kann unterschiedlich instrumentiert werden. So ist das Auffrischungsintervall programmierbar. Außerdem kann angegeben werden, ob bei der Auffrischung des Replikats alle Daten oder nur die Änderungen übertragen werden sollen, die sich seit dem letzten Refresh-Zeitpunkt ergeben haben. Letzteres bedeutet einen größeren Overhead beim Server, der die Master-Tabelle vorhält.

Bei der Nutzung von Snapshots müssen vor allem zwei Dinge beachtet werden: Erstens können Snapshots nur zum Lesen benutzt werden, jeder Manipulationsversuch wird mit Fehlermeldung abgewiesen. Zweitens sind Snapshots lediglich Momentaufnahmen, spiegeln also lediglich den Zustand einer Tabelle zum Zeitpunkt der letzten Auffrischung wider. Will man alle Replikate stets aktuell halten, so muß man auf Snapshots verzichten und die volle Funktionalität über komplexe Trigger programmieren. Dies ist keine leichte Aufgabe, die zusätzlich Performance-Probleme aufwerfen kann.

Rückschläge

Verteilte Datenbanken sind zwar, wie man so schön sagt, 'Stand der Technik', sind allerdings auch von einer Reihe von weiteren Einschränkungen begleitet, die sich negativ auf die Datenbankqualität auswirken:

- Die Administration von mehreren Datenbank-Servern wird schwieriger.
- Die referentielle Integrität zwischen entfernten Tabellen kann nicht über Fremdschlüssel-Definition überprüft werden.
- Ganz allgemein muß die Realisierung von Integritätsregeln sorgfältiger geplant werden und ist in der Regel aufwendiger.

Warnung

Kommen wir noch einmal auf die allgemeine Tuning-Maßnahme 'Verteilung von Zeilen' zurück. Es sei noch einmal darauf hingewiesen, daß es sich bei der Verteilung um einen massiven Eingriff in das Datenmodell handelt, der von einer Reihe von Nachteilen begleitet wird. Insbesondere wenn innerhalb einer Datenbank verteilt wird (echte verteilte Datenbanken also keinen Sinn machen), können die negativen Auswirkungen den Performance-Vorteil zunichte machen. Man darf nicht vergessen, daß Modelländerungen aus Performancegründen ein <u>letztes</u> Mittel sein sollten.

Manch eine Entwicklungsabteilung, die mit viel Aufwand große Tabellen aufgesplittet hat, wurde z.B. durch die ORACLE-Versionen 7.1 bis 7.3 überrascht. Diese Versionen beschleunigen bei geeigneter Hardware (Mehrprozessor-Systeme) gerade die Abfrage über sehr große Tabellen ernorm, indem die Abfrage echt parallel über Tabellenteile verteilt wird. Die Kosten für einen Mehrprozessor-Server sind dabei in der Regel um ein Vielfaches kleiner als die Wartungskosten einer extremen Tuningmaßnahme. Man bedenke: Hardware und ORACLE-Software entwickeln sich ständig weiter, und über Entwicklungstendenzen sollte man informiert sein.

3.5.4 Denormalisierung i.e.S.

In Kapitel 2 ist die Normalisierung als Instrument für die konzeptionelle Datenmodellierung vorgestellt worden. Die Tendenz einer Normalisierung ist das Erzeugen immer weiterer Tabellen, da beim Normalisierungsvorgang versteckte Entity-Typen aufgespürt werden. Ein Modell vieler Tabellen ist allerdings problematisch für die Performance, da relativ oft Daten aus unterschiedlichen Tabellen per Join-Operation zusammengemischt werden müssen, um den Informationsbedarf zu befriedigen.

Es kann z.B. eine Beziehung zwischen ' Mitarbeiter' und ' Abteilung' über einen Schlüssel ' Abteilungsnummer' bestehen. Man stelle sich vor, daß in über 50% aller Abfragen über Mitarbeiter auch die Abteilungsbezeichnung benötigt wird. Die SELECT-Anweisungen müssen also grundsätzlich einen Join ähnlich der folgenden Form durchführen:

Abb. 3-21

734456	Koht	Peter	...	DV1
734478	Matin	James	...	ORG
734567	Kott	Ernst F.	...	DBG
734677	Deht	C.J.	...	DBG
734787	Pallfie	Peter	...	DV1

DV1	Datenverarbeitung I	...
DBG	Datenbank-Gruppe	...
ORG	Betriebsorganisation	...

```
select PERSONALNUMMER, VORNAME, NACHNAME,
       ABTEILUNGSBEZEICHNUNG
  from MITARBEITER, ABTEILUNG
 where MITARBEITER.ABTEILUNGSNUMMER =
       ABTEILUNG.ABTEILUNGSNUMMER (+)
```

Um die korrekte Abteilungsbezeichnung zurückzuliefern, ist also ein Zugriff auf zwei abzumischende Tabellen notwendig. Ein nicht unerheblicher Performancegewinn ist dann zu erwarten, wenn die Abteilungsbezeichnung auch in Mitarbeiter als redundantes Feld gespeichert wird. Damit entfällt der Join, wenn die Abteilungsbezeichnung benötigt wird.

Abb. 3-22

734456	Koht	Peter	...	DV1	Datenverarbeitung I
734478	Matin	James	...	ORG	Betriebsorganisation
734567	Kott	Ernst F.	...	DBG	Datenbank-Gruppe
734677	Deht	C.J.	...	DBG	Datenbank-Gruppe
734787	Pallfie	Peter	...	DV1	Datenverarbeitung I

DV1	Datenverarbeitung I	...
DBG	Datenbank-Gruppe	...
ORG	Betriebsorganisation	...

```
select PERSONALNUMMER, VORNAME, NACHNAME,
       ABTEILUNGSBEZEICHNUNG
from MITARBEITER
```

Die Aufnahme der Abteilungsbezeichnung in Mitarbeiter verstößt gegen die dritte Normalform, da die Bezeichnung funkional abhängig von der Abteilungsnummer ist, aus ihr also folgt. Dementsprechend wird diese Art der Tuningmaßnahme *Denormalisierung* (im engeren Sinne) genannt.

Die Denormalisierung ist eine gängige und teilweise notwendige Maßnahme. Um die Qualität der Datenbank trotz nicht normalisierter Tabellen möglichst gut zu erhalten, sind einige Punkte strikt zu beachten:

- Die Denormalisierung muß zu echten Redundanzen führen. Ein Feld, das in eine Parent-Tabelle aufgenommen wird, darf nicht aus der Ursprungstabelle herausgenommen werden.

  Im Beispiel muß die Abteilungsbezeichnung weiterhin in der Tabelle Abteilung stehen. Die Information wird in der Mitarbeiter-Zeile ein weiteres Mal gespeichert.

- Durch die Redundanzen kann es zu Widersprüchen kommen. Zur Bereinigung solcher Inkonsistenzen muß eine Pflegeprozedur entworfen werden, die entsprechende Widerspüche bereinigt. Außerdem sollte geprüft werden, ob Änderungen des Originalfeldes nicht per Trigger automatisiert in redundanten Feldern nachgeführt werden können.

  Die Pflegeprozedur führt schlicht einen UPDATE auf die redundanten Felder aus, indem der korrekte Originalwert eingeschrieben wird. Im Beispiel werden die Bezeichnungen der Abteilungstabelle in die entsprechenden Bezeichnungsfelder der Mitarbeiter-Tabelle geschrieben.

- Es sollten nur Felder dupliziert werden, die sich relativ selten ändern, man sollte also stabile Datenstrukturen bei der Denormalisierung bevorzugen. Ansonsten wird der Konsistenzverlust zwischen Original und Kopie zu groß.

  Das obige Beispiel eignet sich diesbezüglich besonders gut für die Denormalisierung. Es wird sicher nicht an der Tagesordnung sein, Abteilungen zu ändern, zu löschen oder neu einzufügen.

- Anwender und Anwendungsentwickler müssen darüber informiert sein, daß es sich bei den denormalisierten Feldern um redundante Felder handelt, die eventuell nicht (mehr) dem korrekten Stand entsprechen. Insbesondere sollten diese Felder gegenüber direkter Änderung geschützt werden.

  Die Abteilungsbezeichnung im Beispiel kann durch Einschränkung der Update-Berechtigung für Anwendungen unänderbar gesetzt werden. Bei Änderung der Abteilungsnummer eines Mitarbeiters kann ein UPDATE-Trigger die Bezeichnung nachpflegen. Darüber hinaus kann ein INSERT-Trigger bei neuen Mitarbeitern die korrekte Abteilungsbezeichnung automatisch setzen.

Hält man sich an diese Regeln, so kann eine Denormalisierung eine optimale Maßnahme darstellen.

3.5.5 Sonstige Maßnahmen

Die hier dargestellten Tuningmaßnahmen decken den Bereich des Möglichen nicht vollständig ab. Je nach Einsatzumfeld können Performance-Vorteile durch spezielle Maßnahmen erzielt werden, die keinen allgemeingültigen Charakter besitzen. Nicht umsonst existiert eine Vielzahl von Abhandlungen über dieses Thema (vgl. auch Literaturliste).

redundante Beziehungen

Ist gemäß Datenmodell von einem Entity ausgehend genau ein Entity eines anderen Typs über eine Kette von <u>mehreren</u> Beziehungstypen zugeordnet, so kann analog zur Denormalisierung im engeren Sinne eine redundante Beziehung entworfen werden, um Join-Operationen einzusparen.

Im Beispiel ist einer Fahrt genau ein LKW zugeordnet. Jeder LKW gehört eindeutig zu einer Filiale. Wird diese Filiale relativ häufig in Abfragen, die die Fahrt betreffen, benötigt, ohne daß die LKW-Angaben interessieren, so kann die redundante Beziehung in Abb. 3-23 enorme Performance-Vorteile mit sich bringen.

Abb. 3-23

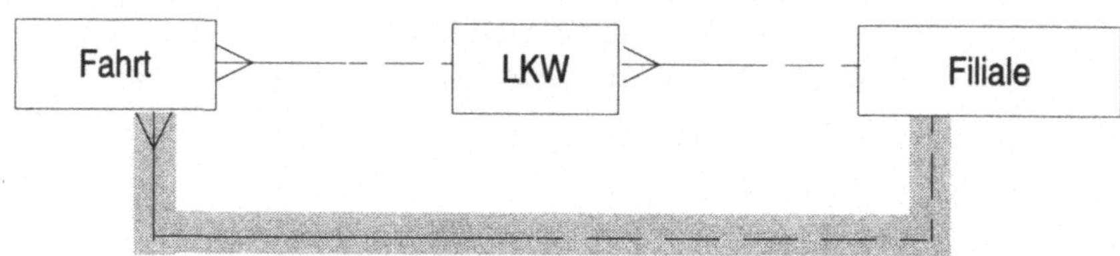

Durch die Aufnahme der redundanten Beziehung ist die Filialinformation durch einen Join zwischen 'Fahrt' und 'Filiale' abfragbar, der Join über alle drei Tabellen ist nicht mehr notwendig.

Extrakte

Eine weitere Möglichkeit ist die Erstellung von Extraken, die periodisch aus den Originaltabellen gebildet werden. Ein Extrakt ist die Speicherung einer Ergebnistabelle als Basis für weitere Abfragen. Führt eine komplexe Formulierung von z.B. immer gleichen AND- und OR-Teilbedingungen zu Performance-Problemen, so kann ein Extrakt einen sinnvollen Ausweg bieten. Beispiel: Viele Informationsabfragen benutzen eine Klausel wie im folgenden WHERE kodiert:

```
select * from KUNDE
where ORT in ( 'Duisburg', 'Essen', 'Bochum', 'Dortmund' )
```

Bei entsprechend großer Zeilenanzahl in ' Kunde' ist die Bestimmung des Ergebnisses spürbar aufwendig. Idee: Da sich die Kundentabelle nicht täglich gravierend ändert, kann man das Ergebnis der obigen Abfrage in einer eigenen Tabelle als Extrakt vorhalten. Diese Vorgehensweise entspricht der Verteilung von Zeilen mit dem nicht unerheblichen Unterschied, daß die Zeilen als Kopie vorliegen. Diese Kopie wird nicht ständig aktualisiert, sondern z.B. jede Nacht neu erzeugt. Hierfür bietet sich der bereits besprochene Snapshot-Mechanismus geradezu an:

```
create snapshot KUNDEN_KREIS1
  pctfree 5
  tablespace SNAPS
  storage ( ... )
  refresh complete start with sysdate next sysdate + 1
  as select * from KUNDE
   where ORT in ('Duisburg','Essen','Bochum','Dortmund' )
```

Ein Anwender muß für ad-hoc Abfragen wissen, daß dieses Extrakt existiert und kann auf die Angabe der betreffenden Orte verzichten. Er muß auch darüber informiert sein, daß es sich um ein Abbild der echten Tabelle handelt, daß dem aktuellen Informationsstand um bis zu 24 Stunden hinterherhinkt. In vielen Fällen ist dies akzeptabel.

Verzicht

Eine weitere Maßnahme (die hier relativ ungern erwähnt wird) ist der Verzicht auf einige der in diesem Kapitel dargestellten Instrumente. Insbesondere der Verzicht auf die Realisierung komplexer Integritätsregeln ist in manchen Fällen leider unumgänglich. Leichter fällt es dem Qualitätssicherer sicher, auf Tabellen und damit eventuell Beziehungen zu verzichten, die im konzeptionellen Modell zwar gefordert, aber kaum von praktischem Nutzen sind. Derartige Fälle sollte man in enger Zusammenarbeit mit der Fachabteilung diskutieren.

3.6 Technisches Tuning

Relationale Datenbanken, und insbesondere ORACLE7 bieten die Möglichkeit, Tuning vorzunehmen, ohne in die Datenmodell-Struktur einzugreifen. Dies ist zum einen durch die Konfiguration des Servers und der ORACLE-Server-Software möglich (*Systemtuning*). Eine zweite Stufe von Instrumenten steht durch besondere Performance-Objekte zur Verfügung (*technisches Tuning*), auf das an dieser Stelle eingegangen werden soll.

3.6.1 Indizes

Die Indizierung einer oder mehrerer Spalten ist bereits unter 3.2.6 diskutiert worden. Die wichtigsten Punkte als Zusammenfassung:

- Ein Index beschleunigt die Abfragen, wenn nach den indizierten Spalten gesucht oder sortiert werden soll.
- Ein Index geht zu Lasten der Insert-, Update- und Delete-Operationen.
- Ein Index sollte in einem eigenen Tablespace angelegt werden. Dieser Tablespace sollte auf einem anderen Datenträger angelegt

worden sein als der Datenträger, auf dem sich der Tablespace für die Tabelle selbst befindet.

- Für Tabellen mit einer Größe von weniger als 100 Kilobytes sollte gar kein Index angelegt werden.
- Der Nutzen eines Indexes muß durch Beobachtungen des Zugriffsverhaltens bestätigt werden.

Indizes können die Antwortzeit für Abfragen von Minuten auf Sekunden verbessern. Überraschend ist vielleicht, daß es auch (seltene) Situationen gibt, in denen der Verzicht auf einen Index nicht nur das Einfügen, Ändern und Löschen, sondern auch SELECT-Abfragen beschleunigt.

3.6.2 Cluster

Die Idee, die den Cluster-Objekten zugrunde liegt, ist so einfach, daß es verwundert, daß einige Konkurrenzsysteme diese besondere Speicherungsform nicht anbieten. Ausgangspunkt sind Performance-Probleme, die dadurch entstehen, daß zwei (oder mehr) Tabellen fast ausschließlich gemeinsam durch eine Join-Operation abgefragt werden. Bei der herkömmlichen Speicherung müssen beide Tabellen bei jedem Join abgemischt werden.

Abb. 3-24

AUFTRAG

100201	17.6.1996	...
100202	17.6.1996	...
100203	18.6.1996	...

POSITION

100201	1	213,57	...
100201	2	18,33	...
100201	3	133,75	...
100202	1	511,12	...
100202	2	78,66	...

Cluster:

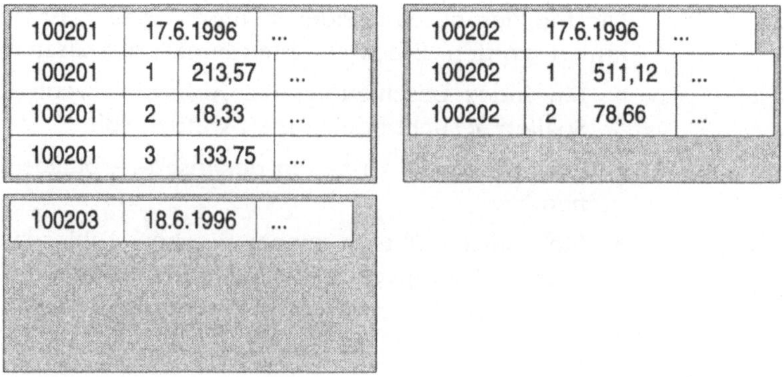

100201	17.6.1996	...	
100201	1	213,57	...
100201	2	18,33	...
100201	3	133,75	...

100202	17.6.1996	...	
100202	1	511,12	...
100202	2	78,66	...

100203	18.6.1996	...

ORACLE bietet in derartigen Situationen die Möglichkeit, die Zeilen beider Tabelle bei der Speicherung (d.h. bei INSERT und UPDATE) direkt gemäß dem Join-Schlüssel abzulegen. Zeilen mit identischem Schlüssel stehen in gemeinsamen Blöcken. Damit braucht die Server-Software bei der Join-Operation die passenden Schlüssel nicht mehr zu suchen, sondern muß lediglich die Blöcke durchlesen, und das geht sehr schnell.

Im obigen Beispiel ist ein Cluster für die Tabellen Auftrag und Position angelegt worden, da beide Tabellen sehr häufig per Join miteinander verbunden werden. Der Join-Schlüssel wird zum *Cluster-Schlüssel*, in diesem Fall ist dies die Auftragsnummer.

Für Anwender und Anwendungen sind Cluster (wie Indizes) transparent. Tabellen, die in Clustern angelegt werden, verhalten sich bei allen Operationen wie herkömmliche Tabellen.

Lediglich beim Anlegen der Objekte unterscheidet sich die DDL:

```
create cluster AUFTRAGS_CLUSTER
  ( AUFTRAGS_NUMMER  number(10,0) )
  size 900
  storage( ... )
  tablespace DATA_1;
create index AUFTRAG_CLUSTERINDEX
  on cluster AUFTRAGS_CLUSTER
  ...;
create table AUFTRAG
  ( AUFTRAGS_NUMMER  number(10,0),
    ...
  )
  cluster AUFTRAGS_CLUSTER ( AUFTRAGS_NUMMER );
create table POSITION
  ( AUFTRAG          number(10,0),
    ...
  )
  cluster AUFTRAGS_CLUSTER ( AUFTRAG );
```

Das oben angelegte Cluster ist ein *Index-Cluster*, weil die Verwaltung des Cluster-Schlüssels durch einen Index ('AUFTRAG_CLUSTERINDEX') realisiert wird. Die SIZE-Angabe steuert den maximalen Platz, den zusammengehörige Zeilen in einem Datenblock belegen können. Je kleiner diese Angabe ist, umso wahrscheinlicher wird eine Speicherung zusammengehöriger Zeilen in mehreren Datenblöcken (Folge: schlechtere Performance). Je größer die SIZE-Angabe gewählt wird, um so mehr Plattenplatz wird verschwendet (auch hier: schlechtere Performance).

Größen-berechnung

Die Größenberechnung für die Speicherparameter ist für Tabellen in 3.2.4 und für Indizes in 3.2.6 dargestellt. Für Tabellen in Clustern muß die benötigte Größe etwas anders berechnet werden. Wir benötigen:

Variable	*Bedeutung*	*Beispiel-Wert*
`blksize`	Blockgröße	`2048`
`initrans`	Transaktionen pro Block, Minimum: 2	`2`
`maxkeylen`	maximale Größe des Cluster-Schlüssels	`10`
`avgkeylen`	durchschnittliche Größe des Cluster-Schlüssels	`5`
`n`	Anzahl Tabellen im Cluster	`2`
`avglen(i)`	durchschnittliche Länge einer Zeile der i. Tabelle, Cluster-Key ausgenommen, Minimum: 10 Bytes	`avglen(1) = 10` `avglen(2) = 26`
`rpc(i)`	durchschnittliche Anzahl Zeilen pro Cluster-Schlüsselwert	`rpc(1) = 1` `rpc(2) = 30`

Mit diesen Angaben kann nun gerechnet werden:

Wert	*Formel*	*im Beispiel*
`data`	summe von 1 bis n über: `rpc(i) x avglen(i)`	`1 x 10 + 30 x 26` `= 790`
`rowsPerKey`	summe der `rpc(i)`	`1 + 30 = 31`
`dataheader`	`maxkeylen + avgkeylen +` `2 rowsPerkey + 19`	`10 + 5 + 2 x 31 + 19` `= 96`
`size`	`data + dataheader`, auf 100 Bytes aufgerundet	`790 + 96 = 886` `aufgerundet zu 900`
`blockheader`	`58 + 23 initrans + 4 n`	`58 + 23 x 2 + 4 x 2` `= 112`

`keysPerBlock`	`floor(`
	`(blocksize-blockheader)`
	`/`
	`(size+ 2 rowsPerKey ) )`
		`floor ( (2048-112) /`
		`(900 - 2 x 31)`
		`= floor ( 1936 / 962 )`
		`= floor ( 2,0125 )`
		`= 2`

Gemäß dieser Beispielrechnung können pro Datenblock zwei Cluster-Schlüssel verwaltet werden, die SIZE-Angabe ist 900. Jeder Schlüssel erlaubt die Speicherung einer Zeile der ersten und bis zu 30 Zeilen der zweiten Tabelle. Bei mehr Zeilen wird ein weiterer Teilblock benötigt.

Von diesen Werten aus kann der Speicherbedarf bzw. die STORAGE-Klausel abgeleitet werden. Erinnerung: Die an dieser Stelle zum Teil bestimmt geschätzten Werte müssen im produktiven Einsatz durch entsprechende Abfragen des Data-Dictionaries bestätigt oder gegebenenfalls korrigiert werden.

Hash-Cluster

Mit Version 7 hat ORACLE eine weitere Variante der Cluster eingeführt, die den direkten Zugriff auf Blöcke über Schlüsselwerte sehr viel schneller ermöglichen, als das bei Index-Clustern der Fall ist. *Hash-Cluster* benutzen zum Zugriff mit konkretem Schlüsselwert keinen Index, sondern eine Hash-Routine.

Abb. 3-25

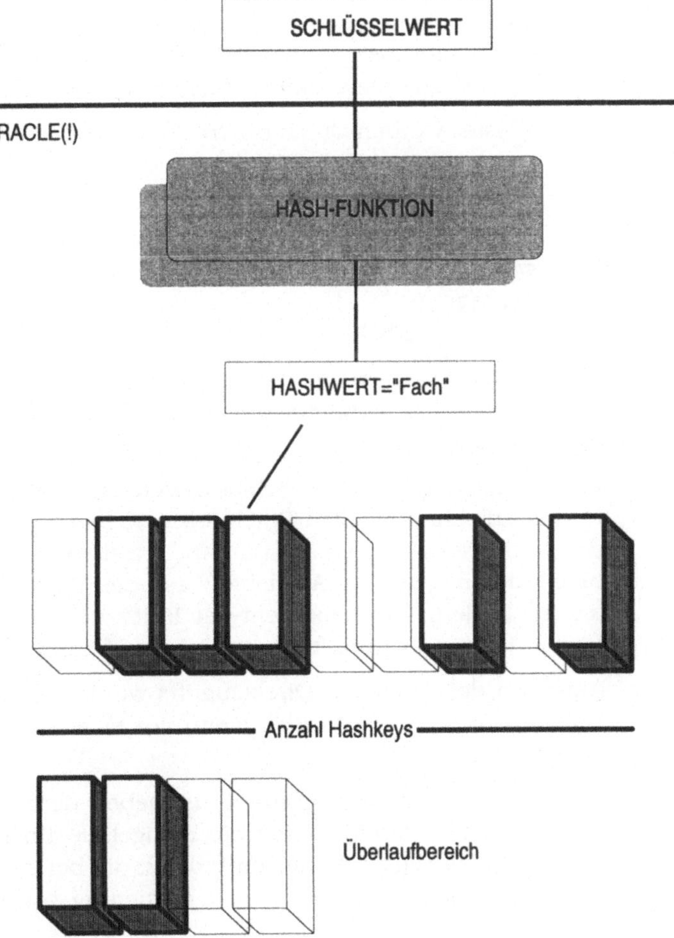

Basis einer Hash-Funktion ist eine von vornherein feststehende Anzahl von Fächern (engl. *slots*), sagen wir beispielsweise 10.000. Numeriert man diese Fächer durch, so erhält man die physikalischen Schlüssel '1' bis '10.000'. Eine Hash-Funktion generiert aus dem echten Schlüsselbereich eines dieser physikalischen Schlüsselwerte. Als einfaches Beispiel diene der echte Schlüssel 'Auftragsnummer' mit einem Zahlenbereich von 10 Stellen. Diese Zahl kann durch Restbestimmung bei der Division durch 10.000 auf die 10.000 Fächer heruntergerechnet werden (modulo-Funktion plus 1). Eine Auftragsnummer von z.B. 10234334 ergibt also den Slot 4.334, 5633122 ergibt 3.122 und so weiter.

Da der mögliche Schlüsselbereich größer als die Anzahl der Fächer ist, sind Überbelegungen möglich. Die Auftragsnummern 201234 und 301234 ergeben im obigen Beispiel die identische Fachnummer 1.234. Derartige Überbelegungen sind dann in der Performance spürbar, wenn der Schlüsselbereich nicht gleichverteilt und die Anzahl der Fächer relativ klein ist. In diesem Fall kommt es zu Überlaufketten, und es müssen relativ viele Blöcke durch ORACLE gelesen werden.

Hash-Cluster werden durch die 'HASHKEYS'-Klausel angegeben, Tabellen werden wie bei Index-Clustern zugeordnet:

```
create cluster AUFTRAGS_CLUSTER
  ( AUFTRAGS_NUMMER  number(10,0) )
  size 900
  storage ( ... )
  hashkeys 10000
```

Erwähnenswert ist noch, daß die angegebene Anzahl der Fächer von ORACLE intern auf die nächste Primzahl aufgerundet wird, um besonders gut zu streuen.

Bei direkter Angabe eines Schlüsselwerts in einer Abfrage führen Hash-Cluster zu sehr schnellen Ergebnissen. Gegenüber Index-Clustern wurden Verbesserungen von bis zu 80% erzielt. Kann man allerdings einen Index durch gezieltes Ausrichten auf die Datenträger-Hardware optimieren (indem unter anderem der Index echt parallel zur Tabelle abfragbar ist), so schrumpft dieser Vorteil auf 5 bis 10%.

Aufgrund des schnellen Direktzugriffs werden Hash-Cluster in seltenen Fällen auch dann verwendet, wenn nur eine Tabelle in diesem Cluster angelegt wird.

Der Nachteil eines Hash-Clusters ist neben dem Verbrauch an Datenträger-Speicher durch Lücken die mangelnde Unterstützung einer Sortierung. Index-Cluster benutzen Indizes, die bei einem ORDER BY über den Cluster-Schlüssel die korrekte Sortierung von sich aus mitbringen.

Bei Hash-Clustern werden die Zeilen in die Fächer 'gewürfelt', so daß keine Sortierstruktur vorliegt. Bei häufigem Zugriff mit Sortierwunsch muß also ein Index auf den Cluster-Schlüssel zusätzlich angelegt werden. Dies bedeutet zusätzlichen Overhead.

3.6.3 Schlupf

Eine weitere technische Performance-Schraube, an der gedreht werden kann, ist die Steuerung des Schlupfs eines Blockes.

Der Schlupf bestimmt die Freiplatzverwaltung jedes Blocks einer Tabelle durch zwei Angaben:

- PCTFREE gibt an, wieviel Prozent des Nutzbereichs eines Blocks nach einer INSERT-Operation zur Verfügung stehen müssen.
- PCTUSED gibt die Schwelle an, unter der in einem Block neue INSERT-Zeilen wieder aufgenommen werden.

Beide Angaben gehören zu Tabelle (oder Cluster) und werden bei der CREATE-Anweisung angegeben.

```
create table MESSTABELLE
  ( ...
  )
  pctfree 10 pctused 40
```

Mit 10% Freiplatz und 40% Belegungsschwelle wird sich ein Datenblock der obigen Tabelle wie folgt verhalten:

Abb. 3-26

Neue Zeilen werden so im Block angelegt, daß mindestens 10% frei bleiben. Diese 10% stehen also für UPDATE-Operationen zur Verfügung, die existierende Zeilen verlängern.

Werden Zeilen gelöscht oder durch Änderungen verkleinert, so wird der Block erst dann wieder für die Aufnahme neuer Zeilen verwendet, wenn der Anteil belegten Speichers im Block 40% unterschreitet.

Ein hoher Wert für PCTFREE geht zu Lasten des Speicherplatzes, sorgt aber andererseits dafür, daß Änderungen nicht zum Verschieben von Zeilenteilen über mehrere Blöcke führen.

Ein niedriger Wert für PCTUSED geht auch zu Lasten des Speicherplatzes, entlastet aber die Freiplatzverwaltung und verringert wie PCTFREE Zeilenketten über mehrere Blöcke.

Will man beide Angaben optimieren, so sollte man mit einrechnen, daß freier Platz genauso wie Zeilenketten zu Lasten von Abfragen geht: Bei Table-Scans muß Freiplatz überlesen werden.

3.7 Datenschutz

In Kapitel 2.9 sind bereits konzeptionelle Überlegungen zum Datenschutz erfolgt, die sich an den technischen Möglichkeiten eines ORACLE7-Systems orientieren.

ORACLE bietet die Objekte 'User' und 'Rolle' an, die die unterschiedlichen Privilegien erhalten können.

3.7.1 Systemprivilegien

Systemprivilegien sind als Recht zu verstehen, bestimmte SQL-Anweisungen ausführen zu können. Von der Namensgebung her orientieren sich die Namen der Privilegien an SQL. So benötigt man z.B. das Systemprivileg 'CREATE TABLE', um eine Tabelle im eigenen Schema (also mit eigenem Usernamen als ersten Qualifier) anlegen zu können. 'CREATE ANY TABLE' ist das Recht, auch Tabellen in beliebigen anderen Schemata anlegen zu können.

Man muß sich darüber im klaren sein, daß einige dieser Privilegien sehr kritisch zu betrachten sind. Das Privileg 'SELECT ANY TABLE' gibt dem Benutzer z.B. die Möglichkeit, auf alle Tabellen der gesamten Datenbank lesend zuzugreifen. Werden z.B. interne Personaldaten in der Datenbank verwaltet, so darf nach den Datenschutzgesetzen der Bundesrepublik Deutschland nicht einmal die Datenbankadministration dieses Recht nutzen. Auf der anderen Seite benötigt gerade die Datenbankadministration einen möglichst umfangreichen Rechte-Satz, um die Verwaltungsaufgabe zu übernehmen. Als gangbare Lösung kann z.B. ein Benutzer eingerichtet werden, der alle Rechte zwar besitzt, dessen Passwort aber von einem Vertrauensmann festgelegt und an einem sicheren Ort hinterlegt wird. Muß die Datenbankadministration mit diesem User arbeiten, so kann sie dies nur unter Aufsicht des Vertrauensmanns.

Seit Version 7 gibt es eine Vielzahl von Systemprivilegien (über 60), mit denen man gezielt Benutzer oder Benutzergruppen (also Rollen) attributieren kann.

3.7.2 Objektprivilegien

Systemprivilegien sind zu grob, um einen gezielten Datenschutz vollständig realisieren zu können. Aus diesem Grund ergänzen *Objektprivilegien* die Systemrechte. Objektprivilegien gelten nur für das Objekt, für das sie angegeben worden sind, z.B. für eine bestimmte Tabelle oder eine bestimmte View.

```
grant select, update (STATUS) on FIBU.BUCHUNG
   to ANW_FIBU2
```

Mit dem obigen GRANT-Befehl wird das Recht des Lesens aller Spalten und des Änderns einer Spalte für das Objekt FIBU.BUCHUNG an eine Rolle vergeben. Alle anderen Operationen führen zu einer Fehlermeldung seitens des Servers. Die Beschränkung auf Spalten ist nur für das UPDATE- und INSERT-Recht möglich.

Abb. 3-27

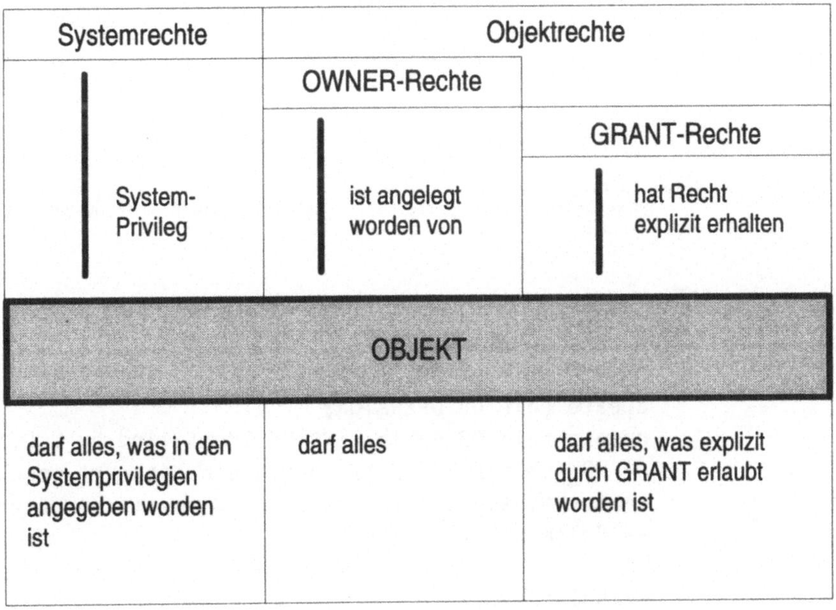

Systemrechte	Objektrechte	
	OWNER-Rechte	GRANT-Rechte
System-Privileg	ist angelegt worden von	hat Recht explizit erhalten
OBJEKT		
darf alles, was in den Systemprivilegien angegeben worden ist	darf alles	darf alles, was explizit durch GRANT erlaubt worden ist

ORACLE prüft bei einer SQL-Anweisung die notwendigen Rechte über drei Stufen ab (Abb. 3-27). Beispiel: Der User 'OTTO' will auf die Tabelle INTERN.KUNDE lesend zugreifen. Zunächst wird nach einem Systemrecht für OTTO gesucht, mit dem der Zugriff erlaubt würde (hier also 'SELECT ANY TABLE'). Ist dieses Recht nicht zugeordnet, so wird überprüft, ob OTTO der Inhaber der Tabelle ist. Da nicht auf 'OTTO.KUNDE' zugegriffen wird, ist das nicht der Fall. Schließlich wird überprüft, ob OTTO explizit (per GRANT) das SELECT-Recht für diese Tabelle erhalten hat. Ist auch dies nicht der Fall, so wird die Operation mit Fehlermeldung abgelehnt.

System- und Objektprivilegien werden mit der REVOKE-Anweisung wieder entzogen.

3.7.3 Beispiel

In Kapitel 2 ist ein Rollendiagramm vorgestellt worden:

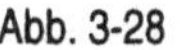
Abb. 3-28

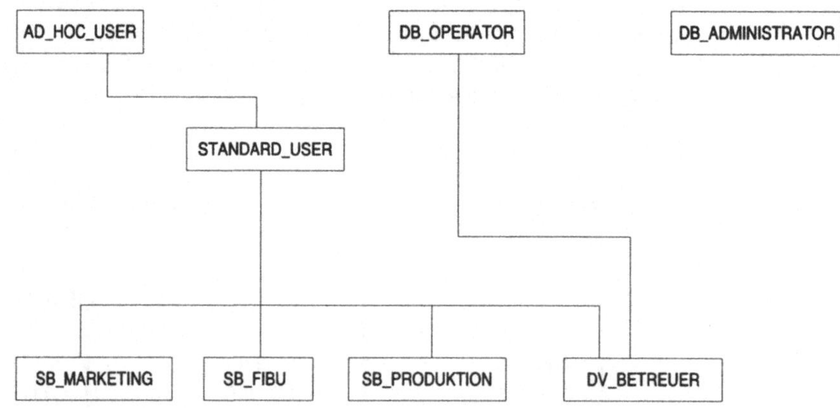

Eine mögliche Umsetzung dieses Diagramm wäre:

```
-- Basis-Rollen
create role AD_HOC_USER;
create role DB_OPERATOR;
create role DB_ADMINISTRATOR identified by NCC1701;
-- DB_ADMINISTRATOR ist durch ein Passwort geschützt, ohne
-- das Wissen dieses Passworts kann ein Benutzer diese
-- Rolle nicht nutzen.

-- Rollen-Netz
create role STANDARD_USER;
```

```
grant AD_HOC_USER to STANDARD_USER;
create role SB_MARKETING;
grant STANDARD_USER to SB_MARKETING;
create role SB_FIBU;
grant STANDARD_USER to SB_FIBU;
create role SB_PRODUKTION;
grant STANDARD_USER to SB_PRODUKTION;
create role DV_BETREUER;
grant STANDARD_USER, DB_OPERATOR to DV_BETREUER;

-- Privilegien vergeben
grant create session, create synonym to AD_HOC_USER;
grant alter session, create view to STANDARD_USER;
grant create any table, create any index,
  create any trigger,  create any synonym,
  create tablespace, create rollback segment,
  create sequence, alter database, analyze any,
  ... to DB_OPERATOR;
grant dba to DB_ADMINISTRATOR;
grant select on INTERN.KUNDEN to STANDARD_BENUTZER;
grant select on INTERN.VERKAUF to SB_MARKETING;
grant select on INTERN.BUCHUNG to SB_FIBU;
grant select on INTERN.BESTAND to SB_PRODUKTION;
...

-- User
create user KARL_KLONZ identified by ABCDE
  default tablespace SPIELWIESE
  temporary tablespace TEMP
  quota 1M on SPIELWIESE
  quota unlimited on TEMP;
grant SB_FIBU to KARL_KLONZ;
create user MARTA_MOEBEL identified by ABCDE
  ...;
grant DB_ADMINISTRATOR, DV_BETREUER to MARTA_MOEBEL;
...
```

Die Rechte im obigen Beispiel sind keineswegs vollständig, reichen für die grundsätzliche Darstellung der Möglichkeiten aber aus.

Ein besonderer Punkt ist das Schützen der Rolle DB_ADMINISTRATOR über ein Paßwort. Dem User MARTA_MOEBEL ist diese Rolle zwar zugeteilt, er kann die Rechte allerding erst nutzen, wenn ihm das Paßwort bekannt geworden ist und die Rolle mit der folgenden Anweisung aktiviert wird:

```
set role DB_ADMINISTRATOR identified by NCC1701;
```

Anwendungsrollen (vgl. Kapitel 2) werden analog zu diesem Beispiel aufgebaut. Diese Rollen werden wohl eher Objekt- als Systemprivilegien erhalten. Eine Rolle für eine Finanzbuchhaltungssoftware erhält z.B. die Berechtigung auf alle Tabellen und/oder Views, mit denen die Software arbeitet. Auch diese Rolle kann wiederum durch ein Paßwort geschützt werden, das von der Anwendungssoftware benutzt wird (SET ROLE nach Programmstart), den Benutzern aber unbekannt ist. So verhindert man, daß ein normaler Benutzer z.B. über SQL*Plus die Rechte 'per Hand' nutzt.

3.7.4 Weitere Möglichkeiten

Views

Leider wird recht häufig vergessen, daß Objektprivilegien für Views ebenso wie für Tabellen vergeben werden können. Darf ein bestimmter Benutzerkreis z.B. nur bestimmte Spalten einer Tabelle 'sehen', so ist die einzig korrekte Datenschutzmaßnahme die Bildung einer View über diese Spalten. Der entsprechende Benutzerkreis erhält dann das SELECT-Recht auf die View, nicht auf die eigentliche Tabelle und kann damit nur mit der eingeschränkten View arbeiten. Selbstverständlich lassen sich die restlichen Rechte auch auf die View anwenden.

Prozeduren

Will man für eine bestimmte Operation, z.B. für ein DELETE, das Recht nicht grundsätzlich vergeben, sondern die Operation stark einschränken, so gibt es neben der Bildung einer View noch eine weitere Möglichkeit.

Eine gespeicherte PL/SQL-Prozedur für das Löschen eines Auftrags kann z.B. so ausgelegt werden, daß sie eine Auftragsnummer entgegen nimmt und die entsprechende Auftragszeile prüft. Nur wenn die Prüfung erfolgreich ist, wird die Zeile wirklich gelöscht. Die Prozedur selbst wird unter dem Schemanamen der Tabelle angelegt und hat damit automatisch das DELETE-Recht. Der in Frage kommende Benutzerkreis erhält nun das EXECUTE-Recht auf die Prozedur und kann damit die Prozedur ausführen und über sie eine Zeile löschen. Ein direktes Löschen der Auftragszeilen ist nicht möglich.

Trigger

Trigger bieten die Möglichkeit, komplexe Datenschutz-Regeln umzusetzen, da eine volle 3GL Programmiersprache zur Verfügung steht. Im Eingangsbeispiel in Kapitel 3.4 ist ein solcher Trigger realisiert, der Manipulationen zu einer bestimmten Uhrzeit ausschließt.

Auditing

ORACLE bietet die Möglichkeit, zur Kontrolle des Datenschutzes Zugriffsprotokolle mitzuführen (Voraussetzung: AUDIT_TRAIL in der Konfigurationsdatei init.ora gesetzt). Das Auditing bietet die folgenden Möglichkeiten:

- *Befehls-Audits* protokollieren festgelegte Befehle, egal auf welchem Objekt sie arbeiten.
- *Privileg-Audits* verfolgen die Nutzung festlegbarer sensibler Systemprivilegien (z.B. SELECT ANY TABLE).
- *Objekt-Audits* verfolgen gezielt Zugriffe auf einzelne Objekte, wie mit SELECT und/oder INSERT etc..
- Audits können eingeschränkt werden:
  - auf erfolgreiche oder erfolglose Zugriffe
  - auf einzelne Benutzer
  - auf die Protokollierung 'einmal pro Sitzung'

Für das Ein- und Ausschalten stehen die Befehle AUDIT und NOAUDIT zur Verfügung.

Es sei darauf hingewiesen, daß mit dem Auditing Verstöße gegen das geltende Recht der Bundesrepublik Deutschland möglich sind. So ist z.B. das ständige Protokollieren von Verbindungszeiten aller Benutzer mit den Mitarbeitern (bzw. gegebenenfalls dem Betriebsrat) abzusprechen.

3.7.5 Datenschutz-Prinzipien

- **PUBLIC vermeiden**

  Bedenken Sie, daß ein GRANT TO PUBLIC Rechte an alle ORACLE-Anwender vergibt. Darunter sind auch solche, die für Demonstrationszwecke und von Installationsroutinen angelegt wurden oder zukünftig angelegt werden.

- **WITH ADMIN OPTION vermeiden**

  Wird ein Systemprivileg mit WITH ADMIN OPTION vergeben, so kann der betreffende Benutzer dieses Recht weitervergeben. Die Weitervergabe wird auch dann nicht entzogen, wenn im nachhinein dem Benutzer alle Rechte wieder genommen werden.

- **WITH GRANT OPTION vermeiden**

  Diese Klausel arbeitet ähnlich wie die ADMIN-Option. Zwar werden Rechte-Ketten im Gegensatz dazu auch wieder entzogen; die Erlaubnis, ein Recht weiterzugeben, sorgt aber schnell für ein unüberblickbares Rechtechaos.

- **Sowenig Rechte wie möglich...**

  Bei der Rechte-Vergabe sollte man so restriktiv wie möglich sein. Es ist besser, wenn ein Benutzer ein Recht zu wenig hat und es nach Beschwerde erhält, als wenn er ein Recht zuviel besitzt.

- **Data-Dictionary auswerten**

  Alle Rechte werden im Data-Dictionary verwaltet und können dort abgefragt werden. Es sollten grundsätzlich SQL-Skripte zur Verfügung stehen, die Anworten auf die folgenden Fragen zurückliefern:

  - Welche Rechte besitzt der Benutzer X (ex- und inklusive aller Rechte über Rollen)?
  - Welche Rechte besitzt Rolle X (ex- und inklusive aller Rechte über zugeordnete Rollen)?
  - Welcher User hat welche Rechte auf Tabelle oder View X?
  - Welche Rolle hat welche Rechte auf Tabelle oder View X?

- **Datenschutzgesetze beachten**

  Leider wird ein Verstoß gegen das Datenschutzgesetz auch heute noch oftmals als Kavaliersdelikt angesehen. Das ist es auf gar keinen Fall. Anwendungsentwickler und Datenbankadministration besitzen mit Sicherheit keinen Freibrief für den Zugriff auf beliebige Daten aufgrund ihres Berufs.

3.8 Data-Dictionary

Nicht jedes System, das sich 'relationales Datenbanksystem' nennt, ist auch eines. Zu den Anforderungen an ein echtes relationales System gehört unter anderem (!) die Bereitstellung eines Data-Dictionaries.

Das Data-Dictionary ist eine Struktur von Systemtabellen, die (fast) sämtliche Meta-Informationen der Datenbank enthält. Aus dem Data-Dictionary bedient sich zunächst einmal die Datenbank-Software selbst. Eine Tabelle, die nicht im Data-Dictionary steht, existiert auch nicht. Das ORACLE-Data-Dictionary ist also kein passives, auswertendes System, sondern hält die 'wahren' Daten vor. So muß es sein.

Der Inhalt des Data-Dictionary ist aber auch für den Anwender von Bedeutung. Schließlich kann über das Data-Dictionary (bei entsprechender Berechtigung) alles an interessierenden Informationen über Datenbankstruktur und -zustand per SQL abgefragt werden. Zu den Informationen gehören unter anderem:

- Informationen über die Struktur der einzelnen Objekte, wie Tabellen, Views, Synonyme, Indizes, Links, Sequenzen etc..
- Analyseinformationen über Tabellen, wie durchschnittliche Zeilenlänge, Zeilenanzahl etc. (vgl. 3.2.4).
- Informationen über definierte Constraints.
- Informationen über gespeicherte PL/SQL-Prozeduren und Trigger.
- Informationen über Benutzer und Rollen sowie deren Rechte (s.o.).
- Audit-Protokolle (s.o.).
- Informationen über Im- und Export von Tabellen.
- Speicherinformationen wie Tablespace-, Segment- und Extent-Größen sowie Freiplätze.
- ...

Das Data-Dictionary gehört dem User SYS. Die Datenbankadministration weiß: Unter diesem User sollte man auf keinen Fall arbeiten. Und bitte: Man versuche nicht, im Data-Dictionary per Hand herumzumanipulieren, es sei denn, man will das Datenbanksystem neu installieren. Das Data-Dictionary ist 'read-only', außer für das Datenbanksystem selbst.

3.8.1 Ebenen

Über das ORACLE-Data-Dictionary sind für viele echte Tabellen drei Views definiert, um die Organisation zu vereinfachen.

- Views, die mit USER_ beginnen, beinhalten alle Zeilen von Objekten des eigenen Schemas des aktuellen Users. USER_TABLES beinhaltet z.B. alle Tabellen des aktuell angemeldeten Benutzers.
- Views mit Päfix ALL_ beinhalten alle Objekte, auf die der aktuell angemeldete User eine Berechtigung besitzt. ALL_TABLES liefert also alle eigenen Tabellen und die Tabellen zurück, auf die der aktuell angemeldete Benutzer Zugriffsrechte hat.
- Views mit Präfix DBA_ entsprechen den echten Dictionary-Tabellen. SYS.DBA_TABLES ist z.B. die Dictionary-Tabelle für alle Tabellen und ist in der Regel für normale Anwender nicht zugreifbar.

Abb. 3-29

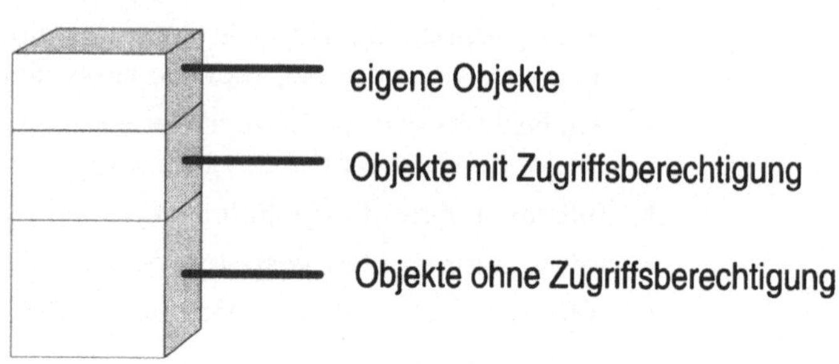

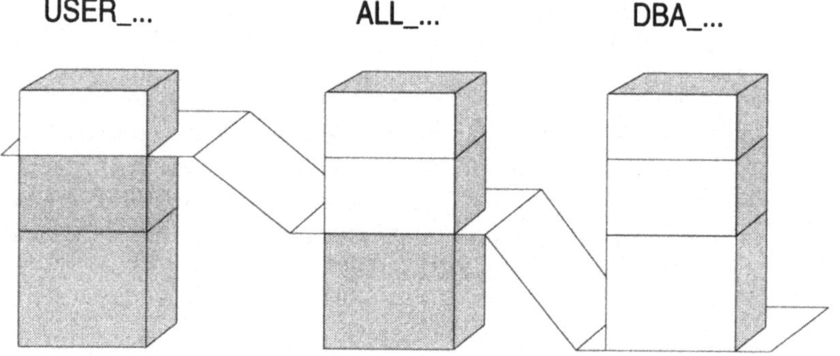

Es folgen einige Beispielabfragen:

```
-- Tabellen und deren Tablespaces im eigenen Schema
select table_name, tablespace_name
  from user_tables
 order by 1;

-- Tabellen, auf die Zugriffsberechtigung besteht,
-- installationsbedingte Tabellen ausgeschlossen
select owner || '.' || table_name table
  from all_tables
 where owner not in ('SYS', 'SYSTEM', 'PUBLIC' )
 order by 1;

-- Tabellen mit DELETE-Berechtigung
select grantor, owner || '.' || table_name table
  from all_tab_privs_recd
 where privilege = 'DELETE' and
       grantor not in ( 'SYS', 'SYSTEM' );
```

```
-- Spalten der Tabelle 'LEISTUNG'
select column_id, column_name, data_type, data_length,
       data_scale
  from user_tab_columns
 where table_name = 'LEISTUNG'
 order by 1;

-- Alle Indizes und deren Spalten, die für 'Auftrag'
-- definiert sind
select I.index_name, uniqueness, column_position,
       column_name
  from user_indexes I, user_ind_columns C
 where I.index_name = C.index_name and
       I.table_name = 'AUFTRAG'
 order by 1, 3;

-- Tablespace-Belegung und Quote aller nutzbarer TS
select T.tablespace_name, status, bytes, max_bytes
  from user_tablespaces T, user_ts_quotas Q
 where T.tablespace_name = Q.tablespace_name
 order by 1;
```

ANALYZE

Der ANALYZE-Befehl analysiert den aktuellen Tabelleninhalt einer angegebenen Tabelle und schreibt entsprechende Statistiken in das Data-Dictionary. Diese Information ist insbesondere für die Beobachtung und Anpassung von Speichergrößen wichtig (vgl. 3.2.4). Daneben sind diese Informationen beim kostenbasierten Optimizer Ausgangspunkt für den gewählten Zugriffsweg. Eine Tabelle und ihre Indizes werden mit der folgenden Anweisung vollständig analysiert:

```
analyze table AAB.KUNDE compute statistics;
```

Bei sehr großen Tabellen kann man nur einen Teil analysieren lassen, um Analysezeit zu sparen:

```
analyze table AAB.POSITION
  estimate sample 25 percent statistics;
```

Analog können Indizes und Cluster analysiert werden.

Nach erfolgter Analyse stehen im Data-Dictionary wichtige Informationen. Beispiele:

```
-- Anzahl Zeilen pro Block
select num_rows / blocks  ZEILEN_PRO_BLOCK
  from all_tables
 where owner = 'AAB' and table_name = 'KUNDE';
```

```
-- Unterschiedliche Werte des (Cluster-)Fremdschlüssels
-- in der Tabelle 'Position'
select num_distinct from all_tab_columns
 where owner = 'AAB' and table_name = 'POSITION' and
       column_name = 'AUFTRAG';

-- Informationen über die Blockbelegung der Tabellen
-- 'Auftrag', 'Kunde' und 'Leistung'
select table_name
       blocks,              -- Anzahl Blöcke
       empty_blocks,        -- Anzahl leerer Blöcke
       avg_space,           -- durchschn. freie Bytes/Block
       chain_cnt,           -- Anzahl Zeilenketten
       avg_row_len          -- durchschn. Zeilengröße
  from all_tables
 where owner = 'AAB' and
       table_name in ('AUFTRAG', 'KUNDE', 'LEISTUNG' );

-- Struktur eines Indexbaums
select owner || '.' || table_name TABLE, index_name,
       blevel,              -- Höhe des Baums
       leaf_blocks,         -- Anzahl Blätter
       distinct_keys,       -- Anzahl unterschiedl. Schlüssel
       avg_leaf_blocks_per_key,
       -- durchschn. Anzahl Index-Blöcke pro Schlüssel
       avg_data_blocks_per_key,
       -- durchschn. Anzahl Datenblöcke pro Schlüssel
       clustering_factor,
       -- Anzahl Zeilen, die der Index-Sortierung im
       -- Datenblock entsprechen
  from all_indexes
 where owner = 'AAB'
 order by 1, 2;
```

Gerade diese und weitere gleichartige Informationen liefern wertvollste Hinweise für das technische Tuning.

3.8.2 Virtuelle Tabellen

Es gibt einige Tabellen, die das eigentliche Data-Dictionary ergänzen. Diese *virtuellen Tabellen* beinhalten Echtzeit-Informationen über den aktuellen Zustand der Datenbank sowie deren Umgebung. Wie die ANALYZE-Information auch sind diese Informationen insbesondere für das Tuning des Systems von Bedeutung. Virtuelle Tabellen werden u.a. auch *Dynamic Performance Tables* genannt.

Diese mit dem Präfix 'V$' beginnenden Tabellen sind in Wirklichkeit Views auf Objekte, die den gemeinsamen Hauptspeicher der Server-Prozesse widerspiegeln (*system global area*, SGA). Im Werkzeug SQL*DBA werden die V$-Views intern benutzt, um die unterschiedlichen MONITOR-Anweisungen auszuführen und Systeminformationen anzuzeigen.

Die Informationen können bei entsprechender Berechtigung auch direkt per SQL abgefragt werden.

Beispiele:

```
-- Wer greift gerade auf INTERN.MITARBEITER zu?
select sid
  from v$access
 where owner = 'INTERN' and object = 'MITARBEITER';

-- Unter welchem Usernamen ist SID 13 angemeldet?
select sid, username from v$session
 where sid = 13;

-- Wie gut ist der Data Dictionary Cache?
select parameter, gets, getmisses,
       getmisses / (gets+getmisses) * 100
       --  Nicht-Treffer in Prozent
  from v$rowcache
 where gets + getmisses <> 0
 order by 1;

-- Welcher I/O findet auf Dateien statt?
select D.file#, D.name, D.status, D.bytes
       S.phyrds,                          -- physical reads
       S.phywrts                          -- physical writes
  from v$datafile D, v$filestat S
 where D.file# = S.file#;

-- Aktueller Aufbau der SGA?
select * from v$sgastat;
```

```
-- Speicherverbrauch jeder Session?
select SESS.sid, SESS.username, STAT.value
  from v$session SESS, v$sesstat STAT, v$statname SN
 where SESS.sid = STAT.sid and
       STAT.statistic# = SN.statistic# and
       SN.name = 'session memory';
```

Es kann an dieser Stelle nur einen einleitender Überblick über die Möglichkeiten des Data-Dictionary geben. Es sei dem Leser, der sich ja intensiver mit ORACLE beschäftigen möchte, empfohlen, sich einen tieferen Einblick in diesen speziellen Zweig zu verschaffen (Hilfe bietet dabei die ORACLE-Herstellerliteratur). Es lohnt sich.

3.9 Stolpersteine

Das Kapitel über die technische Umsetzung eines Datenmodells in ORACLE-Datenbanken sei mit einigen Anmerkungen abgeschlossen, die vor großen praktischen Problemen warnen sollen. Diese Probleme können relativ leicht umschifft werden.

3.9.1 Zeichensätze

Es überrascht: Die korrekte Wahl der Zeichensätze scheint öfter Probleme zu bereiten, obwohl gerade diese Problematik von ORACLE hervorragend gelöst wird.

Die Zeichensatz-Problematik resultiert aus der Tatsache, daß es den ASCII nicht gibt. Spätestens ab Zeichen Nummer 128 trifft man auf ein mehr oder weniger wildes Durcheinander, wenn man die Kodetabellen unterschiedlicher Betriebssysteme miteinander vergleicht. Die Tabellen, die auf PC's anzutreffen sind, sind dafür nur ein Beispiel.

Tiefere Ursache von verlorengehenden Ä's, Ö's und Ü's sind in den meisten Fällen zwei Punkte:

- **falsche Client-Installation**

  Auf Client-Seite wird oftmals ein falscher Zeichensatz angegeben, der dem benutzten Zeichensatz nicht entspricht. Lösung: Man gebe in den Initialisierungsdateien den korrekten Kode mit der korrekten Codepage an.

- **falsches Kodierschema**

  Der Zeichensatz, in dem auf Serverseite die Daten in den Tabellen abgelegt werden, wird *Kodierschema* (*encoding scheme*) genannt. Leider sind immer wieder Installationsskripte anzutreffen, mit denen eine ORACLE-Datenbank in 7 Bit ASCII kodiert wird. Deutsche Umlaute haben da keine Chance mehr, sie werden schlicht nicht gespeichert. Lösung: Man gebe beim Aufbau der Datenbank einen 8 Bit ASCII mit europäischer Kodierung in der oberen Hälfte an. Besitzt man ausschließlich Clients mit demselben Zeichensatz, so wählt man diesen auch als Kodierschema.

3.9.2 Datumsformate

Auch die Datumsformate bereiten immer wieder Anlaß zur Verzweiflung. Wer sich über die unterschiedlichen Formate '1-MAY-96', '1-MAI-96', '01.05.96' oder '01.05.1996' auf unterschiedlichen Clients und/oder Servern wundert, weiß vielleicht nicht, daß man das Datumsformat einstellen kann und muß.

Server

Auf Serverseite wird das Datumsformat implizit (über NLS_TERRITORY) oder explizit über den Eintrag NLS_DATE_FORMAT in der Initialisierungsdatei gesetzt. Das Format gilt in der Regel damit auch für angeschlossene Clients.[26]

Clients

Ein Client kann innerhalb einer Sitzung ein anderes Datumsfomat über den ALTER SESSION Befehl setzen. Beispiel:

```
alter session set nls_date_format = 'DD.MM.YYYY'
```

Will man wartbare Anwendungsprogramme schreiben, so ist die obige SQL-Anweisung bei Sitzungsbeginn Pflicht. Es sei denn, man konvertiert im Anwendungsprogramm Datums- und/oder Uhrzeitangaben grundsätzlich mit TO_DATE in Datenbank- und TO_CHAR in Client-Richtung.

Ansonsten macht man sich von Konfigurationseinstellungen abhängig und wundert sich mit Sicherheit über plötzlich auftretende SQL-Fehler.

Der 'Big Bang' zur Jahrtausendwende steht bevor: Arbeiten Sie grundsätzlich mit vierstelligen Jahreszahlen.

P.S.: Bei allen hier dargestellten Datumsformaten fehlt die Uhrzeit!

3.9.3 Spezielle Ressourcen

Bei der Realisierung von ORACLE-Datenbanken werden meist normale Tablespaces berücksichtigt und in ihrer Größe auf die Erfordernisse angepaßt.

---

[26] Die Behandlung der NLS-Parameter ist stark von der Plattform abhängig.

Trotzdem kann es im produktiven Einsatz bei drei Stellen Ressourcen-Engpässe und damit Fehlermeldungen geben, die man manchmal nicht vorhersieht:

- **SYSTEM Tablespace zu klein**

  Im Tablespace mit dem Namen SYSTEM steht das Data-Dictionary. Dieser Systemkatalog wächst also mit zunehmendem Anlegen von ORACLE-Objekten. Eine Datenbankadministration ist wohl beraten, diesen Tablespace im Auge zu behalten.

- **Temporary Tablespace zu klein**

  Für manche SQL-Anweisungen werden temporäre Segmente in einem dem Benutzer zugeordneten Tablespace angelegt. Ein solches Segment wird z.B. zur Sortierung eines SELECT-Ergebnisses benötigt. Empfehlung: Man sollte für diese Segmente einen Tablespace (oder mehrere Tablespaces) exklusiv planen und den Benutzern zuordnen. Die Beobachtung der Freiplatz-Größen wird dadurch einfacher.

- **Rollback-Segmente zu klein**

  Um Transaktionsabbrüche realisieren zu können, werden für alle Änderungen einer Transaktion die 'Vorher'-Bilder in einem sogenannten Rollback-Segment gespeichert. Steht nicht genug Platz an Rollback-Segmenten zur Verfügung, werden SQL-Anweisungen mit Fehlermeldung abgelehnt.

Um diese Probleme zu vermeiden, sollten die entsprechenden Tablespaces auf Basis der Abb. 3-30 aufgebaut werden: Im SYSTEM Tablespace (der ausreichend groß dimensioniert werden muß) werden die Rollback-Segmente für das System und ein zweites Rollback-Segment angelegt, das deaktiviert ('offline' gesetzt) wird und für Notfälle zur Verfügung steht.

Die eigentlichen Rollbacksegmente stehen in ausreichender Zahl und Größe in (mindestens) einem eigenen Tablespace, in dem weder normale Daten noch sonstige Objekte abgelegt werden.

Für die temporären Segmente steht wiederum mindestens ein eigener Tablespace zur Verfügung.

Die Bestimmung der optimalen Rollback-Segment-Anzahl und deren Größen hängt von vielen Einflußfaktoren, wie Transaktionslängen und deren Anzahl, ab. Es sei auf das DBA-Handbuch von Kevin Loney verwiesen.

Abb. 3-30

SYSTEM Tablespace

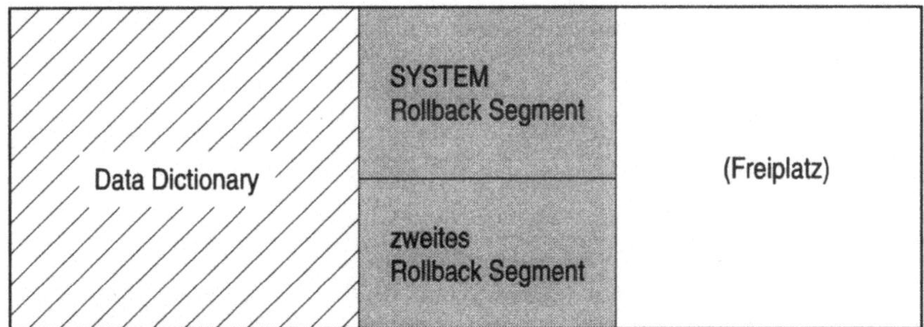

Rollback-Tablespace

Rollback Segment 1
Rollback Segment 2
Rollback Segment 3
Rollback Segment 4
Rollback Segment 5
Rollback Segment 6
(Freiplatz)

Temporary Tablespace

Beispiel-Skript:

```
create tablespace RBS
  datafile 'u04/oradata/prod/rbs01.dbf'   -- OFA Namen!
  size 17M
  default storage( initial 125K next 125K
                   minextents 18 maxextents 999 );
create public rollback segment R1
  tablespace RBS storage( optimal 2250K );
alter rollback segment R1 online;
...
```

4 Anwendungsentwicklung

In Kapitel 2 und 3 wurde der Übergang vom fachlichen Datenmodell zum technischen Entwurf beschrieben. Mit den dort dargestellen Methoden und Techniken ist es möglich, saubere und effiziente ORACLE-Datenbanken zu konstruieren.

Die Nutzung dieser Datenbanken, d.h. Anwendungsentwicklung für relationale Systeme, steht nicht im Vordergrund dieses Buches. Es existieren neben der Herstellerliteratur viele Werke zu diesem Thema, die unter anderem erschöpfend in Syntax und Semantik von SQL, embedded SQL und PL/SQL einführen und vertiefen.

Trotzdem finden sich an dieser Stelle einige Anmerkungen zur Anwendungsentwicklung, die zum Teil die anwendungsbezogenen Ausführungen des letzten Kapitels wiederholen und einige zentrale Punkte der Programmierung für ORACLE-Datenbanken zusammenfassen.

Der Leser möge anhand der einzelnen Kapitelüberschriften entscheiden, welche Aspekte ihn an dieser Stelle interessieren.

4.1 Anwendungsverteilung

Die heutige Anwendungsentwicklung im Client-/Server-Umfeld verteilt die einzelnen Komponenten einer Anwendung auf unterschiedliche Schichten, die zum Teil auf dem Client und zum Teil auf dem Server realisiert werden.

Eine Anwendung hat dabei insbesondere die Aufgabe, einen Bogen zwischen der Präsentation und der Datenhaltung zu spannen. Die Programmierung für grafische Benutzeroberflächen ist heute faktisch ein Muß, sei es z.B. unter MS Windows, dem OS/2 Presentation Manager oder OSF/Mofif für UNIX-Systeme. Daß die Ansteuerung derartiger Systeme einen Komplexitätssprung der Anwendungssysteme nach sich gezogen hat, ist unumstritten.

Aber auch auf der Seite der Datenhaltung hat sich die EDV in den letzten 20 Jahren von der hauptsächlichen Nutzung sequentieller oder indexsequentieller Dateien entfernt. Gefordert sind Anwendungen, die die Datenhaltung zu einem Informationsdienst abstrahieren, der beliebige Softwarekomponenten unterstützt und in einem Multi-User-Umfeld Kokurrenzsituationen optimal auflöst.

Folgerichtig haben sich Komponenten herausgeschält, die zur heutigen Software-Entwicklung unabdingbar sind. Relationale Datenbanken sind nur ein Teil davon, die Schlagwörter 'Middleware', 'Objektorientierung', 'offene Systeme', 'Softwarebibliotheken', 'CASE-Tools' sollen nur einen Eindruck von der Vielfältigkeit der in diesem Zusammenhang wichtigen Konzepte vermitteln.

Client-/Server-Computing bedeutet nicht etwa, eine Vernetzung durchzuführen. Es eröffnet seine Möglichkeiten erst als Software-Architektur. Ob in prozeduralen oder objektorientierten Programmiersprachen, eine gute Software-Architektur besteht aus Einzelkomponenten, die Dienste zur Verfügung stellen (seien es Unterprogramme oder Objekte). Zwischen den einzelnen Komponenten besteht eine Auftraggeber-/Auftragnehmer-Beziehung, die im Client-/Server-Computing auch zwischen unterschiedlichen Rechnern genutzt werden kann. Die Anwendung 'läuft' also auf unterschiedlichen Rechnersystemen.

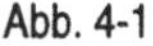
Abb. 4-1

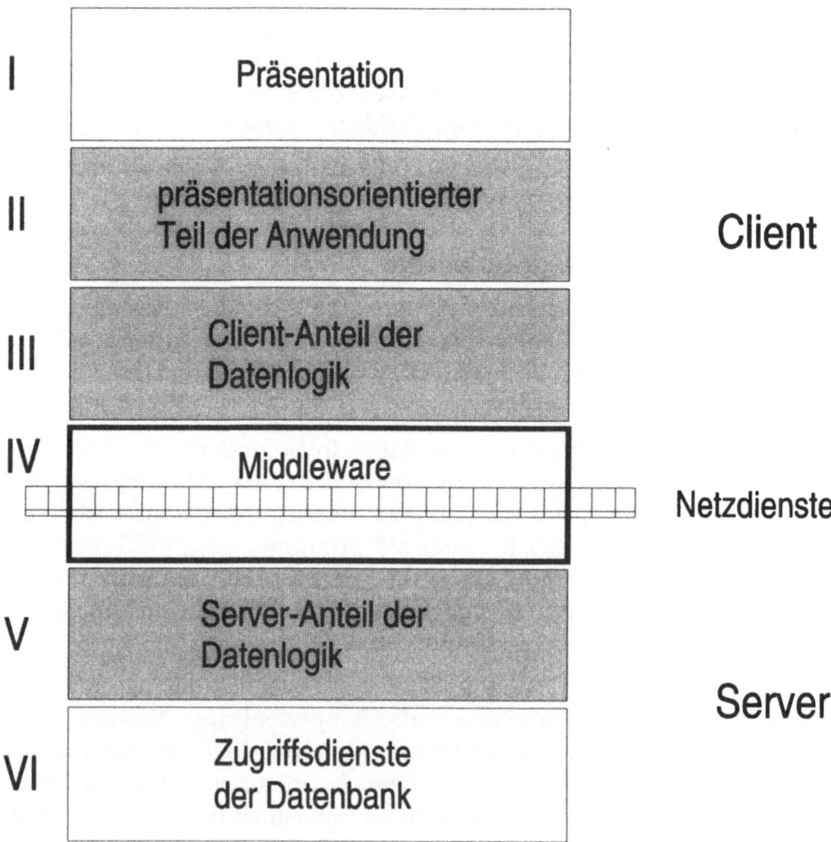

Bezüglich der Entwicklung von Datenbank-Systemen lassen sich die Komponenten in Schichten einteilen, die im ORACLE-Umfeld genauer spezifiziert werden können.

I Als oberste Schicht findet sich die Präsentationsschicht, die durch das jeweilige Client-Betriebssystem realisiert wird und von der eigentlichen Anwendungssoftware angesprochen wird. Will man portable Client-Anwendungen schreiben oder die Komplexität verringern, so greift man gerne auf entsprechende Software-Bibliotheken zu.

II In der zweiten Schicht finden sich die Module der Anwendung, die primär zur Umsetzung der Präsentation in den Datenzugriff entworfen wurden und den Ablauf der Anwendung steuern. Dieser Schicht werden auch Validierungen von Datenelementen auf Feld- und Satzbasis zugeordnet.

III Schicht drei beinhaltet den Teil der Datenlogik, der auf Client-Seite realisiert wird. Zu dieser Schicht gehört die Realisierung von komplexen Integritätsregeln, die man z.B. aus Performance-Gründen nicht auf den Server verlagern will. Auch der Zugriff auf andere Datenhaltungssysteme kann in dieser Schicht realisiert werden (z.B. Zugriff auf lokale indexsequentielle Dateien oder andere Datenbanksysteme).

IV Die Middleware-Schicht abstrahiert die Datenübertragung zwischen Client und Server. Diese Schicht kann sehr unterschiedlich ausgeprägt sein, in der ORACLE-Praxis wird sie in der Regel durch SQL*Net realisiert. Durch die Installation von SQL*Net auf Client- und Server-Seite wird die Verbindung transparent; der Server-Anschluß präsentiert sich der Anwendungsentwicklung wie eine lokale Datenbank.

V Auf Server-Seite können Teile der Anwendung gespeichert und ausgeführt werden, die rein datenorientiert sind. Die Aufgabe dieser Module geht von der Bereitstellung von zusätzlichen Datendiensten bis hin zur zentralisierten Integritätssicherung. Module der Schicht fünf werden als Trigger oder gespeicherte Prozeduren in PL/SQL realisiert.

VI Auf der untersten Ebene finden sich die eigentlichen Dienste des ORACLE-Servers, die durch SQL angefordert und durch die Server-Software realisiert werden.

Die Schichten III und V sind bereits bezüglich der Integritätssicherung im letzten Kapitel angesprochen worden. Dort finden sich auch Anmerkungen zur Entscheidungsfindung für Realisierungsalternativen. Es sei auch noch angemerkt, daß man Schicht III in den meisten Schichtenmodellen nicht antreffen wird, obwohl diese Schicht in der Praxis oftmals stark ausgeprägt ist.

Beispiele für Module, die entweder in Schicht III oder in Schicht V realisiert werden können sind Programmteile, die das Verhalten der Daten unabhängig vom direkten Eingriff eines Endanwenders als Dienst verkapseln:

- Ein Bestandsmodul interpretiert alle Lagerdaten und füllt eine Bestelltabelle mit den Daten von Artikeln, die ihren Mindestbestand unterschritten haben.
- Ein Modul für Laborversuche legt einen neuen Versuch an und schreibt Leerzeilen für alle notwendigen Teilmessungen in die entsprechenden Tabellen.
- Ein Statistikmodul führt komplexe Abfragen über alle Aufträge und Auftragsposten durch und schreibt die berechneten Werte in eine Ergebnistabelle.
- Ein Archivierungsmodul interpretiert eine Tabelle und verschiebt alle Zeilen, die das Archivierungskriterium erfüllen, in eine Archivtabelle.

Alle derartigen Module können alternativ auf jedem (!) Client oder dem ORACLE-Server realisiert werden. Ein Vergleich:

	Modul auf Client	Modul auf Server
Client-Belastung	relativ hoch	minimal
Server-Belastung	minimal	relativ hoch
Netzbelastung	relativ hoch	minimal
Portierung auf neues Client-Betriebssystem	relativ einfach	kein Aufwand
Portierung auf anderes DB-System	relativ einfach	je nach Datenbank-Produkt schwer bis unmöglich
Integrität	gefährdet, wenn die Architekturen nicht sauber aufgebaut sind	durch zentrale Kontrolle relativ einfach zu erzielen
Wartung	relativ aufwendig	einfach

Als Beispiel für den Vorteil von Server-Modulen sei das Versuchs-Beispiel aus dem letzten Kapitel wieder aufgegriffen. Ein für die Performance kritischer Punkt ist die Berechnung des Versuchsdurchschnitts gewesen. Dabei stellte sich die Frage, ob dieses abgeleitete Attribut in die Versuchstabelle aufgenommen werden soll oder nicht.

Man sollte auf die Idee kommen, die Abfrage des Durchschnittswerts als PL/SQL-Prozedur zu verkapseln. Wird dieser Wert nicht in die Versuchstabelle aufgenommen, so wird die Prozedur wie folgt realisiert:

```
create function VERSUCHS_SCHNITT( NUMMER in number )
  return number
is
  ERGEBNIS number;
begin
  begin
    select sum(KRAFTSTOFFMENGE) / sum(STRECKE) * 100
      into ERGEBNIS
      from TEILVERSUCH
     where VERSUCHSNUMMER = NUMMER;
  exception
    when no_data_found then ERGEBNIS := NULL;
  end;
  return ERGEBNIS;
end;
```

Ein Anwendungsprogramm kann diese Funktion mit embedded SQL oder embedded PL/SQL auswerten. Ein SELECT auf Client-Seite kann z.B. jetzt wie folgt arbeiten:

```
select VERSUCHSNUMMER, VERSUCHS_SCHNITT( VERSUCHSNUMMER )
  from VERSUCH
 where ...
```

Die direkte Zuweisung an eine Programmvariable kann wie folgt erfolgen:

```
exec sql
begin
  :meineVariable := VERSUCHS_SCHNITT( :meineNummer );
end;
```

Entscheidet man sich später für die Aufnahme des berechneten Feldes in die Tabelle VERSUCH, so muß man die Funktion einmalig ändern:

```
create function VERSUCHS_SCHNITT( NUMMER in number )
  return number
is
  ERGEBNIS number;
begin
  begin
    select DURCHSCHNITT into ERGEBNIS
      from VERSUCH
     where VERSUCHSNUMMER = NUMMER;
  exception
    when no_data_found then ERGEBNIS := NULL;
  end;
  return ERGEBNIS;
end;
```

Auf Client-Seite muß man nichts ändern. Man sollte aber aus Performance-Gründen beim direkten SELECT-Zugriff auch direkt auf die Spalte DURCHSCHNITT zugreifen.

Aus Gründen der Modularisierung und Performance sowie aus dem Grund, mit globalen Variablen arbeiten zu können, sind Funktionen und Prozeduren in PL/SQL-Pakete (*packages*) zusammenzufassen. Für Vertiefungen sei auf Steven Feuerstein verwiesen.

4.2 Transaktionen

4.2.1 Grundlagen

Transaktionen sind ein Instrument der Integritätssicherung, das von relationalen Datenbanken wie ORACLE7 unterstützt wird. Ausgangspunkt sind zwei Problemgruppen, die an einem kleinen Beispiel demonstriert werden.

Ein Programm soll Buchungen gemäß der doppelten Buchführung durchführen. Zu diesem Zweck wird ein Betrag X von Konto 1 abgezogen und auf Konto 2 aufaddiert. Die Konten müssen ausgeglichen sein (Integritätsregel!). Natürlich kann ein Programm abstürzen, und nach Murphy's Gesetz tut es das genau zwischen den beiden Buchungen. Folge: Die Konten sind nicht ausgeglichen, weil der Betrag zwar vom ersten Konto abgebucht, aber auf dem zweiten Konto noch nicht aufaddiert wurde.

Problemgruppe zwei: Das Programm läuft in einer Client-/Server-Umgebung mehrmals parallel. Unter anderem werden quasi gleichzeitig Buchungen über ein und dasselbe Konto von zwei Clients aus angefordert. Buchung 1 soll 250 DM abziehen, Buchung 2 1000 DM aufaddieren. Vor beiden Buchungen sei der Kontostand 2000 DM.

Abb. 4-2

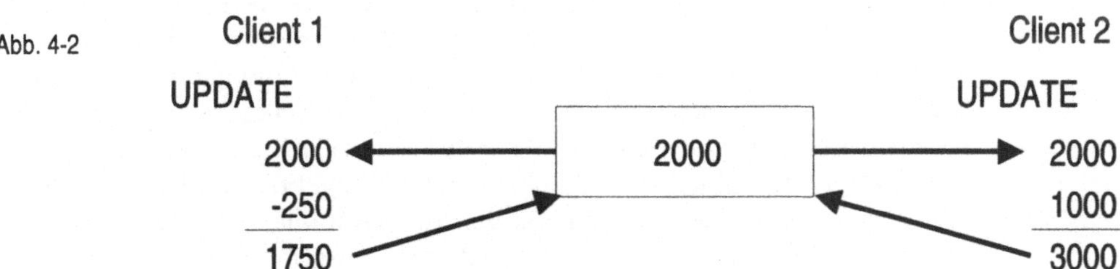

Bei einem nicht transaktionsorientierten System könnte die folgende Situation eintreten: Beide Clients lesen den alten Betrag von 2000 DM und führen mit diesem Betrag die entsprechende Manipulation durch. Da ein echt gleichzeitiges Schreiben des Ergebnisses nicht möglich ist, hat das Konto nach der Manipulation entweder den Betrag 1750 oder 3000 gespeichert. Beides ist falsch.

Derartige Probleme muß ein System wie ORACLE von Hause aus lösen, indem in Transaktionen gearbeitet wird. Eine Transaktion ist ein Verarbeitungsschritt innerhalb eines Programms, das den folgenden Bedingungen genügt:

A Der Verarbeitungsschritt ist atomar. Das Datenbanksystem führt entweder alle Operationen oder keine Operation der Transaktion aus.

C Der Verarbeitungsschritt ist konsistent (Consistency). Er ist so gewählt, daß er, wenn er auf einem konsistenten Datenbestand ausgeführt wird, den Datenbestand in einem konsistenten Zustand hinterläßt.

I Der Verarbeitungsschritt läuft isoliert. Andere Transaktionen stören den Verarbeitungsschritt nicht, sondern müssen für einen Zugriff eventuell bis zum Transaktionsende warten.

D Änderungen, die der Verarbeitungsschritt durchführt, sind nach Transaktionsende dauerhaft. Andere Transaktionen können die Daten weiterverarbeiten.

Die Bedingungen A und I werden durch die Datenbank gewährleistet. Im Buchungsbeispiel führt der Fall eines Abbruchs zwischen zwei zusammengehörigen Update-Anweisungen dazu, daß ORACLE den ersten Update rückgängig macht (einen '*Rollback*' durchführt). Die Problematik des parallelen Update-Zugriffs auf dasselbe Konto löst ORACLE durch interne Sperren, die dazu führen, daß einer der Clients auf den anderen warten muß, bis sein Update durchgeführt wird.

Die Bedingungen C und D müssen bei der Anwendungsentwicklung beachtet werden. Zu C: ORACLE kann nicht wissen, was eine saubere Transaktion ist und was nicht. Es ist Aufgabe des Entwicklers, z.B. zwei Updates einer logischen Buchung zu einer Transaktion zusammenzufassen. Bedingung D muß im weiteren Sinne beachtet werden: Ist eine Transaktion beendet, so sind die Daten freigegeben, und andere Programme können diese Daten wiederum manipulieren. Fügt man z.B. einen Kunden ein und setzt ein Transaktionsende, so darf man nicht davon ausgehen, daß der Kunde existiert. Eine andere Transaktion kann den Kunden direkt wieder gelöscht haben.

Transaktionen werden durch die folgenden Auslöser gekennzeichnet. Dabei ist zu beachten, daß sich ein Prozeß immer innerhalb einer Transaktion befindet: Ein Transaktionsende ist gleichzeitig der Start der nächsten Transaktion.

Auslöser	*bedeutet für die Transaktion*	*manipulierte Daten werden ...*
explizit per Befehl		
COMMIT	erfolgreiches Ende	endgültig gespeichert
ROLLBACK	Abbruch	in den Zustand bei Transaktionsstart zurückversetzt
ROLLBACK TO	Wiederaufsetzen	bis zum gewünschten Punkt zurückversetzt
implizit durch andere Befehle		
DDL Befehl startet	COMMIT = erfolgreiches Ende	endgültig gespeichert
DDL-Befehl endet	COMMIT = DDL-Aktion bestätigt sich selbst	endgültig gespeichert
Befehl liefert Fehlermeldung	(keine Auswirkung)	(keine Auswirkung)
implizit durch Umgebung		
Programmende	COMMIT = erfolgreiches Ende	endgültig gespeichert
Abbruch durch Betriebssystem oder Absturz	ROLLBACK = Abbruch	in den Zustand bei Transaktionsstart zurückversetzt

Im Buchhaltungsbeispiel könnten die entsprechenden SQL-Anweisungen für eine Buchung z.B. wie folgt aussehen:

```
exec sql
 update KONTO
    set KONTOSTAND = KONTOSTAND - :buchungsBetrag
  where KONTONUMMER = :zuLasten;
exec sql
 update KONTO
    set KONTOSTAND = KONTOSTAND + :buchungsBetrag
  where KONTONUMMER = :zuGunsten;
exec sql
 commit;
```

Dabei wird in diesem Beispiel von einer Einbettung in eine Programmiersprache ausgegangen. Die mit Doppelpunkt angeführten Bezeichner sind Variablen dieser Programmiersprache.

Rollback-Segmente

Um eine Transaktion zurücksetzen zu können, arbeitet ORACLE (wie in Kapitel 3 dargestellt) mit Rollback-Segmenten, die das Vorher-Bild der manipulierten Daten speichern. Erfolgt ein Rollback, so werden die Vorher-Bilder wieder in die Datenbank zurückgeschrieben.

Rollback-Segmente verbrauchen System-Ressourcen. Man erwarte bitte nicht, daß man in einer Transaktion 2 Millionen Artikeldaten ändern kann und dies dem System nicht anmerkt.

Sperren

Zur Gewährleistung der Isolation arbeitet ORACLE intern mit drei Arten von Sperren. *Zeilensperren* sperren eine Zeile exklusiv, sobald diese Zeile von einer Transaktion manipuliert wird. Andere Transaktionen können auf diese Zeile nur noch lesend zugreifen, erhalten aber das Vorher-Bild aus dem Rollback-Segment zurück. *Tabellensperren* sind als 'Sperr-Ampeln' für Tabellen zu sehen, die einen möglichst guten Durchsatz gewährleisten sollen. Sie kennzeichnen für alle Transaktionen pro Tabelle, wie die Tabelle verarbeitet wird. Hat z.B. eine Transaktion einen Durchlauf der Tabelle mit Änderung angekündigt (SELECT .. FOR UPDATE), so kann keine andere Transaktion auf diese Tabelle eine DDL-Operation absetzen, bis die entsprechende Tabellensperre zurückgesetzt wird. Schließlich exisitieren noch unterschiedliche Systemsperren, die einen hohen Durchsatz des Datenbank-Servers gewährleisten sollen, z.B. auf das Data-Dictionary oder interne Kontrollstrukturen.

Die Sperren werden von ORACLE automatisch gesetzt. Lediglich die Tabellensperren können zusätzlich durch die LOCK-Anweisung per Hand gesetzt werden. Die Anwendung dieser Anweisung sollte man aber auf wirklich notwendige Fälle beschränken, da parallel laufende

Transaktionen eventuell auf die Freigabe der Sperre warten müssen. Alle Sperren einer Transaktion werden mit Transaktionsende freigegeben.

```
lock table INTERN.MITARBEITER in share mode
```

Die obige SQL-Anweisung sperrt bis zum Transaktionsende die Mitarbeiter-Tabelle derart, daß alle Transaktionen (auch die eigene) die Tabelle nur noch lesen dürfen.

Lese-Konsistenz

Es sei noch ein Vorteil von ORACLE gegenüber anderen Konkurrenzprodukten erwähnt. Unter ORACLE ist garantiert, daß eine SELECT-Anweisung die Daten in der Form zurückliefert, die beim Start der SELECT-Anweisung im System vorlag. Die Problematik stellt sich dann, wenn eine andere Transaktion noch nicht zurückgelieferte Zeilen manipuliert und mit COMMIT bestätigt. Bei anderen Systemen kann es vorkommen, daß für das SELECT die geänderten Zeilen zurückgeliefert werden. Beispiel: Ein SELECT soll alle Kunden zurückliefern und hat bis zu einem Zeitpunkt X bereits die Kunden mit Nummern 1000 bis 5000 an das Anwendungsprogramm geliefert. Zu diesem Zeitpunkt ändert eine andere Transaktion die Nummer 1000 eines Kunden in 7000 um und bestätigt mit COMMIT. Unter ORACLE wird dieser Kunde nicht im laufenden SELECT zurückgeliefert, unter anderen Datenbanksystemen sehr wohl, und dieses Verhalten würde ein falsches Abbild der Datenbank widerspiegeln (zweimal derselbe Kunde).

Die Lese-Konsistenz kann auf eine gesamte Transaktion ausgeweitet werden:

```
set transaction read only
```

Mit dem obigen Befehl, der der erste SQL-Befehl einer Transaktion sein muß, ist sichergestellt, daß durch zwei SELECT zurückgelieferte Zeilen einen identischen Inhalt haben. Es wird also zu jedem SELECT ein Abbild gespeichert, das bis Transaktionsende vorgehalten wird. Eine Manipulation per INSERT, UPDATE oder DELETE ist in solchen Transaktionen nicht erlaubt, also muß vor Manipulationen ein COMMIT erfolgen.

4.2.2 Langläufer

Auch in der heutigen Zeit, in der Großrechner nicht mehr die zentrale Rolle innerhalb der EDV spielen, muß man sich mit klassischen Großrechner-Problemen auseinandersetzen. Besser gesagt: Viele Entwurfs- bzw. Realisierungsprobleme der Großrechner-EDV finden sich heute in kleinen bis mittleren Systemen wieder.

Bezüglich der Anwendungsentwicklung unter ORACLE-Datenbanken müssen insbesondere sogenannte *Langläufer* gesondert betrachtet werden. Ein Langläufer ist eine Anwendung, die Daten in Massen über eine relativ große Ausführungszeit hinweg verarbeitet. Beispiele:

- Eine Anwendung führt monatlich einen Abschluß über zig-tausend Buchhaltungszeilen durch und berührt dabei über 20 Tabellen.
- Ein Aktualisierungsprogramm pflegt eine Artikel-Stammdatei mit über 200.000 Zeilen durch.
- Ein Programm erhält von dezentralen Stellen wöchentlich mehrere zehntausend Zeilen für unterschiedliche Tabellen, die in die Master-Tabellen eingefügt werden müssen.
- Ein Statistikprogramm wertet Hunderttausende von Meßzeilen aus und schreibt statistische Ergebnisse in eine Protokolltabelle.

Aus organisatorischer und administrativer Sicht sollte ein oberstes Prinzip gelten: Langläufer gehören nicht ins Tagesgeschäft. Im wortwörtlichen Sinne sollte man also Langläufer als Batch-Jobs entwerfen, die ohne Benutzerinteraktion nachts ablaufen. Ein Langläufer im Tagesgeschäft kann chaotische Konsequenzen haben. Die Antwortzeiten können sich verzehnfachen. Ressourcen, insbesondere Rollback- und temporäre Segmente, können nicht mehr ausreichen, was zu Fehlermeldungen an alle Anwendungsprogramme führen kann.

Über das Performance-Tuning für Langläufer haben sich insbesondere Peter Corrigan und Mark Gurry Gedanken gemacht. Ihre Empfehlungen seien kurz zusammengefaßt und ergänzt:

- Für Langläufer kann die Datenbank in einer abgeänderten Konfiguration hochgefahren werden. Dazu werden unter anderem die Sortierbereiche (SORT_AREA_SIZE, SORT_AREA_RETAINED_SIZE), der Datenbank Cache (DB_BLOCK_BUFFERS) und die Rollback-Segmente (ROLLBACK_SEGMENTS) an die Langläufer angepaßt.
- Bei der Programmierung von Langläufern sollten einige spezielle Instrumente eingesetzt werden:
  - Die Transaktionsgrößen sollten nicht zu groß und nicht zu klein gewählt werden. In einem konkreten Anwendungsfall des Autors hat sich z.B. ergeben, daß eine optimale Transaktionsgröße bei 5.000 Update's lag.
  - Langläufer können bei jedem (!) Transaktionsstart ein gewünschtes Rollback-Segment anfordern, daß auf Langläufer angepaßt ist ('set transaction use rollback segment').
  - Wenn im Durchschnitt jeder Datenblock nur einmal manipuliert und auf manipulierte Daten nicht erneut zugegriffen wird, so

kann die Transaktion als *diskrete Transaktion* gestartet werden. In diesem Fall arbeitet sie ohne Rollback-Segmente und ist um ein Vielfaches schneller.[27]

- Die Parallelisierung und die Serialisierung von mehreren Langläufern kann aus ihrem Ressourcen-Bedarf abgeleitet werden. I/O-intensive Langläufer können z.B. parallel zu CPU-intensiven gestartet werden. Zwei z.B. CPU-intensive Langläufer benötigen insgesamt weniger Zeit, wenn sie hintereinander ausgeführt werden.
- Die Optimierung der PCTFREE-, PCTUSED-, INITIAL- und NEXT-Parameter für Tabellen und Indizes hat insbesondere auf Langläufer einen signifikanten Einfluß, vgl. Kapitel 3.
- Anweisungstuning, d.h. Umformulierung der SQL-Anweisungen in möglichst performante Äquivalente, macht besonders bei Langläufern Sinn.

Bei den obigen Hinweisen handelt es sich um wirklich spürbare Maßnahmen. Corrigan und Gurry maßen z.B. Reduktionen bei einer Update-Transaktion von 52 auf 27 Sekunden allein durch Variation der PCTFREE- und INITIAL/NEXT-Angabe.

4.2.3 Zu beachten

Im Zusammenhang mit der Parallelität von Transaktionen und der daraus resultierenden Konkurrenzsituation können sich spezielle Probleme ergeben, von denen die wichtigsten hier aufgeführt sind.

Deadlocks

Unter *Deadlock* versteht man eine Situation, in der zwei Transaktionen gegenseitig auf die Freigabe einer Sperre warten. Programmprozeß A habe beispielsweise den Kunden 1000 manipuliert und damit gesperrt, Prozeß B sperrt Auftrag 1323. Prozeß A will seinerseits auf Auftrag 1323 manipulierent zugreifen und muß auf die Freigabe von Prozeß B warten. Prozeß B will aber Kunde 1000 manipulieren und wartet auf die Freigabe von Prozeß A. Und so warten sie noch heute...

Ein Deadlock kann theoretisch und praktisch nicht vermieden werden. ORACLE erkennt Deadlocks und führt einen Rollback für eine der beteiligten Transaktionen durch (diese erhält eine entsprechende Fehlermeldung). Damit ist die Situation bereinigt.

Für die Anwendungsentwicklung sind diesbezüglich die folgenden Regeln zu beachten:

---

[27] Für diskrete Transaktionen sind viele Randbedingungen zu beachten, vgl. Herstellerliteratur.

- **Deadlocks minimieren**
  - Man vermeide das manuelle Sperren von Tabellen. Die LOCK-Anweisung zieht Deadlocks magisch an. Ist sie trotzdem notwendig, so sollte sie für alle Tabellen am Anfang der Transaktion abgesetzt werden.
  - Man greife bei Manipulationen auf mehrere Tabellen in einer festgelegten Reihenfolge zu. Es kann z.B. eine Programmierrichtlinie aufgestellt werden, die festlegt, daß bei Manipulationen einer Beziehung entlang zunächst die Eltern- und danach die abhängige Tabelle manipuliert wird.
- **Deadlocks behandeln**

  Ein Anwendungsentwickler muß wissen, daß jede Manipulationsanweisung einen Rollback nach sich ziehen kann. Der entsprechende Fehlerkode ist auszuwerten und eine entsprechende Reaktion zu entwerfen.

Zwischenzeitliches Ändern

Wird eine Tabellenzeile mit SELECT abgefragt und dem Endbenutzer angezeigt, so geht dieser davon aus, daß die angezeigten Daten dem aktuellen Datenbankzustand entsprechen. Beispiel: Ein Programm zeigt Adreßdaten mit Hilfe des folgenden SELECT-Befehls an:

```
select  VORNAME,  NACHNAME,  STRASSE,  PLZ,  ORT
  into :vorname, :nachname, :strasse, :plz, :ort
  from KUNDE
 where KUNDENNUMMER = :nummer
```

Ein Benutzer soll mit dem Programm auch ändern können und paßt z.B. eine falsche Postleitzahl an. Während dieses Vorgangs hat ein anderer Benutzer allerdings eine Adreßänderung mit völlig anderem Ort durchgeführt. Mit dem folgenden Update wird die Information aufgrund der mittlerweile veralteten Anzeige also verfälscht:

```
update KUNDE
   set PLZ = :plz
 where KUNDENNUMMER = :nummer
```

Lösung: Im Anwendungsprogramm wird die WHERE-Klausel erweitert.

```
update KUNDE
   set PLZ = :plz
 where KUNDENNUMMER = :nummer and
       STRASSE = :strasse     and
       ORT = :ort
```

Liefert diese Update-Anweisung die Warnung zurück, daß keine Zeile geändert wurde, so hat ein anderer Anwender bereits parallel die Straße oder den Ort geändert. In diesem Fall kann das Anwendungsprogramm dem Benutzer eine entsprechende Meldung zurückliefern.

4.3 Arbeiten mit dem Modell

Bei der Realisierung einer ORACLE-Datenbank werden im Entwicklungszyklus zwei Dokumentgruppen erstellt, die im Vordergrund dieses Buches stehen. Das fachliche konzeptionelle Datenmodell und der technische Datenbankentwurf.

Alle Anstregungen bezüglich einer wünschenswerten Qualität der Problemlösung werden zunichte gemacht, wenn diese Dokumente nicht seitens der Anwendungsentwicklung benutzt und verstanden werden. Dazu gehört nicht nur, daß man den entsprechenden Personen Einarbeitungszeit zur Verfügung stellt und sie bei Fragen berät, vielmehr muß ständig darauf geachtet werden, daß diese Dokumente auf dem aktuellen Stand gehalten werden. Eine Tabelle ist schnell umstrukturiert; leider scheuen viele den vergleichsweise geringen Zusatzaufwand der notwendigen Nachbearbeitung der Dokumentation.

Neben dieser allgemeinen Forderung passen an diese Stelle einige kurze Ausführungen, die Inhalte der letzten beiden Kapitel bezüglich der Anwendungsentwicklung wieder aufgreifen.

4.3.1 Arbeiten in Views

Die vielfältigen Vorteile von Views sind bereits mehrfach angesprochen worden:

- Views vereinfachen die Anwendungsentwicklung durch die Vorwegnahme von zum Teil komplexen SELECT-Bedingungen. Ist eine View z.B. auf eine bestimmte Zeilenmenge eingeschränkt, so braucht der Anwendungsentwickler diese Menge nicht mehr durch eigene Angabe der WHERE-Klausel zu bestimmen. Die Programme werden einfacher, korrekter und verständlicher.
- Über Views kann ein gewisser Grad der Datenunabhängigkeit erreicht werden. Ein Teil von Umstrukturierungs- und Tuningmaßnahmen kann bei grundsätzlicher Verwendung von Views verkapselt werden.

  Liefert eine View z.B. Mitarbeiterdaten und Abteilungsbezeichnung zurück, so kann eine Denormalisierung unabhängig von den Anwendungsprogrammen durchgeführt werden. Ohne Denormalisierung wird die Abteilungsbezeichnung durch Join Operation zwischen 'Mitarbeiter' und 'Abteilung' in die View aufgenommen. Mit Denormalisierung wird die Bezeichnung - bei identischer Abfrage über die View - direkt aus 'Mitarbeiter' zurückgeliefert (vgl. 3.5.4). Anwendungsprogramme bleiben auf jeden Fall unberührt.

- Views sind ein Datenschutz-Instrument. Spalten, die nicht in der View vorkommen, können auch nicht selektiert oder manipuliert werden. Berechtigungen auf Views werden getrennt von echten Tabellenberechtigungen verwaltet.
- Über Views kann ein gewisser Grad der Integritätssicherung vorgenommen werden. Schränken Views auf bestimmte Zeilen und/oder Spalten ein, so sind damit die Manipulationen auf diese Daten eingeschränkt.
- Views können eine Tuningmaßnahme direkt unterstützen. Eine View kann z.B. für eine komplexe Abfrage in der Formulierung optimiert werden. Diese optimale Form wird dann von allen Anwendungen bzw. Anwendern benutzt. Ein zweites Beispiel ist die Hartkodierung von Registerspalten, wie in 3.5.2 dargestellt.

Leider gibt es eine Ausnahme von der Regel, grundsätzlich Views zu verwenden. Bestimmte Programmierwerkzeuge, wie ORACLE*Forms, können Validierungskodes aus dem Data-Dictionary heraus erzeugen. Ist z.B. für eine Spalte die CHECK-Bedingung 'Spalte > 0' definiert, so führt dieser Constraint zu einer entsprechenden Prüfung des Eingabefeldes. Diese Funktionalität wird allerdings nur dann angeboten, wenn direkt mit Tabellen gearbeitet wird. Für Views wird kein entsprechender Programmkode erzeugt. Dies ist ein guter Grund, an dieser Stelle auf Views zu verzichten.

4.3.2 Modelltuning umsetzen

Viele der in 3.5 dargestellten Tuning-Maßnahmen kommen nur dann zur Geltung, wenn sie seitens der Anwendungsentwicklung umgesetzt werden.

Wird z.B. ein berechnetes Attribut in eine Tabelle aufgenommen, so ist es unsinnig, dieses Feld seitens des Anwendungsprogramms zu ignorieren. Es soll ja benutzt werden. Eine Verkapselung berechneter Attribute ist in 4.1 dargestellt und verringert den Änderungsaufwand beim Re-Design.

Auch die anderen Tuning-Maßnahmen, wie Denormalisierung, Aufsplitten, Bildung von Extrakten oder redundanten Beziehungen, wirken sich erst dann positiv auf die Effizienz aus, wenn sie in den Entwurf von Anwendungssystemen mit einbezogen werden. Dies muß, wie das Beispiel berechneter Attribute aufzeigt, nicht zu einer Verschlechterung der Änderungsflexibilität führen. Man kann jede Tuningmaßnahme durch Views, gespeicherte Prozeduren oder Programmodule verkapseln. In diesem Fall geht die Performance nicht zu Lasten der Wartbarkeit der Programme.

4.4 Anweisungstuning

SQL ist eine Sprache, in der mit unterschiedlichen syntaktischen Konstrukten ein und dasselbe Ergebnis erzielt werden kann. Anweisungs-Tuning bedeutet, eine möglichst optimale SQL-Formulierung zu finden.

Hierzu werden im folgenden einige allgemeine Hinweise gegeben. Man beachte aber, daß der Nutzen einer entsprechenden Umformulierung in jedem Fall durch Messungen objektiv bestätigt werden muß.

4.4.1 Allgemeine Hinweise

- Formulieren Sie gleiche SQL-Anweisungen in exakt gleicher Groß-/Kleinschreibung. SQL-Anweisungen werden in einem allgemeinen Anweisungscache gehalten (*shared SQL area*). Wird eine gleiche SQL-Anweisung mehrmals an ORACLE geschickt, so wird sie nur einmal übersetzt. Dies funktioniert allerdings nur bei gleicher Schreibweise.
- Werden Programmiersprachen-Variablen ('Host- oder Bindvariablen') im eingebetteten SQL benutzt, so verwenden Sie für identische Anweisungen die gleichen Variablennamen.
- Selektieren Sie nur die Daten, die Sie wirklich benötigen.
- Vermeiden Sie einen Ausdruck über eine indizierte Spalte in der WHERE-Klausel. Die Klausel 'WHERE GEHALT*1.05 > 2000' verhindert z.B. einen Index-Zugriff.
- Vermeiden Sie die IS NULL bzw. IS NOT NULL Klausel für indizierte Spalten.
- Vermeiden Sie den NOT-Operator, wie z.B. in:

  ```
  ... where not ABTEILUNG = 'DV1'
  ```
- Vermeiden Sie Datenkonvertierungen, wie z.B. in:

  ```
  ... where NACHNAME = 1000
  ```
- Benutzen Sie Joins anstelle von Subselects, wenn möglich.
- Benutzen Sie eine WHERE-Klausel anstelle von HAVING, wenn möglich.
- Benutzen Sie BETWEEN anstelle zweier Vergleiche, wenn möglich.

Überlegen Sie sich ganz allgemein für jede komplexere WHERE-Klausel, ob es nicht äquivalente Formulierungen gibt. Messen Sie grundsätzlich für Alternativen die echten Antwortzeiten bei Tabellen, die dem produktiven Umfeld entsprechen.

4.4.2 Optimizer

Der *Optimizer* ist diejenige Software-Komponente des ORACLE7-Servers, die eine deskriptive SQL-Anweisung in einen navigierenden Festplatten- und Hauptspeicherzugriff übersetzt. Dazu benutzt sie ein Regelwerk, mit dessen Hilfe eine möglichst hohe Performance erzielt werden soll.

Dieses Regelwerk wird von Release zu Release mehr oder weniger stark überarbeitet. Beim Übergang von Version 6 zu Version 7 wurde diesbezüglich eine große Erweiterung eingeführt. Der bis dahin rein regelorientierte Optimizer wurde um eine kostenbasierte Variante ergänzt.

Abb. 4-3

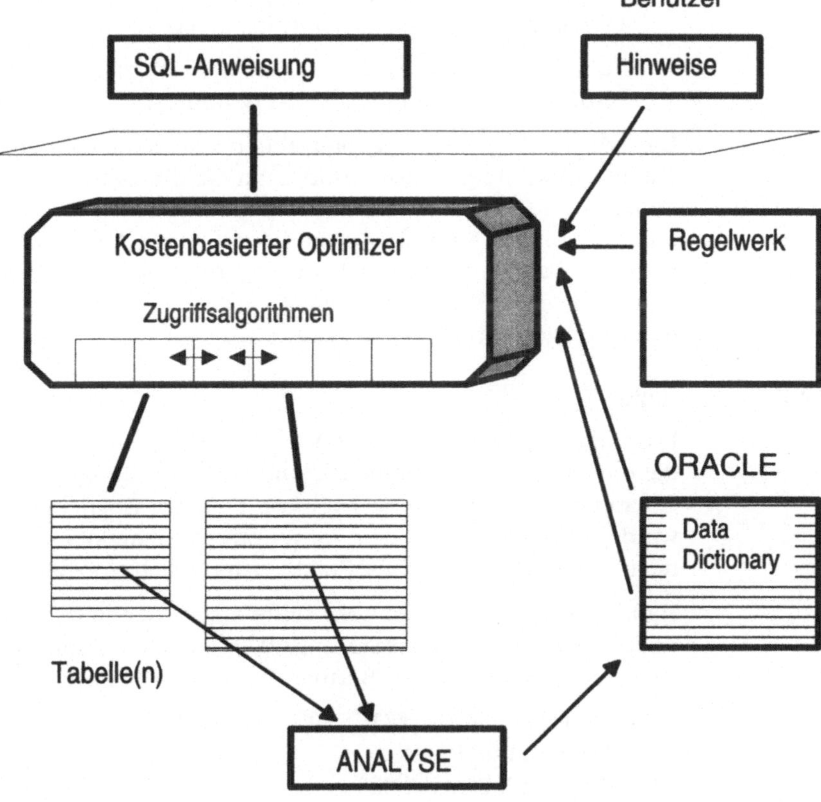

Der kostenbasierte Optimizer arbeitet grundsätzlich besser als der regelbasierte Optimizer, weil Informationen über Struktur und Inhalt der gespeicherten Nutzdaten in die Entscheidungsfindung mit einbezogen werden.

So verzichtet der kostenbasierte Optimizer grundsätzlich auf Indexzugriffe, wenn eine abzufragende Tabelle sehr klein ist. Auch die Reihenfolge, in der auf zwei per Join abzumischende Tabellen zugegriffen wird, wird u.a. aus deren Größe abgeleitet.

Ein Fehler, der in der Praxis immer wieder anzutreffen ist, ist der Zustand einer ORACLE-Datenbank, in dem der kostenbasierte Optimizer ausgeschaltet ist. Die kostenbasierte Variante kann vom Server nur dann zur Verfügung gestellt werden, wenn

- in der Konfigurationsdatei init.ora nicht der regelbasierte Optimizer angegeben ist (OPTIMIZER_GOAL),
- in einer Sitzung nicht der regelbasierte Optimizer verlangt wird (ALTER SESSION SET OPTIMIZER_GOAL ...) und
- alle Tabellen, auf die direkt oder indirekt zugegriffen wird, mit der ANALYZE Anweisung analysiert worden sind.

Die ANALYZE Anweisung interpretiert den momentanen Zustand einer Tabelle bzw. ihrer Indizes und schreibt die entsprechenden Informationen in das Data-Dictionary (siehe Abb. 4-3, vgl. auch 3.8.1). Wie bereits im vorigen Kapitel angemerkt, sollte ein ANALYZE über alle produktiven Tabellen periodisch durchgeführt werden, damit die Bestimmung des optimalen Zugriffsweges nicht aufgrund falscher Informationen durchgeführt wird.

4.4.3 Hints

Ebenfalls mit Version 7 hat ORACLE eine SQL-Erweiterung eingeführt, die das Herz des Theoretikers „zum Stillstand bringen“ kann. Durch sogenannte *Hints* kann innerhalb von SQL ein Zugriffsverfahren verlangt werden. Dies hat mit dem deskriptiven Charakter der Sprache SQL nicht mehr viel zu tun. Der Praktiker freut sich trotzdem.

Hints sind in Situationen sehr hilfreich, in denen eine Anweisung mit unbefriedigender Performance läuft, weil der Optimizer einen ungünstigen Zugriffsweg wählt. Beispiel (von Rich Niemiec):

```
select NACHNAME, ABTEILUNG, ORT
  from MITARBEITER
 where PERSONALNUMMER = 1   or
       NACHNAME = 'Schmidt' or
       ABTEILUNG = 'DV1'
```

Durch die OR-Verknüpfung der Teilbedingungen wird ein Table-Scan durchgeführt. Die obige Anweisung benötigte 4.400 Sekunden.

```
select /*+ INDEX(MITARBEITER MITX_11) */
       NACHNAME, ABTEILUNG, ORT
  from MITARBEITER
 where PERSONALNUMMER = 1   or
       NACHNAME = 'Schmidt' or
       ABTEILUNG = 'DV1'
```

Diese Anweisung benötigte 280 Sekunden! Der Hint verlangt einen Zugriff über den angegebenen Index 'MITX_11'.

Ein weiteres Beispiel:

```
select ARTIKEL_NUMMER, MENGE
  from POSITION
 where ARTIKEL_NUMMER > 9990
```

Die Werte sind im Test nicht gleichverteilt gewesen. Aus diesem Grund wurde der Optimizer in die Irre geführt und griff über einen Index zu: 53 Sekunden.

```
select /*+ FULL(POSITION) */
       ARTIKEL_NUMMER, MENGE
  from POSITION
 where ARTIKEL_NUMMER > 9990
```

Mit dem obigen Hint wird ein Table-Scan verlangt: 4 Sekunden Antwortzeit.

Die Reihenfolge, in der zwei Tabellen abgemischt werden, kann zu sehr großen Performance-Unterschieden führen.

```
select TAB_A.COL_1, TAB_B.COL_2
  from TAB_A, TAB_B
 where TAB_B.COL_2 = 'ANL'
```

Ausführungszeit bei diesem (zugegebenermaßen sehr konstruierten) Test: über 4 Stunden.

```
select /*+ ORDERED */
       TAB_A.COL_1, TAB_B.COL_2
  from TAB_A, TAB_B
 where TAB_B.COL_2 = 'ANL'
```

Der ORDERED-Hint bewirkt, daß die Reihenfolge des Abmischens durch die Kodierreihenfolge der FROM-Klausel bestimmt wird. Diese Reihenfolge ist, aus Kompatibilitätsgründen zu Version 6, 'von hinten nach vorne'. Zu TAB_B wird im Beispiel also TAB_A gemischt: 35 Sekunden.

Zusammenfassend sollten die folgenden Punkte beachtet werden:

- Benutzen Sie den kostenbasierten Optimizer.
- Benutzen Sie Hints nur in Fällen, in denen sich nachgewiesenermaßen große Performance-Verbesserungen ergeben. Hints ergeben standardmäßig Performance-Verschlechterungen.
- Kodieren Sie Hints in der korrekten Syntax (Kommentarzeichen, direkt durch '+' und ein Leerzeichen gefolgt). Ansonsten wird der Hint als Kommentar interpretiert.
- Hints sind oft notwendig, wenn WHERE-Bedingungen ein OR enthalten.
- Hints sind oft bei Bereichsvergleichen ('>', '<' etc.) notwendig, wenn indizierte Werte nicht gleichverteilt sind.
- Der ORDERED-Hint kann Join-Operationen signifikant beschleunigen.

5 Reverse Engineering

Reverse Engineering ist ein Zweig der Software-Technologie, der in den letzten Jahren eine besondere Bedeutung erlangt hat. Ausgangspunkt sind vorhandene EDV-Lösungen, zu denen keine geeignete Dokumentation auf höherer Abstraktionsebene vorliegt.

Bezogen auf Datenbanksysteme bedeutet Reverse Engineering, aus einer bestehenden Datenbank das technische und konzeptionelle Datenmodell 'in Rückrichtung' zu erstellen, um einen Ausgangspunkt für Wartungs- und Restrukturierungsmaßnahmen zu erhalten.

In diesem relativ kurzen Kapitel wird auf das Data Reengineering eingegangen.

5.1 Ausgangspunkt

Im bisherigen Aufbau des Buches wurde davon ausgegangen, daß der Übergang von den Wunschzielen der Endanwender zum Einsatz des ORACLE-Datenbanksystems wasserfallartig 'von oben nach unten' vollzogen wird. Aus den Zielen wird das konzeptionelle Datenmodell entwickelt, aus diesem wiederum das technische Datenmodell. Dieser technische Entwurf wird schließlich in ORACLE-Datenbanken umgesetzt.

Die Praxis kennt allerdings in der Regel keine grüne Wiese. Zum einen können bereits Datenstrukturen in nicht-relationalen Formen vorkommen, die interpretiert und entsprechend strukturiert werden müssen. Zum anderen wird es relativ häufig vorkommen, daß bereits relationale Datenbanken im Einsatz sind. Da über viele Jahre hinweg die Bedeutung der Dokumentation von Datenbanken unterschätzt wurde, ist eine Situation wahrscheinlich, in der die konkreten Datenbank-Objekte selbst der einzige Informationslieferant für die Struktur des Systems sind.

Diese Situation ist bei der zentralen Bedeutung der Daten und einer zunehmenden Datenorientierug in der Anwendungsentwicklung nicht tragbar.

- Die Wartungskosten für ein undokumentiertes System betragen schnell 50 bis 75% des Gesamtbudgets.
- Tuningmaßnahmen können nicht durchgeführt werden.

Abb. 5-1

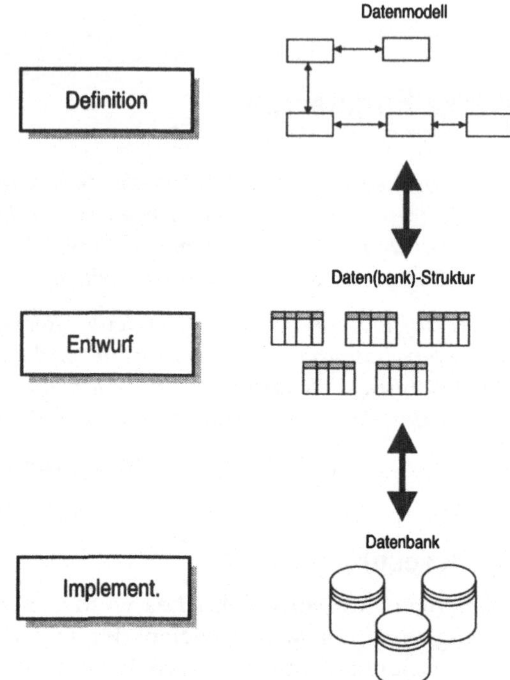

- Anwendungsentwickler 'basteln' immer weitere Insellösungen.
- Die Daten selbst sind individueller und problemspezifischer Natur.
- Redundanzen und Inkonsistenzen häufen sich.
- Die Programme werden immer komplexer.

Reverse Engineering hat das Ziel, durch Gewinnung von Entwurfs- ud Definitionsdokumenten ein zukünftiges Ändern oder Erweitern eines Systems möglichst kostengünstig durchführen zu können. Reverse Engineering ist also der halbe Schritt einer Gesamtmaßnahme, die sich Reengineering nennt. Dieser Prozeß beschränkt sich nicht auf die Betrachtung der Datenstrukturen. Zu diesem Prozeß gehören:

- Reengineering-Maßnahmen für die Anwendungs-Software wie Remodularisierung, Restrukturierung, Redokumentation, Wiederverwendungs-Engineering etc.
- Business Process Reengineering: Überdenken der Geschäftsabläufe
- Wartbarkeitsanalysen
- Data Reengineering

Bezüglich der Nutzung von ORACLE-Datenbanken interessieren besonders die Methoden und Techniken des Data Reengineerings. Es überrascht vielleicht, daß diesbezüglich vieles bereits in Kapitel 2 behandelt wurde.

5.2 Fremde Datenstrukturen

Wird ein Reverse Engineering eingesetzt, um eine nicht-relationale Datenhaltung zu einer ORACLE-Datenbanklösung zu migrieren, so kann man sich in vielen Fällen am folgenden Prozeßmodell orientieren.

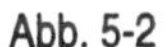
Abb. 5-2

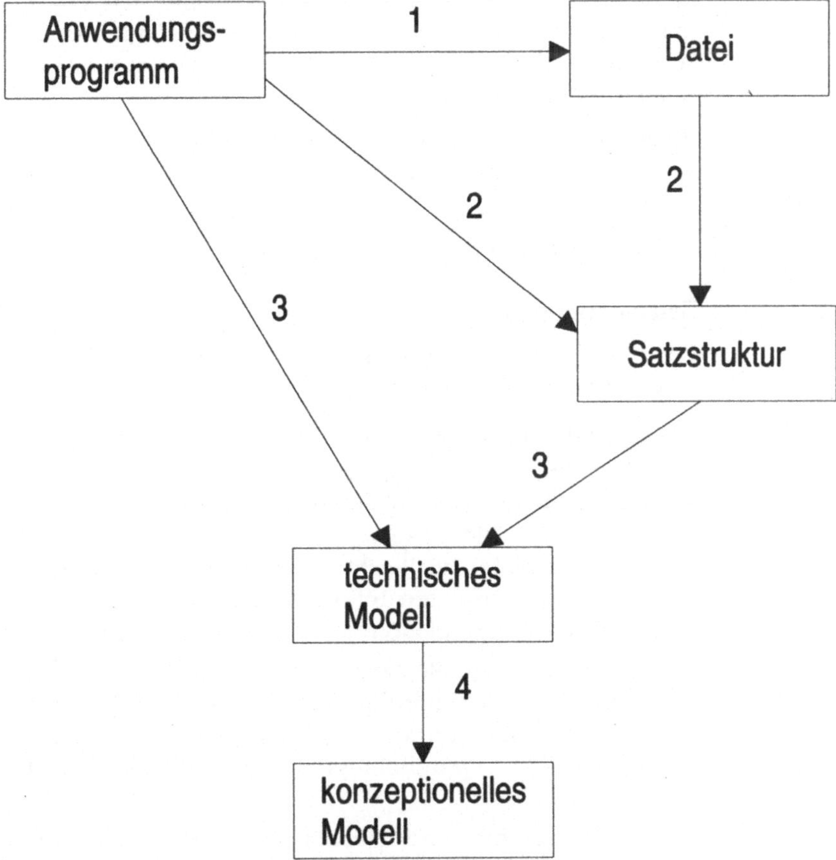

Eine sinnvolle Ausgangsbasis für das Reverse Engineering sind in diesem Falle die Anwendungsprogramme.

5.2.1 Dateien bestimmen

Oftmals stellt sich eingangs des Reverse Engineerings die Frage, welche Dateien eines vorhandenen Systems überhaupt von Relevanz sind.

Zur Bestimmung der relevanten Dateien sollte man zunächst ein zentrales Anwendungsprogramm analysieren. Sind die Quellen dieses Programms verfügbar, so gestaltet sich die Aufgabe relativ einfach. Eine lexikalische Prüfung auf Dateiverwendungen kann schnell und sicher durch ein entsprechendes Werkzeug durchgeführt werden.

Sind die Programmquellen nicht verfügbar, weil es sich z.B. um gekaufte Software handelt, so sollte man zunächst versuchen, über die eingesetzte Betriebssystemplattform an die gewünschten Dateinamen zu kommen. Bei vielen Betriebssystemen läßt sich ein testweiser Programmlauf entsprechend instrumentieren. Ist auch daß nicht möglich, so muß die Dateilandschaft, in der das Programm eingesetzt wird, manuell interpretiert werden.

Ergebnis des ersten Schritts ist auf jeden Fall eine Liste von Dateien, die vom Anwendungsprogramm benutzt werden.

Schritt 1 wird nach vollendeter Gesamtanalyse (Schritte 2 bis 4) für alle weiteren relevanten Anwendungen wiederholt.

5.2.2 Satzstruktur bestimmen

Der nächste Analyseschritt ist die Bestimmung des Feldaufbaus der Sätze einer verarbeiteten Datei sowie zusätzlicher Objektinformationen.

Zur Bestimmung können drei Informationsquellen im Mix herangezogen werden:

- Die Datei selbst kann einen Teil der gewünschten Informationen liefern. Wird die Datei z.B. durch ein Datenhaltungssystem verwaltet, so existieren vielleicht Analysewerkzeuge, die zumindest einen Teil der gewünschten Informationen liefern. Eine weitere Möglichkeit ist die Interpretation des Dateiinhalts über (Hex-)Editoren.
- Die Programmquelle, wenn vorhanden, beinhaltet eine programmtechnische Strukturierung der zu verarbeitenden Sätze. Neben dem Feldaufbau können aus der Quelle weitere Informationen wie Primärschlüssel-, Fremdschlüssel- und Validierungsangaben abgeleitet werden.
- Die Bildschirm- und Druckausgabe eines Programms beinhalten Feldinformationen, aus denen sich Rückschlüsse auf die Satzstruktur ergeben können (vgl. 2.4.3).

Zu einer schwierigen Situation kann es in diesem Zusammenhang kommen, wenn die zu interpretierende Datei mit unterschiedlichen Satzarten arbeitet. In diesem Fall ergeben sich aus einer Datei unterschiedliche Entity-Typen.

Nach Abschluß der weiteren Schritte 3 und 4 wird dieser Schritt für die nächste Datei wiederholt.

5.2.3 Technisches Modell ableiten

Aus der Satzstruktur lassen sich im nächsten Schritt ein oder mehrere Entity-Typen bestimmen, die in ein technisches Modell einfließen. Dieses Modell besteht aus ER-Diagramm sowie der Beschreibung der Entity-, Beziehungs- und Wertebereichstypen. Außerdem werden Randbedingungen notiert.

Die Wiederholung der Schritte 1 und 2 führt dazu, daß das technische Modell mit jedem Iterationsschritt erweitert wird (vgl. 2.4.5). Bei jedem Schritt sollten die folgenden Punkte besonders beachtet werden:

- Sind Entity-Typen oder Beziehungen überflüssig?
- Sind Objekttypen mehrfach vorhanden?
- Können Beziehungen über mehrere Wege verfolgt werden?
- Gibt es Objekttypen, die je nach Blickweise unterschiedliche Bedeutungen tragen?

Konzeptionelle Verstöße der obigen Art können oftmals bereits bei der Synthese erkannt und gekennzeichnet werden. Es ist nicht unbedingt empfehlenswert, diese Verstöße aus dem technischen Modell zu entfernen: Sie können bewußt aus Performance-Gründen konstruiert worden sein und wichtige Hinweise auf ein späteres Performance-Tuning der relationalen Datenbank geben.

Zur Bildung der Beziehungstypen sind wiederum die Programmquellen von unschätzbarem Wert. Anhand des Zugriffs auf unterschiedliche Dateien können Beziehungen bestimmt werden. Auch Wertebereichstypen wie hartkodierte Register lassen sich aus den Quellen ableiten.

5.2.4 Konzeptionelles Datenmodell ableiten

Ist das technische Modell um einen Syntheseschritt erweitert, so müssen die Erweiterungen in ein konzeptionelles Modell einfließen. Hierbei ist auf die Prinzipien der konzeptionellen Datenmodellierung zu achten. Dies bedeutet, die in Kapitel 2 dargestellten Elemente der Datenmodellierung auch beim Reverse Engineering anzuwenden (vgl. insbesondere 2.1.1, 2.5 und 2.8).

Unter anderem: Zur Sicherung eines korrekten Modells ist die Normalisierung Pflicht.

5.3 Relationale Datenstrukturen

Liegen die zu interpretierenden Datenobjekte bereits in einer relationalen Struktur vor, so wird das Reverse Engineering einfacher. Je nach existierendem Trägersystem (Datenbank oder Dateihaltungssystem[28]) können die gewünschten Informationen aus einem Data-Dictionary oder sonstigem Datenkatalog abgefragt werden.

Abb. 5-3

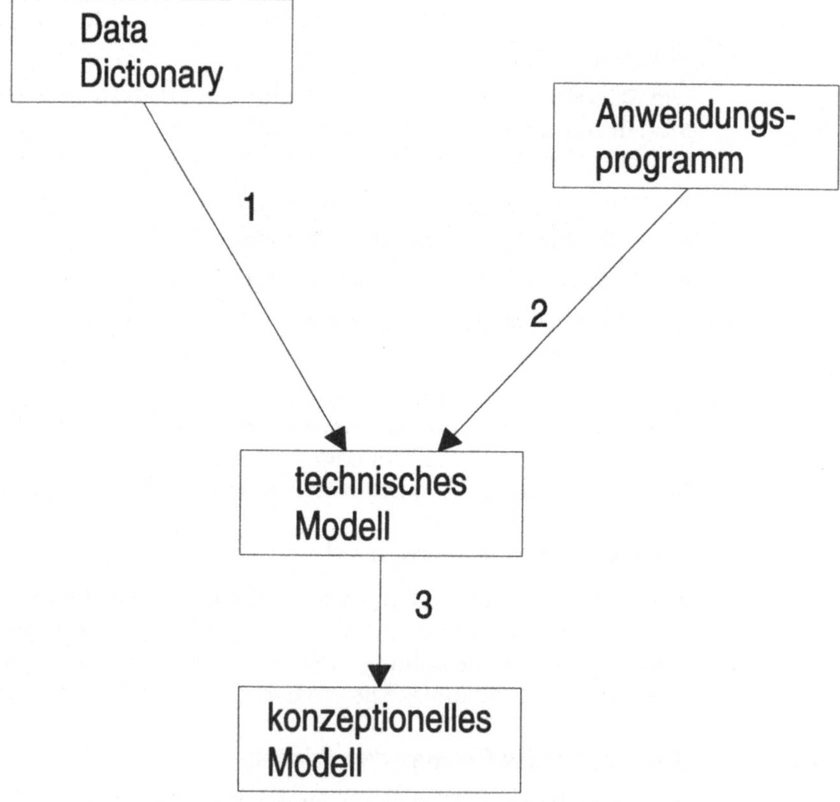

28 wie z.B. dBase oder Access

5.3.1 Dictionary auswerten

Wie bei ORACLE verfügen die meisten Trägersysteme über ein Data Dictionary oder ein vergleichbares Instrument, mit dem Meta-Informationen über die existierenden Datenstrukturen abgefragt werden können. In einem ersten Schritt können, je nach Trägersystem, die folgenden Angaben für das technische Datenmodell bestimmt werden:

- Namen der einzelnen Tabellen
- Spalten einer Tabelle mit ihrem Datentyp, der entsprechenden Maximallänge bzw. Genauigkeit
- Primärschlüssel einer Tabelle sowie indizierte Spalten
- Spalten-, Zeilen- und Tabellenregeln
- Fremdschlüssel und damit Beziehungen zwischen den einzelnen Relationen
- Tabellen- und Indexgrößen sowie sonstige Mengengerüste

Diese Angaben münden in ein Relationenmodell sowie der zugehörigen Dokumentation. Ob zusätzlich ein technisches ER-Diagramm erstellt wird, ist von der Komplexität der Tabellenbeziehungen abhängig. Ist sie relativ gering, kann auf ein technisches ER-Diagramm verzichtet werden, wenn die Beziehungen in sonstiger Form spezifiziert werden.

Schritt 1 wird für alle Objekte des Trägersystems angewendet, bevor die weiteren Schritte durchlaufen werden.

5.3.2 Anwendungsprogramme auswerten

Liegen Anwendungsprogramme im Quelltext vor, so sollten sie in einem zweiten Schritt interpretiert werden. Gerade 4GL-Programme von Datenhaltungssystemen, wie Maskengeneratoren, liefern in der Regel wertvolle zusätzliche Informationen über das existierende Datenmodell. Oftmals werden Integritätsregeln wie Gültigkeitsprüfungen für Spalten bei Datenhaltungssystemen nicht an den Tabellen, sondern in den Bildschirmformularen verankert.

Der zweite Schritt ergänzt also das Relationenmodell hauptsächlich um zusätzliche Integritätsregeln.

Es kann relativ sinnvoll sein, zunächst alle Anwendungsprogramme zu interpretieren, bevor aus dem technischen Modell das konzeptionelle Modell abgeleitet wird.

5.3.3 Konzeptionelles Datenmodell ableiten

Bei der Ableitung des fachlich orientierten konzeptionellen Modells ist eine Vorgehensweise anzuraten, die in groben Zügen bereits als 'formularorientierte Methode' in Kapitel 2.4.3 vorgestellt wurde.

Abb. 5-4

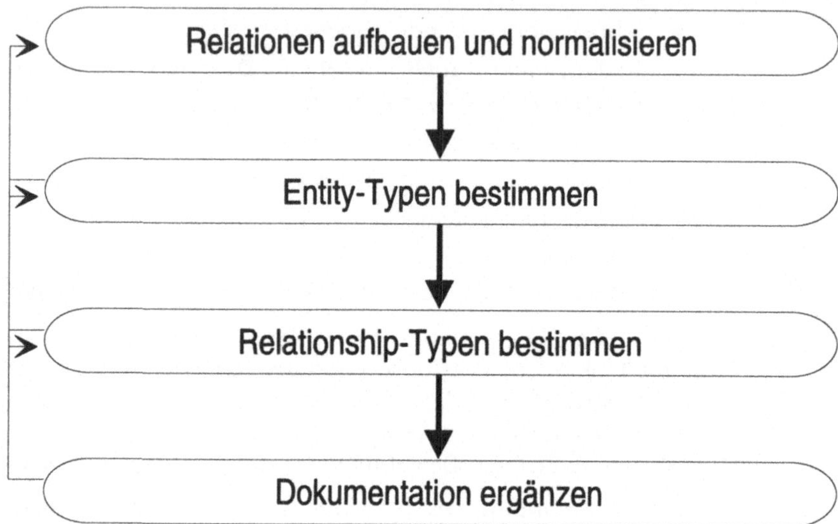

Da ein technisches Relationenmodell bereits existiert (Schritte 1 und 2), kann über eine angewendete Normalisierung eine redundanzfreie fachliche Konstruktion der Entity-Typen erfolgen. Hierbei entsteht ein ER-Diagramm, das um die bereits bestimmten Beziehungstypen ergänzt wird. Eine weitere Ergänzung findet bezüglich fehlender Beziehungstypen statt.

Schließlich wird das ER-Modell mit der fehlenden Dokumentation der Attributs- und Wertebereichstypen erweitert. Außerdem sind die fachlichen Randbedingungen aus den Integritätsregeln abzuleiten.

5.4 Reengineering

Wie bereits eingangs erwähnt, wird Reverse Engineering hauptsächlich eingesetzt, um ein Reengineering durchzuführen. Der Weg von der existierenden Lösung zum konzeptionellen Modell wird also wiederum 'von oben nach unten', also vom konzeptionellen Modell zu einer erweiterten, umstrukturierten oder auf ein anderes Trägersystem migrierten Datenbank beschritten.

Die Prinzipien, Methoden und Techniken dieses Phasenweges sind Inhalt der Kapitel 2 und 3. Die dort dargestellten Instrumente sind beim Reengineering um die folgenden Punkte zu ergänzen:

- Das durch Reverse Engineering erhaltene konzeptionelle Modell muß zunächst unter Einbeziehung der Fachabteilung validiert werden. Hierzu sind Interviews bzw. Gruppensitzungen mit Audits oder Inspektionen dringend erforderlich.
- Das existierende technische Modell beeinflußt ein neu zu erstellendes in erheblichem Maße.
  - Das Modell gibt Tuning-Hinweise, kann ein Modell-Tuning also unterstützen. Wie immer muß allerdings der Nutzen einer Tuning-Maßnahme objektiv durch Messungen bestätigt werden.
  - Das Modell stellt die bisherige Sichtweise der existierenden Anwendungssysteme dar. Weicht das neue Modell von dieser Sichtweise stark ab, so kann dies hohe Änderungskosten für die Anwendungssoftware nach sich ziehen. Es ist zu prüfen, ob der Änderungsaufwand für existierende Softwaresysteme durch Views, Trigger und gespeicherte Prozeduren minimiert werden kann.

Aus betriebswirtschaftlicher Sicht sind die Kosten einer Reengineering-Maßnahme mit dem zu erwartenden Nutzen zu vergleichen. Es ist durchaus typisch, daß ein Reengineering für große Projekte in den ersten Jahren hohe Zusatzkosten nach sich zieht. Über die gesamte Lebensdauer eines solchen Projekts hinweg können sich aber durchaus Einsparungen ergeben. Besonders dann, wenn ein integres, wartbares und effizientes Datenbanksystem erstellt wird.

6 ORACLE-Systeme

Dieses abschließende Kapitel ist mehr als eine reine Zusammenfassung. Es beschäftigt sich noch einmal mit dem Widerspruch zwischen den Qualitätsmerkmalen Integrität und Wartbarkeit auf der einen sowie Effizienz auf der anderen Seite.

Aus diesem Grund wird als noch nicht behandeltes Thema das Tuning des Datenbank-Servers selbst angesprochen, ein Thema, das sich vor allem an die Datenbankadministration wendet.

Im Effizienz-Zusammenhang werden alle möglichen Tuningmaßnahmen, die zum Teil in den Kapiteln 3 und 4 typisiert worden sind, aufgegriffen und miteinander verglichen.

6.1 Wartbarkeit

Die Wartbarkeit eines ORACLE-Systems ist, wie in Kapitel 1 dargestellt, das primäre Ziel einer Datenbankrealisierung. Eine mangelhafte Wartbarkeit bedeutet in der Praxis explodierende Kosten. Diesbezügliche Defekte können auf lange Sicht in Einzelfällen sogar unternehmerischen Selbstmord bedeuten.

Allein die Entscheidung für ein ORACLE7-Serversystem kann schon einen positiven Einfluß auf die Wartbarkeit der unternehmerischen EDV-Landschaft bedeuten.

- Ein ORACLE-Datenbanksystem verkapselt komplexeste Zugriffe auf Daten durch die relativ verständliche Datenbanksprache SQL.
- ORACLE-Systeme sind höchst portabel und führen zu einer hervorragenden Skalierbarkeit der Server-Plattform.
- Durch das zentrale Data-Dictionary inklusive der virtuellen V$-Tabellen wird die Verständlichkeit des Systems unterstützt.
- Mit SQL*Net ist der Server-Zugriff in einer Client-/Server-Umgebung transparent. Anwendungen können einfachst auf den oder die Server zugreifen.

Diese Ziele werden nur erreicht, wenn die entsprechenden organisatorischen Maßnahmen getroffen werden.

- Der ORACLE7-Server und die dazugehörige Software muß von Personen installiert und konfiguriert werden, die diesbezüglich über Spezialwissen verfügen.
- Es muß eine gut ausgebildete Datenbankadministration existieren, die das Datenbanksystem überwacht und pflegt. ORACLE7 ist keine 'Selbstläufer-Software'. Dies soll aber nicht bedeuten, daß eine Person ständig mit Überwachungsfunktionen ausgelastet ist. Ein wöchentlicher Blick auf den Systemzustand kann schon genügen.
- Die mit der Server-Software angebotenen Werkzeuge, wie z.B. Monitor-Funktionen des SQL*DBA, müssen auch bekannt sein und eingesetzt werden.
- Die betroffene EDV-Gruppe muß über Entwicklungstrends seitens des Hauses ORACLE informiert sein, um nicht von neuen Technologien überrascht zu werden.

Ein zweiter Aspekt der Wartbarkeit betrifft die Konstruktion der eigentlichen Datenbanktabellen und ihrer zugehörigen Objekte. Es ist unbestreitbar, daß das Data-Dictionary allein nicht ausreicht, um Anwendern und Anwendungsentwicklern benötigte Informationen über die Datenstruktur zu geben.

Datenbanken werden erst mit der konzeptionellen und technischen Dokumentation verständlich und änderbar. Dazu gehören, wie in den voherigen Kapiteln dargestellt, unter anderem ER-Diagramme sowie Entity-, Beziehungstyp- und Attributsbeschreibungen. Randbedingungen, die das Verhalten der Objekte der Datenbank festlegen, müssen ebenfalls spezifiziert werden. Trigger können z.B. enorme Probleme aufwerfen, wenn die Anwendungsentwicklung über Existenz und Wirkungsweise dieser Trigger nicht informiert ist.

Tuningmaßnahmen, die das technische Datenmodell betreffen, müssen besonders gut dokumentiert und in einigen Fällen durch interne Schulungen vermittelt werden.

6.2 Integrität

Instrumente, die zur Integritätssicherung einer ORACLE-Datenbank eingesetzt werden können, sind ausführlich in Kapitel 3 vorgestellt worden.

Gerade Constraints und Trigger sind Instrumente, mit denen eine Integritätssicherung auf optimale Weise möglich ist: Die zentrale Datenbanksoftware selbst übernimmt die Prüfung der Integritätsregeln. So ist es weder dem Anwender per direktem SQL noch den Anwendungsprogrammen möglich, Operationen erfolgreich auszuführen, die einen Integritätsverstoß nach sich ziehen würden.

Integritätsregeln können nur dann implementiert werden, wenn sie bei der fachlichen Konzeption sauber erfaßt oder im technischen Entwurf ergänzt worden sind. Auch hier spielt also insbesondere das konzeptionelle Datenmodell eine tragende Rolle.

Zur technischen Beschreibung gehört auch eine Dokumentation der Randbedingungen, die nicht in eine automatisierte Integritätsregel umgesetzt wurden. Wie in Kapitel 3 diskutiert, müssen diese Bedingungen zu einer Validierung seitens der Anwendungssysteme führen und durch Pflegeprozeduren unterstützt werden.

Auf der anderen Seite sollte man nicht vergessen, daß alle Trigger und Constraints nichts nützen, wenn das Relationenmodell an sich nicht sauber konstruiert worden ist. Ein System grundsätzlich nicht normalisierter Tabellen führt in kürzester Zeit zum Daten- und Softwarechaos.

6.3 Performance

Die dritte Säule einer Qualitätsbasis für ORACLE-Datenbanken ist die Performance des Gesamtsystems. Dieser Aspekt ist problematisch, weil ein System mit optimaler Effizienz fast gezwungenermaßen die Integrität und Wartbarbeit außer acht lassen muß.

Trotzdem kann und darf man die Performance nicht ignorieren. Das Datenbanksystem ist ein Dienstleister, der vor allem an seiner Geschwindigkeit gemessen wird.

Abb. 6-1

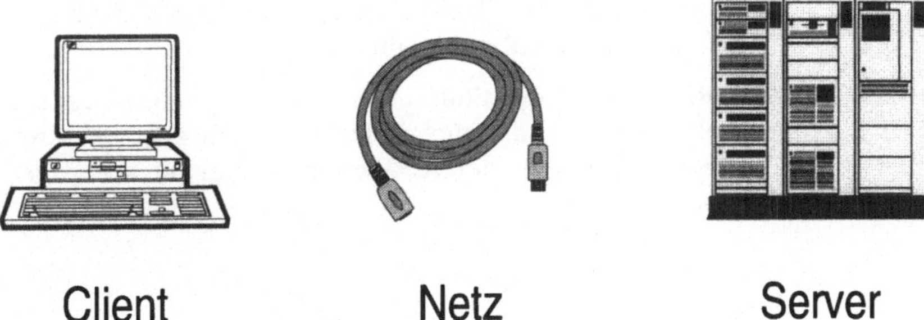

Einflußfaktoren für die Effizienz des Systems sind Client-, Netz- und Server-Faktoren. Grob gesagt sind dies die Flaschenhälse von Datenbankanwendungen. Performance-Tuning muß zunächst einmal bedeuten, den ausschlaggebenden Flaschenhals zu bestimmen. Ohne dieses Wissen ist Tuning blinder Aktionismus.

Client-Engpässe

Liegen die Engässe beim Client, so ist in der Regel die Datenbank selbst nicht der ausschlaggebende Faktor. Tuningmaßnahmen setzen hier zunächst einmal bei der Client-Hardware und Anwendungssoftware an.

Netz-Engpässe

Auch Netzengpässe können behoben werden, ohne zu Lasten der Wartbarkeit und Integrität der Datenbank zu gehen. Es ist zunächst zu prüfen, ob die Netzbelastung aufgrund der Anwendungsprogramme zu hoch ist. Grund kann dafür z.B. ein Abfragen gar nicht benötigter Informationen sein. Einen anderen Ausweg können gespeicherte Prozeduren bieten, deren Datenbankzugriff im Server selbst stattfindet, ohne auf das Netz zu gehen.

Schlimmstenfalls ist das Netz schlicht unterdimensioniert. Eine entsprechende Restrukturierung des Netzes kann unumgänglich werden und hohe Kosten nach sich ziehen. Die Datenbank ist allerdings relativ schuldlos; vielleicht kann man auch über verteilte Datenbanken nachdenken.

Server-Engpässe

Zur eigentlichen Tuning-Problematik kommt es bei Server-Engpässen. Diese Engpässe können in Einzelfällen nur durch Maßnahmen verkleinert werden, die wiederum Wartungs- und Integritätsprobleme aufwerfen können. In vielen Fällen ist allerdings ein verträgliches Tuning möglich.

6.3.1 Tuning-Prozeßmodell

Server- respektive Datenbank-Tuning sollte in unterschiedlichen Stufen durchgeführt werden. Die Stufen im folgenden Modell sind derart angeordnet, daß frühe Stufen weniger und späte Stufen eher zu Lasten der sonstigen Datenbankqualität gehen.

Die Reihenfolge der Stufen I bis III kann sich beim Tuning durchaus verschieben. Grundsätzlich sollte man sich aber bei Anwendung einer Tuning-Stufe bereits tiefere Gedanken über die vorhergehenden Stufen gemacht haben.

Abb. 6-2

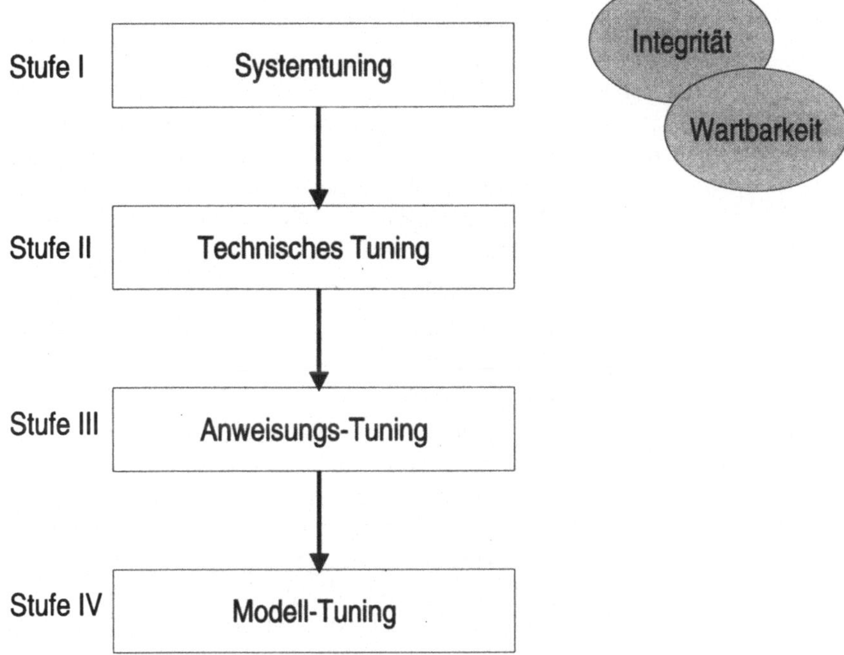

6.3.2 Systemtuning

Systemtuning ist Aufgabe der Datenbankadministration und setzt bei den Server-Ressourcen und deren Verteilung für das ORACLE-Datenbanksystem an.

Auch auf Serverseite existieren einzelne Flaschenhälse, die durch Werkzeuge zu interpretieren sind (V$-Tabellen!).

- Die Server **CPU** kann überbelastet, also relativ oft zu 100% ausgelastet sein.
- Der **Hauptspeicher**, der dem Datenbanksystem zugeordnet ist, kann zu klein sein und aus diesem Grund zu einem zu häufigen I/O zwingen.
- Die **Datenträger**, also in der Regel Festplatten, können das gesamte System durch serialisierten I/O verlangsamen.

Welcher dieser drei Einflußfaktoren für einen zu langsamen Server verantwortlich ist, läßt sich über Monitorfunktionen genau bestimmen. Hinweise zu entsprechenden SQL-Skripten finden sich in den Werken von Corrigan/Gurry sowie Corey/Abbey/Dechichio.

Ist ein Übeltäter entlarvt, so bieten sich die folgenden Maßnahmen an:

- Änderung der Systemkonfiguration

  Über die Initialisierungsdatei wird unter anderem der Ressourcen-Verbrauch der Datenbank-Software und die interne Verteilung gesteuert. So ist beispielsweise einstellbar, wieviele Dienstprozesse den ORACLE-Usern zur Verfügung stehen (*dedicated* und *multithreaded servers*) und wie der Hauptspeicher verteilt wird. Über diese Einstellungen kann ORACLE7 für ein gegebenes Hardware-Umfeld optimiert werden.

- Tuning durch Erweiterung bzw. Neukauf der Server-Hardware

  Die inflationäre Entwicklung der Hardware-Preise ist bekannt. In vielen Fällen kann eine enorme Performance-Steigerung mit vergleichsweise geringen Kosten erzielt werden.

  - Zunächst einmal ist auf eine entsprechende Anzahl von physikalischen Festplatten zu achten. Es ist besser, vier 1Gb-Platten in den Server zu bauen als eine 4Gb große. Verteilt man die Tablespaces sinnvoll auf unterschiedliche Festplatten, so kann der Server auf diese Datenträger echt parallel zugreifen (vgl. Kapitel 3). Der Einbau neuer Festplatten hat in einem konkreten Anwendungsfall Performance-Verbesserungen um 80% nach sich gezogen.
  - Auch wenn Hauptspeicher relativ teuer ist: Viel Hauptspeicher im Server ist durch fast nichts zu ersetzen, außer durch noch mehr Hauptspeicher. Mit Anpassung der Pufferung der Datenbank-Blöcke verringern sich z.B. die Plattenzugriffe, die ein Server-System stark verlangsamen.
  - Ist die CPU der Engpaß, so kann ein Server mit symetrischen Multiprozessoren (SMP) oder massiv parallelen Prozessoren (MPP) einen Performance-Sprung nach sich ziehen. Dies bedeutet allerdings auch einen hohen Kostenaufwand, weil unter anderem eine andere ORACLE7-Software-Version anzuschaffen ist.

- Verlagerung sonstiger Software

  Ein ORACLE-Server, der Höchsleistungen erzielen soll, darf nicht durch sonstige Aufgaben belastet werden. Ein Fehler, der z.B. immer wieder gemacht wird, ist, den Datenbank-Server auch als Fileserver einzusetzen. In diesem Falle nimmt der Dateidienst wertvolle Serverressourcen permanent in Anspruch.

Die letzten beiden Maßnahmen ziehen natürlich eine Kosten-/Nutzen-Analyse nach sich.

6.3.3 Technisches Tuning

Bei der Suche nach einer Performance-Verbesserung wird oftmals vergessen, daß ORACLE diesbezüglich Instrumente zur Verfügung stellt, die auch evaluiert und genutzt werden müssen. Diese Instrumente sind bereits dargestellt worden:

- Zuordung eines Tablespaces zu einem Datenträger
- Größe und Anzahl Dateien eines Tablespaces
- Zuordnung einer Tabelle oder eines Indexes zu einem Tablespace
- Extent-Größen einer Tabelle bzw. eines Indexes
- Schlupf eines Tabellen- oder Indexblocks (PCTFREE, PCTUSED)
- Indizierung einer Tabellenspalte oder mehrerer Spalten
- Anlegen von Tabellen in Index- oder Hash-Clustern

Da all diese Maßnahmen keine Auswirkung auf die Anwendungslogik haben, ist das technische Tuning eine mit den sonstigen Qualitätsmerkmalen sehr verträgliche Möglichkeit.

6.3.4 Anweisungstuning

Die Einflußnahme auf die Datenbankeffizienz über Formulierungsvarianten in SQL ist Gegenstand des Kapitels 4.4.

Je nachdem, wie stark durch dieses Instrument optimiert wird, können sich Wartungsprobleme ergeben. Der Übergang von Version 6 auf Version 7 ist dafür ein mahnendes Beispiel. Mit Einführung des kostenbasierten Optimizers waren nicht nur sämtliche SQL-Umformulierungen wertlos, für einige Verklausulierungen ergaben sich sogar Performance-Nachteile. Dies hat bei einigen Firmen schlimmerweise dazu geführt, daß der kostenbasierte Optimizer grundsätzlich ausgeschaltet ist; man verschenkt also Funktionalität der Server-Software und schiebt das Wartungsproblem vor sich her.

Anweisungs-Tuning muß nicht diese Nachteile mit sich bringen, wenn man gezielt optimiert. Erstens sollte man nur Anweisungen tunen, die wirklich Performance-Probleme aufwerfen. Dabei ist der Nutzen einer Optimierung nachzuweisen. Zweitens sollten die (hoffentlich wenigen) Anweisungen, mit denen optimiert wurde, verkapselt werden. Hier bieten sich Views, gespeicherte Prozeduren oder Programm-Module an.

6.3.5 Modelltuning

Das Modelltuning (Kapitel 3.5) ist die extremste Tuning-Maßnahme und sollte mit äußerster Vorsicht eingesetzt werden. Sie geht fast immer zu Lasten der Wartbarkeit und Integrität. Wie man diesen Nachteil minimieren kann, ist bei der Darstellung der einzelnen Methoden beschrieben worden.

Man möge auch Vor- und Nachteile der einzelnen Instrumente miteinander vergleichen.

- Aufnahme berechneter Felder
- Optimierung von Registern
- Verteilung von Relationsattributen auf unterschiedliche Tabellen
- Verteilung von Relationszeilen auf unterschiedliche Tabellen
- Verteilte Datenbanken
- Denormalisierung im engeren Sinne
- redundante Beziehungen
- Bildung von redundanten Tabellenextrakten
- Verzicht auf die Realisierung von Elementen des konzeptionellen Datenmodells

Modelltuning sollte die letzte Stufe sein, auf der man Performance-Verbesserungen durchführt. Dies heißt nicht, auf diese Tuning-Variante zu verzichten. In vielen Fällen ist das Modelltuning schlicht notwendig. Eine gute Dokumentation ist dabei Pflicht, um Wartungsprobleme so gering wie möglich zu halten.

6.4 Werkzeuge

Es sei abschließend angemerkt, daß Werkzeuge einen enormen positiven Einfluß auf die Qualität eines ORACLE-Systems ausüben können. Diesbezüglich gibt es wohl kaum eine Datenbanklandschaft, die ein vergleichbares Angebot an Instrumenten bietet. Nicht nur das Haus ORACLE, sondern vor allem Drittanbieter haben sich auf diesen Markt spezialisiert. Es lohnt sich, diesbezüglich amerikanische Fachzeitschriften zu untersuchen; die deutsche Medienlandschaft informiert da leider (noch?) nicht so gut.

Je nach Einsatzumfeld können diese Werkzeuge ein Vielfaches ihrer Kosten einsparen. Beispiele:

- CASE-Werkzeuge unterstützen bei der Konstruktion und Programmierung von Datenbanken. Die Erstellung und Pflege von ER-Diagrammen, die Unterstützung bei der Normalisierung und die

Generierung von SQL-Skripten ('CREATE TABLE' etc.) gehören dabei heute zum Standard.

- Es existieren einige Werkzeuge, mit denen die Erstellung und Pflege von Triggern, Prozeduren und Paketen enorm vereinfacht wird. Das Abschicken von entsprechenden CREATE-Anweisungen aus SQL*Plus heraus ist im Vergleich dazu mühsames Handwerk.
- Monitor-Programme unterstützen die Datenbankadministration bei der Überwachung des ORACLE7-Servers. Sie informieren über knappe Ressourcen (z.B. wenn ein Tablespace überzulaufen droht) und zeigen Flaschenhälse genau auf.
- Es gibt Administrationswerkzeuge, die das Erstellen und Ändern von ORACLE-Objekten unterstützen. Sie rechnen z.B. optimale Extent-Größen für Tabellen und Indizes aus und zeigen Data-Dictionary Informationen auf einer grafischen Oberfläche verständlich an.
- ...

Wenngleich der Werkzeugeinsatz absolut empfohlen wird, sei davor gewart, ein Werkzeug als Methode aufzufassen. Kein ER-Designprogramm kann z.B. die semantische Korrektheit des Diagramms feststellen oder gar wirklich normalisieren. Werkzeuge sind auch nur Programme ohne größere analytische Fähigkeiten.

Literaturverzeichnis

Richard Barker
*CASE*Method - Entity Relationship Modellierung*
Addison-Wesley, Bonn, München 1992

Richard Barker, Cliff Longman
*CASE*Method - Function and Process Modelling*
Addison-Wesley, Wokingham 1992

Michael J. Corey, Michael Abbey, Daniel J. Dechichio
Tuning ORACLE
McGraw-Hill, Berkeley, CA 1995

Peter Corrigan, Mark Gurry
ORACLE Performance Tuning
O'Reilly & Associates Inc., Sebastopol, CA 1993

C.J. Date, Hugh Darwen
A Guide to the SQL Standard
Addison-Wesley, Reading, MA 1993

Carl Dudley
Database Triggers - Why „Update Delete" is a problem, and other trigger subtleties
Proceedings of the European Oracle User Forum, Maastricht 1994

Steven Feuerstein
ORACLE PL/SQL Programming
O'Reilly & Associates Inc., Sebastopol, CA 1995

Steven Feuerstein
10 PL/SQL Tips
SELECT Vol. 3 No. 1, IOUG-A 1995

Martin Gruber
SQL Instant Reference
Sybex, Alameda, CA 1993

Kevin Loney
ORACLE DBA Handbook
McGraw-Hill, Berkeley, CA 1994

Jürgen Marsch, Jörg Fritze
SQL - Eine praxisorientierte Einführung
Vieweg, Braunschweig, Wiesbaden 1995

Cary V. Millsap
Optimal Flexible Architecture - Oracle 7 for Open Systems, Part 1
ORACLE MAGAZINE Vol. 9 No. 5, Oracle, Redwood Shores, CA 1995

Cary V. Millsap
Optimal Flexible Architecture - Oracle 7 for Open Systems, Part 2
ORACLE MAGAZINE Vol. 9 No. 6, Oracle, Redwood Shores, CA 1995

Rich Niemiec
We want Tips & Techniques...Get the Hint?
SELECT Vol. 3 No. 2, IOUG-A 1996

Günther Stürner
ORACLE7 - Die verteilte semantische Datenbank
dbms publishing, Weissach 1993

Joseph C. Trezzo
Utilize the V$ Tables - A Look Behind the Scenes
SELECT Vol. 3 No. 1, IOUG-A 1995

Stichwortverzeichnis

D

E

F

G

H

I

J

K

L

M

N

O

P

U

V

W

Z

vieweg